全国高等职业院校计算机教育规划教材

C♯程序设计

薛海燕　武书彦　马金素　主　编
吴慧玲　于康娟　王　辉　任艳斐　副主编

中国铁道出版社
CHINA RAILWAY PUBLISHING HOUSE

内 容 简 介

本书以 Visual Studio 2013 为程序设计系统，全面细致地介绍了 C#可视化面向对象编程的概念和方法。本书以 Windows 应用程序为主线，以学以致用为主导，充分考虑了学习的趣味性、难度的分散性，以分阶段、划任务的项目教学方法加强知识点的掌握，力求使读者通过本书的学习，能较快地具备开发应用程序的基本能力，为进一步深入学习编程打下良好的基础。

本书共分 10 章，主要内容包括：C#程序设计概述、C#语言基础、面向对象程序设计、开发 Windows 窗体应用程序、文件操作、图形图像编程、键盘和鼠标事件、创建数据库应用程序、使用三层架构实现客户管理、数据库应用案例——图书管理系统等。

本书适合作为高等职业学校 Visual C#课程的教材，还可作为 Visual C#技术培训、Visual C#入门和应用程序开发的参考用书。

图书在版编目（CIP）数据

C#程序设计 / 薛海燕，武书彦，马金素主编. —北京：中国铁道出版社，2016.8

全国高等职业院校计算机教育规划教材

ISBN 978-7-113-22119-5

Ⅰ. ①C… Ⅱ. ①薛… ②武… ③马… Ⅲ. ①C 语言－程序设计－高等职业教育－教材 Ⅳ. ①TP312

中国版本图书馆 CIP 数据核字(2016)第 177552 号

书　　名：C#程序设计

作　　者：薛海燕　武书彦　马金素　主编

策　　划：翟玉峰　　读者热线：（010）63550836

责任编辑：翟玉峰　徐盼欣

封面设计：付　巍

封面制作：白　雪

责任校对：汤淑梅

责任印制：郭向伟

出版发行：中国铁道出版社（100054，北京市西城区右安门西街 8 号）

网　　址：http://www.51eds.com

印　　刷：北京尚品荣华印刷有限公司

版　　次：2016 年 8 月第 1 版　　2016 年 8 月第 1 次印刷

开　　本：787 mm×1 092 mm　1/16　印张：15.75　字数：378 千

书　　号：ISBN 978-7-113-22119-5

定　　价：38.00 元

前言

FOREWORD

C#（读作 C-sharp）编程语言是由微软公司的 Anders Hejlsberg 和 Scott Willamette 领导的开发小组专门为了生成在.NET Framework 上运行的各种应用程序而设计的编程语言。C#具有“简单、现代、通用”，以及面向对象的程序设计等特点，此种语言的实现，应提供对于以下软件工程要素的支持：强类型检查、数组维度检查、未初始化的变量引用检测、自动垃圾收集（Garbage Collection，指一种自动内存释放技术）；并且为在分布式环境中的开发提供适用的组件。Visual Studio 通过功能齐全的代码编辑器、编译器、项目模板、设计器和代码向导，实现了对 Visual C#的强大支持。

本书遵循易学、易用的原则，以基本原理、基本方法为主导，程序设计中的操作以详尽的表述结合图例来说明，以便读者对每一步操作清清楚楚；在内容编排上，遵循循序渐进的原则，案例导入，由简到繁，从 C#基础到 Windows 高级编程都做了讲解，每个部分都设置了相应的案例。通过本书的学习，可以快速了解并掌握 C#项目开发所需的各种知识和技能，提高利用 C#开发 Windows 应用程序的能力。

全书共分为 10 章：第 1 章为 C#程序设计概述；第 2 章为 C#语言基础，主要介绍数据类型、C#变量、数据类型转换、表达式语句、程序的流程控制语句等；第 3 章为面向对象程序设计，主要讲解 C#中面向对象程序设计的类定义、类的组成、对象创建、静态成员、静态方法及参数传递等基本技术；第 4 章为开发 Windows 窗体应用程序，介绍了常见的 Windows 窗体控件的使用；第 5 章为文件操作，主要介绍了管理文件系统的常用类、读/写文件的方法；第 6 章为图形图像编程，由画图导入 GDI+绘图，由直观作图导入 C#应用；第 7 章为键盘和鼠标事件，利用键盘事件可以编程响应多种键盘操作并可以检测鼠标的位置；第 8 章为创建数据库应用程序，通过 ADO.NET 中提供的数据访问类，实现数据的增加、删除、更改、查询操作；第 9 章为使用三层架构实现客户管理，讲解了如何在管理系统中使用三层架构；第 10 章为数据库应用案例——图书管理系统，通过案例介绍了项目方案的设计与实现方法。

本书深入浅出，并辅以大量的案例说明，适合高等职业学校作为教材，还可作为相关软件开发人员的参考用书。

本书由薛海燕（郑州航空工业管理学院）、武书彦（河南牧业经济学院）、马金素（河南牧业经济学院）任主编，由吴慧玲（河南牧业经济学院）、于康娟（太原城市职业技术学院）、王辉（河南牧业经济学院）、任艳斐（濮阳职业技术学院）任副主编。

由于编者水平有限，加之时间仓促，书中的疏漏和不妥之处在所难免，敬请读者批评指正。

为了便于教师教学，本书的教学课件和例题源代码，可从 www.51eds.com 网址下载。

编　者

2016 年 6 月

目录

CONTENTS

第1章 C#程序设计概述

C#是随.NET Framework一起发布的一种新语言，是一种崭新的面向对象的编程语言，强调以组件为基础的软件开发方法。它不但结合了 Visual Basic 的简单易用性，同时也提供了 Java 和 C++的灵活性和强大功能。C#在.NET Framework 构架中扮演着一个重要角色，它是 Microsoft 公司面向下一代互联网软件和服务战略的重要内容，也是编写.NET Framework 应用程序的首选语言。

1.1 C# 概 述

1.1.1 C#编程语言概述

C#读作 C Sharp，全称是 Visual C#，是微软公司在 2000 年发布的一种简单的、类型安全的、面向对象的现代编程语言，是专用针对.NET Framework 应用程序开发而设计的一种编程语言，是微软公司.NET Windows 网络框架的主角，是兼顾系统开发和应用开发的最佳实用语言。

C#最初有个更酷的名字，称为 COOL。微软从 1998 年 12 月开始了 COOL 项目，直到 2000 年 2 月，COOL 被正式更名为 C#。1998 年，Delphi 语言的设计者 Hejlsberg 带领 Microsoft 公司的开发团队开始了第一个版本 C#语言的设计。

C#由 C 和 C++衍生而来，集中了 C/C++的强大功能；它具有类似于 Java 面向对象的语法特征，又融合了 Visual Basic 语言的易用性。因此，使用 C、C++ 和 Java 的程序员可以很快熟悉这种新的语言。

C#利用了关于软件开发和软件工程研究的最新成果，包括类型安全、面向对象、组件技术、内存自动管理、版本控制、代码安全管理等，使得程序员可以快速地编写各种基于 Microsoft .NET 平台的应用程序。

C#的主要特点如下：

1）语法简洁

C#吸取并融入了 C/C++、Java、VB 等程序设计语言的优点，其语法和书写形式与 C/C++以及 Java 等非常相似，并摒弃了 C/C++中有关指针的内容。

2）面向对象

C#是一种完全的面向对象的程序设计语言，支持所有的面向对象程序设计概念，如封装、继承和多态性。在 C#应用程序中不再有全局的数据对象，所有的变量、函数以及常量都必须定义在类中，从而避免了命名冲突。

3）强大的安全机制

.NET 提供的垃圾回收器，能够帮助 C#开发者有效地管理内存资源，避免和消除一些软件开发中的常见语法错误。

4）兼容性

在.NET 系统中，C#同样遵守通用语言规范（CLS）。在通用语言规范中，任何语言编写的源程序都被编译成为相同的中间语言（MSIL）代码，然后由通用语言运行环境（CLR）负责执行处理，保证能够与其他语言开发的组件兼容。

5）灵活的版本处理技术

因为 C#本身内置了版本控制功能，使得开发人员可以更容易地开发和维护不同版本的应用软件。

6）完善的错误、异常处理机制

C#提供了完善的错误和异常处理机制，使得应用程序在交付应用时能够更加健壮。

正是由于 C#面向对象的卓越设计，使它成为构建各类组件的理想之选——无论是高级的商业对象还是系统级的应用程序。使用简单的 C#语言结构，这些组件可以方便地转化为 XML 网络服务，从而使它们可以由任何语言在任何操作系统上通过 Internet 进行调用。

最重要的是，C#使得 C/C++程序员可以高效地开发程序，而不损失 C/C++原有的强大功能。因为这种继承关系，C#与 C/C++具有极大的相似性，熟悉类似语言的开发者可以很快地掌握 C#。

1.1.2 用 C#能编写的应用程序

利用 C#编程语言可以开发基于.NET Framework 上运行的多种应用程序，包括 Windows 窗体应用程序、控制台应用程序、Web 应用程序以及 Web 服务等。这里仅介绍常用的几种开发应用程序。

1）Windows 窗体应用程序

使用 C#开发的这类应用程序，其外观和操作方式与在 Windows 下常用的应用程序（如 Microsoft Office 应用程序）非常相似。这类应用程序可以使用.NET Framework 的 Windows Forms 模块简便生成。Windows Forms 模块是一个控件库，其中的控件（如按钮、工具栏、菜单栏等）可以用于建立 Windows 窗体的用户界面。

2）Web 应用程序

Web 应用程序是一类基于 B/S（Browser /Server）模式的应用程序，应用程序对应的后台数据库存储在服务器（Server）内，用户只需通过任何浏览器（Browser）就可以查看 Web 页面。.NET Framework 包括一个动态生成 Web 内容的强大系统，允许用户进行个性的设计，这个系统称为 ASP .NET（Active Server Pages .NET），可以使用 C#通过 Web Forms 创建 ASP .NET 应用程序。

3）Web 服务

这是创建各种分布式应用程序的一种方式，使用 Web 服务可以通过 Internet 虚拟交换数据。无论使用什么语言创建 Web 服务，也无论 Web 服务驻留在什么系统上，都使用一样简单的语法。

1.2　C#的开发环境

1.2.1　Microsoft Visual Studio

Microsoft Visual Studio（简称 VS）是美国 Microsoft 公司的开发工具包系列产品，它包括了整个软件生命周期中所需要的大部分工具，如 UML 工具、代码管控工具、集成开发环境（IDE）等。使用其集成的编程语言所开发的目标代码适用于微软支持的所有平台，如 Microsoft Windows、Windows Mobile、Windows CE、.NET Framework、.NET Compact Framework、Microsoft Silverlight 及 Windows Phone 等。

Visual Studio 是目前最流行的 Windows 平台应用程序的集成开发环境（Integrated Development Environment，IDE），在 Visual Studio 环境下程序员可以利用其集成的 C#、VB.NET、C++、F#等多种编程语言来开发应用程序。

微软在 2002 年发布了 Visual Studio .NET 2002，后来又升级到 Visual Studio .NET 2003、Visual Studio 2005（2005 版本后就不再加.NET 了，但是以后的 Visual Studio 版本仍然还是面向.NET 框架的）、……、Visual Studio 2013；2014 年 11 月，微软发布了 Visual Studio 2015 版本。其实这些版本并没有本质的不同，使用方法都类似。

虽然 Visual Studio 功能比较复杂而且比较庞大，但使用它创建一个应用程序确是非常容易实现的，只需动动鼠标就可以制作出一个基本的应用程序界面。本书的所有实例都在 Visual Studio 2013 旗舰版的开发环境中验证通过。

1.2.2　Microsoft .NET Framework

Microsoft .NET Framework 又称.NET Framework、.NET 框架，它是 Windows 的一个不可或缺的组件，是微软的一个可以用来快速开发、部署 Web 网站服务及 Windows 应用程序的开发平台。

用 C#编程语言开发出来的应用软件，其运行是需要.NET Framework 支撑的。如果 Windows 系统上没有安装.NET Framework，就无法运行用 C#开发的 Windows 窗体应用程序。只有先安装.NET Framework 后，才能正常安装并运行和使用 C#开发出来的应用程序。如果一个应用程序的开发跟.NET Framework 无关，它就不能叫作.NET 程序。

对于.NET Framework 相应有不同的.NET 版本，当前最常用的版本有.NET 4.0（对应于 Visual Studio 2010）、.NET 4.5（对应于 Visual Studio 2012）、.NET 4.5.1（对应于 Visual Studio 2013）和.NET Framework 4.5.2（对应于 Visual Studio 2015）等。.NET Framework 自身的功能随着版本的不断升级而越来越丰富，正展现出广阔的前景。

本书中程序采用的开发环境是 Visual Studio 2013，在安装 Visual Studio 2013 过程中会默认自动安装.NET Framework 4.5.1。.NET Framework 包括两个主要组件：公共语言运行时和 .NET Framework 类库，其中公共语言运行时是 .NET Framework 的基础。图 1-1 描述了.NET Framework 的基本结构。

1）公共语言运行时

公共语言运行时（CLR）是一个运行时环境，能够使得编程代码的执行及开发过程变得更加简单。.NET Framework 的核心是它的执行环境，该环境称为公共语言运行时（CLR）或.NET 运行时。公共语言运行时主要负责管理.NET 应用程序的编译、运行以及一些基础的服务，它为.NET 应用程序提供了一个虚拟的运行环境。同时，公共语言运行时还负责为应用程序提供内存分配、线程管理以及垃圾回收等服务，并且负责对代码实施安全检查，以保证代码的正常运行。

2）.NET Framework 类库

.NET Framework 的另一个主要组件是类库，它是一个综合性的、面向对象的可重用类型集合，可以使用它开发多种应用程序，包括传统的命令行或图形用户界面（GUI）应用程序，也包括基于ASP .NET 所提供的最新创新的应用程序（如 Web 窗体和 XML Web Services）。

.NET Framework 可由非托管组件承载，这些组件将公共语言运行库加载到它们的进程中并启动托管代码的执行，从而创建一个可以同时利用托管和非托管功能的软件环境。.NET Framework 不但提供若干运行库宿主，而且还支持第三方运行库宿主的开发。

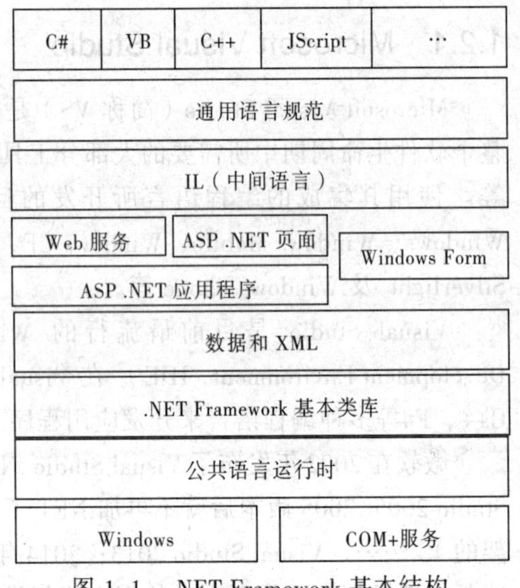

图 1-1 .NET Framework 基本结构

1.2.3 C#、Visual Studio 和.NET Framework 之间的关系

通过前面的学习，我们认识了 C#、Visual Studio 和.NET Framework，但它们之间的关系对于初学者来讲比较难以理解，我们也不必过于纠结三者之间的关系和区别。最简洁的表达如下：

（1）C#是一种编程开发语言。

（2）Visual Studio 是一种集成开发环境。

（3）.NET Framework 是一种编译环境和运行平台。

具体表述如下：

（1）C#是一种最新的、面向对象的编程开发语言，它同其他开发语言一样，都必须要一个集成开发环境——Visual Studio，才能体现强大的功能。

（2）无论什么版本的 Visual Studio 都是一种程序的集成开发环境，程序员可以用 Visual Studio 来高效地开发 C#、VB .NET、ASP .NET 等程序。作为一个集成解决方案，Visual Studio 适用于个人和各种规模的开发团队。

Visual Studio 可以理解为类似于 VC++ 6.0 的软件，它就是一种开发工具。只不过它不像 VC++ 6.0 那样只支持程序编写，而更像是一个全面的开发工具，可以在其环境上开发普通的桌面程序、互联网应用、网站、手机应用、游戏、数据库等。

（3）.NET Framework 是一种编译环境和运行平台。在安装 Visual Studio 的同时，.NET Framework 会自动安装。安装过程中，还可以选择安装 C#、VB 或者 C++等编程开发语言。

.NET Framework 是微软开发的程序开发平台，它包含了很多类库，C#、VB .NET 等程序语言开发的程序是运行在这个平台上的。.NET Framework 有点类似于 Java 的虚拟机，.NET 程序是运行在.NET Framework 之上的。举一个例子，如果.NET 程序是在 Windows 7 下开发的，现在需要部署到 Windows XP 系统上使用，那么只需要在 Windows XP 上安装.NET Framework

就可以了。由此可见，只要系统中装有相应版本的.NET Framework，.NET程序就可以在这个系统中运行。

Windows操作系统、C#、Visual Studio和.NET Framework之间的关系如下：

我们目前正在学习在Windows操作系统下的Visual Studio集成开发环境，使用C#编写在.NET Framework平台下运行的.NET应用程序。

1.2.4 安装Visual Studio 2013

如果选用默认的方式（完全）安装，Visual Studio 2013集成开发环境至少需要9.78 GB的硬盘空间。这里按照默认方式安装Visual Studio 2013，并默认安装.NET Framework 4.5.1。

（1）打开Visual Studio 2013安装程序目录，找到并双击安装应用程序setup.exe或者autorun.exe，打开如图1-2所示的Visual Studio 2013安装启动界面。

图1-2 VS2013安装启动界面

（2）稍后打开如图1-3所示的选择安装位置界面，选择“我同意许可条款和隐私策略”复选框后，单击“下一步”按钮，在如图1-4所示的界面中选择Visual Studio 2013需要安装的功能选项，初次学习，建议全选。

（3）单击“安装”按钮，开始进行Visual Studio 2013的安装过程，如图1-5所示。安装程序需要占用所在分区盘大约8.29 GB可用空间，安装过程比较慢，大概需要30 min以上的时间。

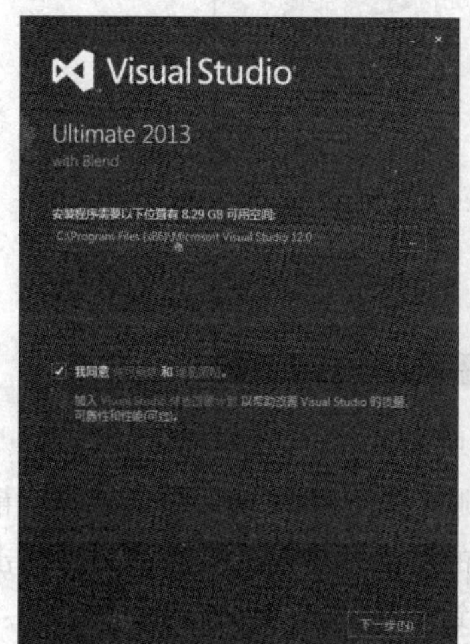

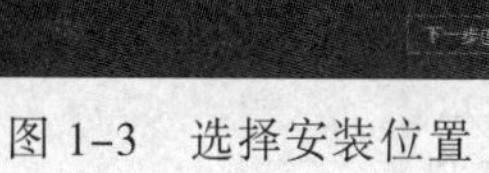

图1-3 选择安装位置

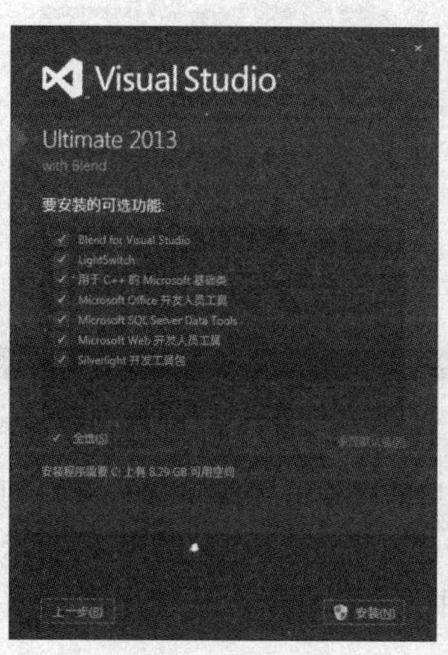

图1-4 选择功能选项

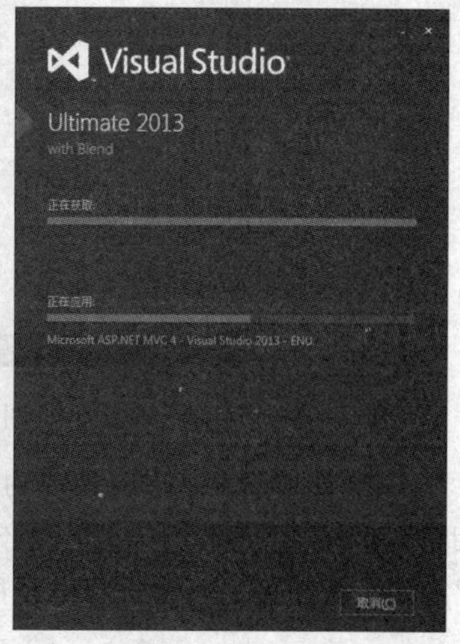

图1-5 安装过程

1.2.5 初次运行Visual Studio 2013

（1）安装完成后，即可以启动Visual Studio 2013环境。首次运行Visual Studio 2013时，启动会稍慢些，要进行环境相关的设置。在如图1-6所示的启动界面中，单击“开发设置”右侧的“常规”下拉按钮，在打开的下拉列表中选择“Visual C#”选项；然后选择颜色主题，并单击“启动Visual Studio”按钮，随后会出现“我们正在为第一次使用做准备”的等待界面。

如果以后想更改颜色主题设置，可以打开 Visual Studio 2013 界面，依次选择“工具”→“选项”→“环境”→“常规”，在颜色主题中更改设置。

图 1-6 选择开发设置和颜色主题

（2）Visual Studio 2013 启动后，能够看到如图 1-7 所示的起始页界面。在起始页内，可以进行以下操作：

① 新建或打开项目，查看并打开最近使用的项目等。

② 了解 Visual Studio 2013 旗舰版的新增功能等。

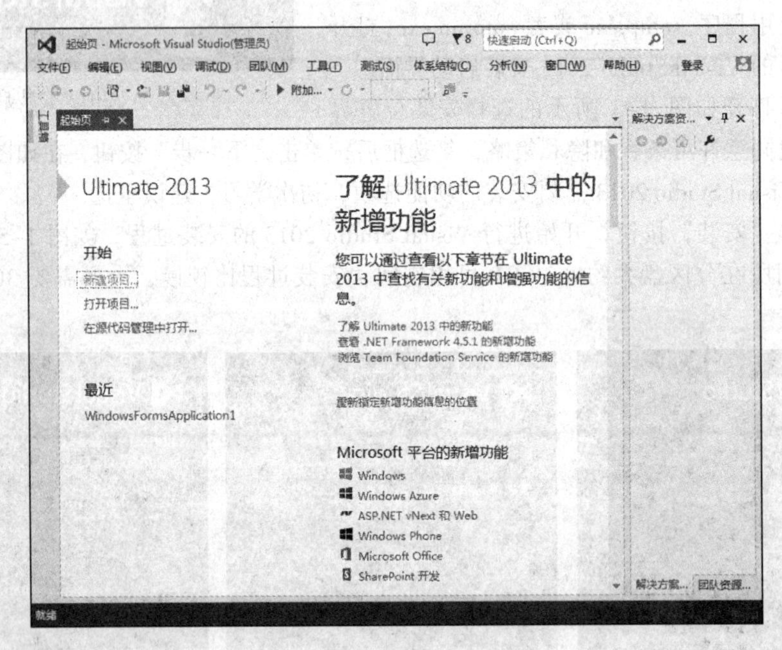

图 1-7 Visual Studio 2013 起始页界面

（3）注册。第一次安装成功后需要注册才能完全使用，否则只能使用 30 天。依次选择“帮助”→“注册产品”→“更改产品许可证”，在如图 1-8 所示的对话框中输入产品密钥，单击“应用”按钮后，再次选择“帮助”→“注册产品”，即可以看到产品信息为已应用产品密钥。

图 1-8 输入产品密钥

1.2.6　Visual Studio 2013 集成开发环境

Visual Studio 2013 中文旗舰版的集成开发环境包括标题栏、菜单栏、工具栏、工具箱、属性窗口、视图设计器、解决方案资源管理器等，由若干窗口组成，如图 1-9 所示。

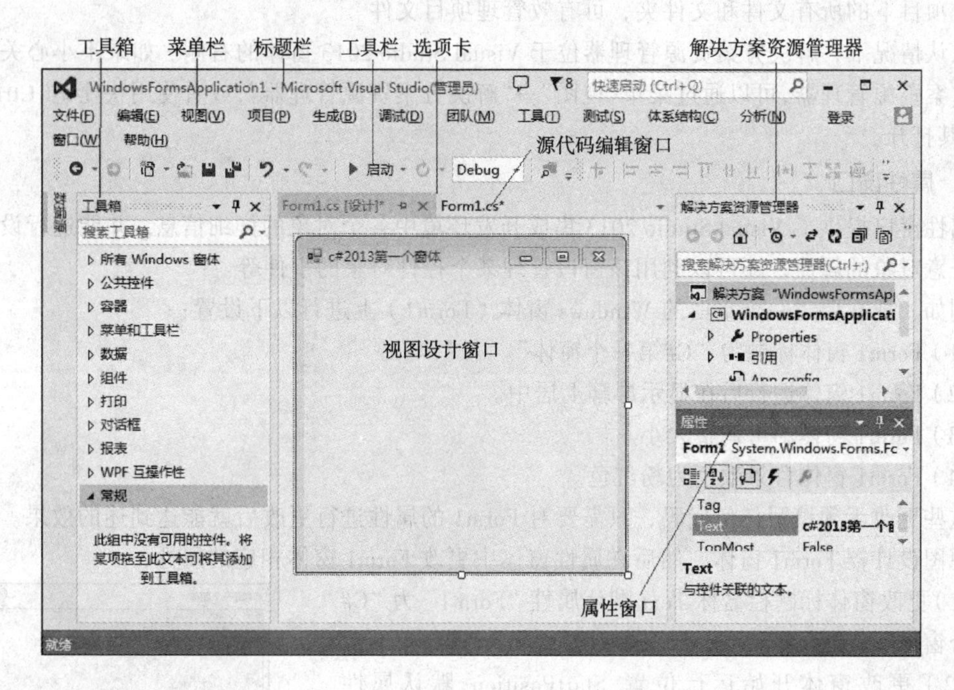

图 1-9　Visual Studio 2013 主窗口

1. 主窗口

如图 1-9 所示的主窗口中除了包含与 Windows 应用程序相似的标题栏、菜单栏、工具栏外，还可以添加各种其他窗口和工具栏，也可以通过“视图”菜单中的命令显示或隐藏这些窗口和工具栏。

2. 工具箱

工具箱提供了在窗体设计过程中用到的所有 Windows 窗体控件、公共控件，以及布局窗体的菜单和工具栏、对话框、报表设计等工具控件。

默认情况下工具箱位于 Visual Studio 2013 窗体的左侧，可以根据需要展开或者收拢工具箱；也可以根据自己的喜好添加自定义的选项卡，把自己常使用的控件归入其中便于使用。如果不小心关闭了工具箱，可以通过菜单“视图”→“工具箱”将其打开；或者使用快捷键（Ctrl+W，X）将其打开。

3. 视图设计器和代码窗口

视图设计器又称视图设计窗口、窗体设计窗口，如图 1-9 中间的窗口所示。视图设计器用于存放以及布局各种从工具箱里拖放的控件，即为 Windows 窗体设计界面。如果不小心关闭了视图设计器，可以通过菜单“视图”→“设计器”或者快捷键 Shift+F7 调用打开。

窗体界面设计完成后，必须编写相应的程序代码才能实现窗体界面的各种控件功能。代码窗口就是进行编辑或者修改源代码或文本的区域，当选择 Windows 窗体或其任何控件后，选择“视图”→“代码”命令；或者右击窗体，然后选择“查看代码”命令；或者双击设计窗体上的组件，都可以打开代码编辑窗口。

4. 解决方案资源管理器

解决方案资源管理器与 Windows 资源管理器十分相像，文件显示在一个分层视图中，列出了每个项目下的所有文件和文件夹，可有效管理项目文件。

默认情况下，解决方案资源管理器位于 Visual Studio 2013 窗体的右侧。如果不小心关闭了解决方案资源管理器,可以通过菜单“视图”→“解决方案资源管理器”,或者使用快捷键(Ctrl+W，S）将其打开。

5. 属性窗口

属性窗口提供了 Visual Studio 2013 集成开发环境中各个对象的详细信息，并能进行设置和更改任意对象的属性，还可以利用该窗口管理某个控件对象的事件等。

例如，现在要对一个空白的 Windows 窗体（Form1）上进行以下设置：

（1）Form1 窗体标题为“C#第一个窗体”。

（2）Form1 窗体运行后在显示屏幕上居中。

（3）Form1 窗体不可调整大小。

（4）Form1 窗体背景颜色为粉红色。

这些更改无须填写任何代码，只需要对 Form1 的属性进行更改后就能达到述的效果。首先单击视图设计器 Form1 窗体，然后在属性窗体中更改 Form1 窗体相应的属性：

（1）更改窗体标题栏名称 Text 默认属性“Form1”为“C#第一个窗体”。

（2）更改窗体开始运行位置 StartPosition 默认属性“WindowsDefaultLocation”为屏幕居中“CenterScreen”。

（3）更改窗体边框 FormBorderStyle 默认属性“Sizable”为不可调整大小的工具窗口边框“FixedToolWindow”。

（4）更改窗体背景颜色 BackColor 默认属性“Control”为粉红色“Pink”。

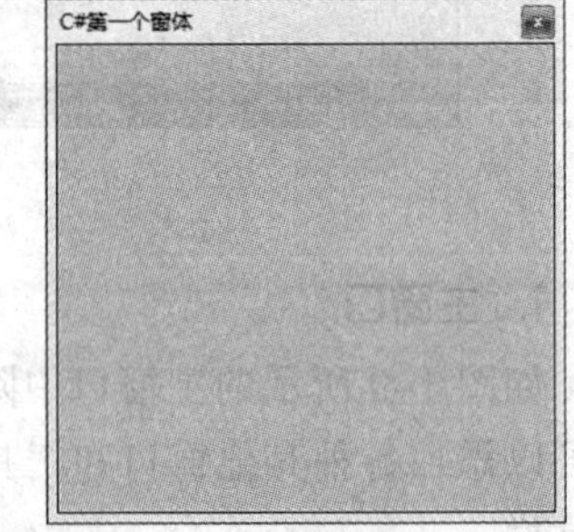

图 1-10 设置 Form1 窗体属性后的效果

设置窗体属性后的效果如图 1-10 所示。

1.3 C#程序概述

1.3.1 创建一个 C#控制台应用程序

控制台（Console）应用程序是 C#能够开发的应用程序类型之一。C#控制台应用程序不涉及 Visual Studio 集成开发环境的任何控件，通过一个类似于 Windows 自带的 C:\命令提示符窗口显示程序运行结果，有点类似于早期的 Turbo C 环境。

在 Microsoft Visual Studio 2013 中创建一个 C#控制台应用程序的主要步骤如下：

（1）启动 Microsoft Visual Studio 2013，进入 Visual Studio 2013 集成开发环境。

（2）依次单击“文件”→“新建”→“项目”，在打开的新建项目窗体下依次选择“已安装”→“模板”→“Visual C#”→“Windows”→“控制台应用程序”，并指定新建控制台应用程序的名称及其保存位置。

（3）在代码编辑环境中输入程序代码。

（4）调试运行程序。

下面通过一个经典的“Hello World!”实例，介绍创建和处理C#控制台应用程序的基本方法。初学者不必急于弄清楚程序的具体功能，只要将注意力集中在应用程序的创建过程就行了。

【例1-1】创建一个C#控制台应用程序，运行后在屏幕上出现“Hello World!”的字样。

具体操作步骤如下：

（1）启动Microsoft Visual Studio 2013，进入Visual Studio 2013集成开发环境。

（2）依次单击“文件”→“新建”→“项目”，打开如图1-11所示的对话框。

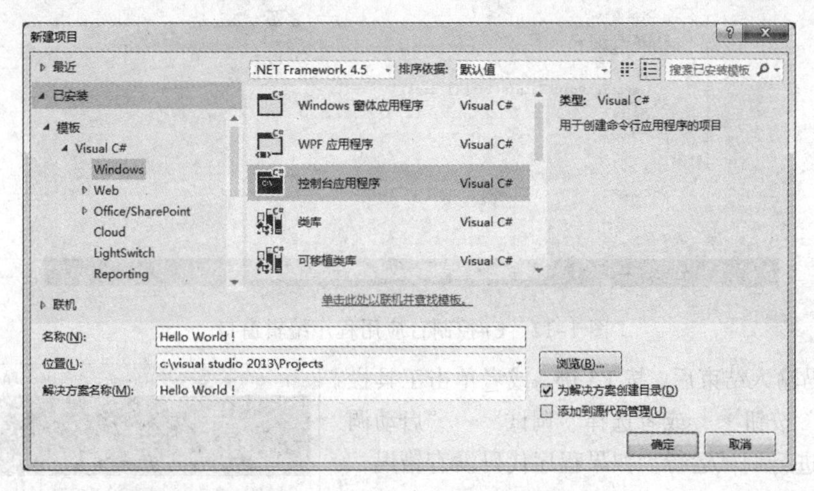

图1-11　“新建项目”对话框

（3）依次单击“已安装”→“模板”→“Visual C#”→“Windows”，在项目类型中选择“控制台应用程序”；在“名称”文本框中输入Hello World!项目名称；在“位置”文本框中输入路径名，或通过“浏览”按钮选择项目存放的位置；在“解决方案名称”文本框中输入解决方案名称（默认情况下解决方案名称同项目名称）；单击“确定”按钮，进入C#控制台应用程序的代码编辑窗口，如图1-12所示。

（4）Visual Studio集成开发环境默认自动创建了一个名为Program.cs的文件，并包含了Visual Studio 2013自动创建的一些代码。在static void Main(string[] args)函数体的花括号中输入程序代码：

```
namespace Hello_World_
{
    class Program
    {
        static void Main(string[] args)
        {
           Console.Write("Hello World! 欢迎学习C#控制台应用程序的开发.");
                                          //要显示的字符串信息
           Console.ReadKey();             //等待用户从键盘上输入任意键，使程序结束
        }
    }
}
```

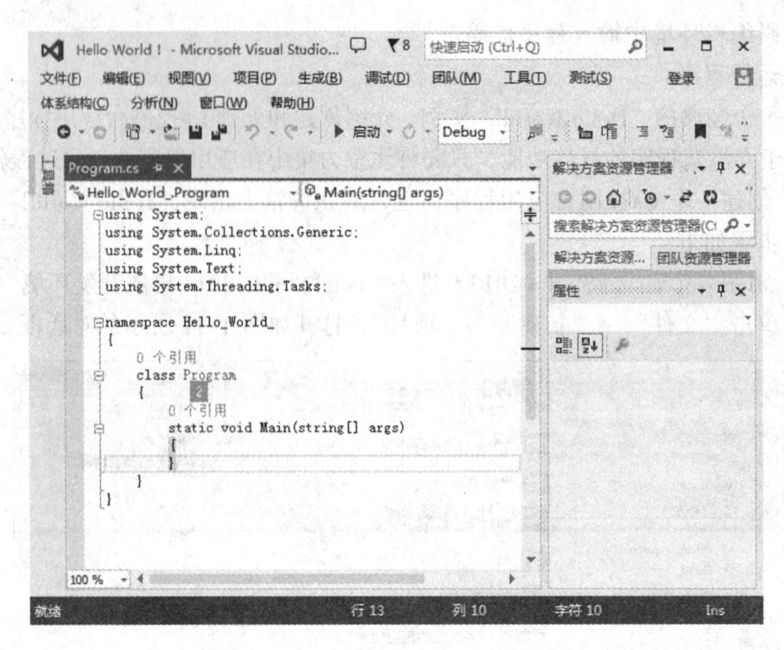

图 1-12　C#控制台应用程序编辑窗口

（5）代码输入结束后，按 F5 键，或者单击工具栏中的“启动”按钮▶，或者选择“调试”→“启动调试”命令，进行调试运行。如果程序代码没有错误，则运行结果如图 1-13 所示。

图 1-13　C#控制台应用程序运行结果

1.3.2　创建一个 Windows 窗体应用程序

窗体（Form）是一个窗口或对话框，是存放各种控件（包括标签、文本框、命令按钮、菜单等）的容器，可用来向用户显示信息。

Windows 窗体应用程序，顾名思义就是运行在 Windows 操作系统平台上的应用程序。设计者通过使用 Visual Studio 集成开发环境下的各种工具控件（如菜单栏、工具按钮、文本编辑器等），设计一种能与用户交流的 Windows 应用程序界面。设计者可以定义 Windows 应用窗体的外观属性、行为方法与用户交互事件等，也可修改窗体的属性或者添加代码来响应窗体的事件。例如，记事本就是一个 Windows 窗体应用程序。

在 Visual Studio 2013 中创建一个基于 C#的 Windows 窗体应用程序通常需要以下 5 个步骤：

（1）创建项目文件。

（2）设计用户界面。

（3）设置对象属性。

（4）编写对象事件过程代码。

（5）保存并运行程序（生成可执行代码）。

下面通过例子来理解创建 Windows 窗体应用程序的方法和步骤。

【例 1-2】 创建第一个 Windows 窗体应用程序，要求：

（1）窗体的标题栏显示“C#的第一个 Windows 窗体应用程序”。

（2）在程序运行时屏幕上显示“欢迎学习 C#程序设计”文字串，隶书、红色 14 号字体。

（3）在窗体的文本框中输入姓名，并居中，单击“显示”按钮后，输入的姓名居中显示在右侧的文本框中。

（4）单击“关闭”按钮，窗体被关闭退回到开发界面。

程序运行后的界面如图 1-14 所示。

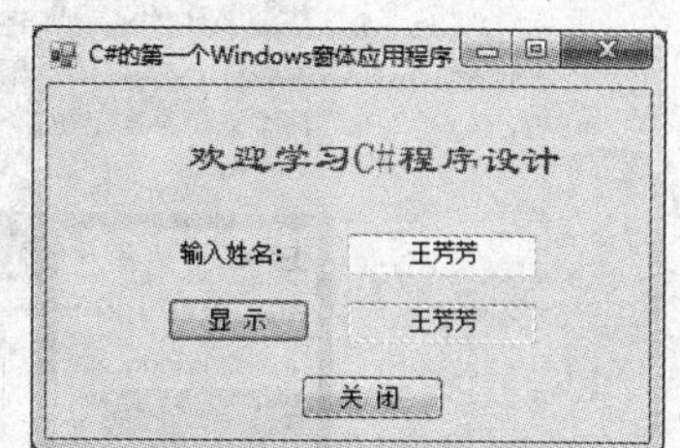

图 1-14　【例 1-2】程序运行界面

具体操作步骤如下：

1）创建项目文件

（1）启动 Visual Studio 2013 环境，依次选择“文件”→“新建”→“项目”，在打开的对话框中依次单击左侧界面的“已安装”→“模板”→“Visual C#”选项，在“Visual C#”选项右侧的展开项中选择“Windows 窗体应用程序”，如图 1-15 所示。这里需要注意的是，创建的 Windows 窗体应用程序是在一个项目中存放的。

图 1-15　新建 Windows 窗体应用程序项目界面

（2）在图 1-15 新建项目窗体的下侧找到项目“名称”，在其右侧文本框中输入 WForms1 项目名称。

（3）在“位置”文本框中输入路径名，或通过“浏览”按钮选择项目存放的位置。

（4）在“解决方案名称”文本框中输入解决方案名称（默认情况下解决方案名称同项目名称，有关解决方案的介绍在后续章节会学习到）。

（5）单击“确定”按钮，进入 C#的 Windows 窗体应用程序界面设计窗口，Form1 是 C#自动创建的一个默认窗体（类似于启动 word 后自动创建一个默认 Doc1 文档），如图 1-16 所示。

2）设计用户界面

设计用户界面就是在窗体中添加需要的控件信息，控件就是用户可与之交互以输入或操作数据的对象。将“工具箱”→“所有 Windows 应用程序”中提供的 TextBox（文本框）、Label（标签）、Button（按钮）等控件添加到 Form1 窗体中，并布局好这些控件的大小和位置，就完成了用户界面设计的任务。

添加控件的具体操作如下：

（1）双击工具箱中的 Label 标签控件图标，窗体上就会出现名为 label1 的标签控件；再次双击 Label 标签控件图标，窗体上就会出现名为 label2 的标签控件；或者直接用鼠标两次拖动

Label 标签控件图标到窗体上（所有关于控件的拖动类似操作），然后把它们拖放到适当的位置并调整好大小。

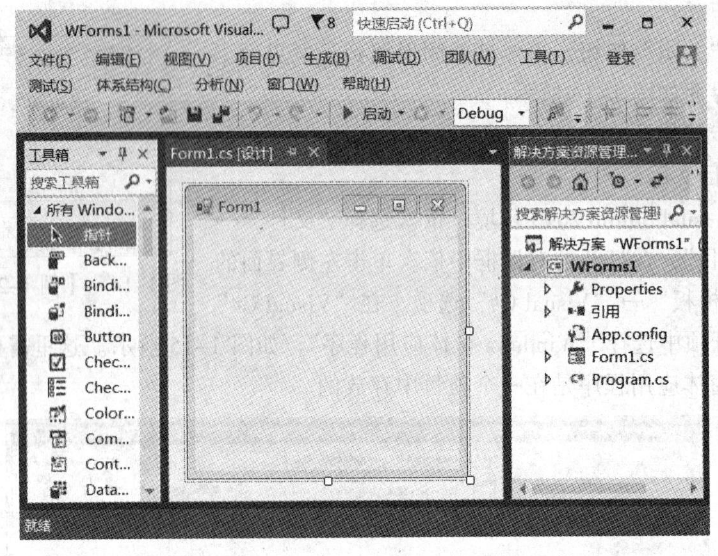

图 1–16　Windows 窗体应用程序的第一个默认窗体 Form1.cs

（2）双击工具箱中的 TextBox 文本框控件图标，窗体上出现一个名为 textBox1 的文本框；再次双击 TextBox 文本框控件图标，窗体上出现名为 textBox2 的控件。把它们拖动到适当的位置并调整好大小。

（3）两次双击工具箱中的 Button 按钮控件图标，窗体上出现名为 button1、button2 的按钮，把它们拖动到适当的位置并调整好大小。

（4）调整以上六个控件对象的位置，使其与图 1–14 中显示的控件位置相对应。添加控件后的用户界面如图 1–17 所示。

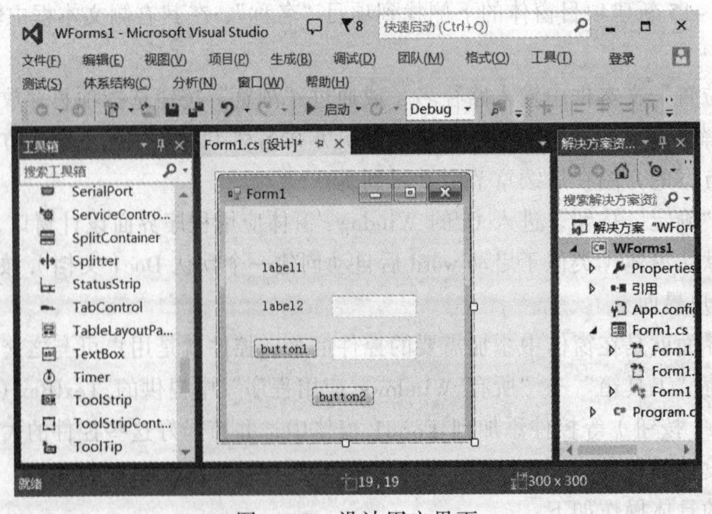

图 1–17　设计用户界面

3）设置对象属性

在所有版本的 Visual Studio 集成环境下，其所有元素及部件都可以称为对象。现在分别对窗体及控件等对象进行属性设置。表 1-1 中列出了【例 1-2】Form1 窗体中各对象要设置的属性值。

表 1-1　Form1 对象的属性值

对象名称	属性	默认值	设置值
Form1	Text	Form1	C#的第一个 Windows 窗体应用程序
label1	ForeColor	ControlText	Red
	Font.Name	宋体	隶书
	Font.Size	9	14
label2	Text	Label2	输入姓名:
button1	Text	Button1	显示
textBox1	TextAlign	Left	Center
textBox2	ReadOnly	False	True
	TextAlign	Left	Center
button2	Text	Button2	关闭

（1）单击窗体 Form1 的空白处（意味着选中了窗体），按 F4 键（调用属性窗口，以下类同），在窗体属性窗口中将它的 Text 属性从默认值 Form1 改为“C#的第一个 Windows 窗体应用程序”。

（2）单击 label1 标签控件，找到属性窗口中的 ForeColor 属性，将其默认值 ControlText 改为 Red。单击属性窗口下 font 属性，展开其前面的“+”，找到 Name 属性，将默认值“宋体”改为“隶书”；找到 size 属性，将默认值 9 改为 14。

（3）单击 label2 标签控件，在属性窗口中找到 Text 属性，将默认值 Label2 改为“输入姓名:”。

（4）单击 button1 按钮控件，在属性窗口中找到 Text 属性，将默认值 Button1 改为“显示”。

（5）单击 textBox1 文本框控件，在属性窗口中找到文本框内文本对齐属性“TextAlign”，将其默认值“Left”改为“Center”。

（6）单击 textBox2 文本框控件，在属性窗口中找到只读 ReadOnly 属性，将默认值 False 改为 True，意味着此文本框只能显示文本，而不能修改文本信息；找到 TextAlign 属性，将其默认值 Left 改为 Center。

（7）单击 button2 按钮控件，在属性窗口中找到 Text 属性，将默认值 Button2 改为“关闭”。

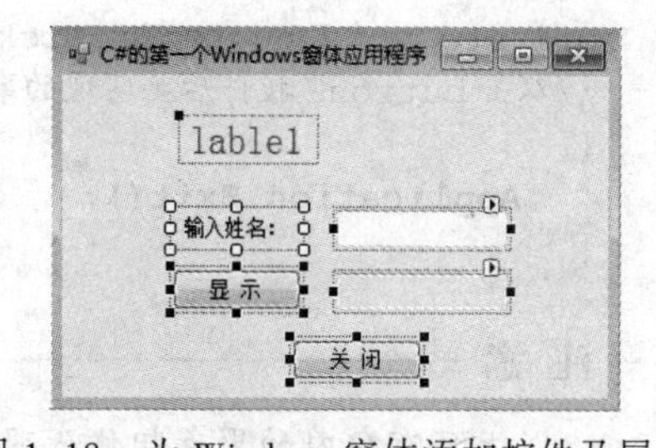

图 1-18　为 Windows 窗体添加控件及属性

设置好各个对象属性后的窗体如图 1-18 所示。

4）编写代码

对于一个 Windows 窗体应用程序，如果只是创建了前台用户操作界面，而没有控件相应的后台代码编写，那么这个界面就不能进行实质性的操作。编写代码是整个应用程序设计开发中最重要的步骤，有了代码，应用程序就被赋予了灵魂。

（1）在图 1-17 所示的设计界面上，双击窗体空白处，就会自动切换到代码编辑窗口，并自动生成如下代码行：

```
private void Form1_Load(object sender, EventArgs e)
```

```
{
}
```

在花括号内添加代码“label1.Text = "欢迎学习 C#程序设计";”，就可以实现程序运行后窗体出现“欢迎学习 C#程序设计”的文字信息。输入代码后的结果如下：

```
private void Form1_Load(object sender, EventArgs e)
{
    label1.Text = "欢迎学习 C#程序设计";//将文字信息显示在Label1标签控件上
}
```

Form1_Load()是一个窗体加载函数，意味着当 Form1 窗体运行时要执行什么动作，比如本例的窗体在运行后，会显示一行字符串信息：欢迎学习 C#程序设计。

（2）双击“显示”按钮控件，切换到 button1 控件代码编辑窗口，并自动生成如下代码行：

```
private void button1_Click(object sender, EventArgs e)
//双击button1控件后要实现的事件
{
}
```

在花括号内添加一行代码“textBox2.Text = textBox1.Text;”，能够实现单击“显示”按钮后，在文本框 2 中显示文本框 1 中的信息。输入代码后的结果如下：

```
private void button1_Click(object sender, EventArgs e)
//双击button1控件后要实现的事件
{
    textBox2.Text = textBox1.Text;//在文本框2中显示文本框1的信息
}
```

（3）双击“关闭”按钮，切换到 button2 控件代码编辑窗口，并自动生成如下代码行：

```
private void button2_Click(object sender, EventArgs e)
{
}
```

在花括号内添加代码“Application.Exit();”，实现关闭正在运行的 Windows 窗体，并退回到 Visual Studio 中开发环境。输入代码后的结果如下：

```
private void button2_Click(object sender, EventArgs e)
//双击button2控件后要实现的事件
{
    Application.Exit();                    //关闭应用程序的所有窗口
}
```

注 意

以上只有{}内的黑色粗体代码行才是从键盘上输入的代码，其他部分都是系统自动生成的，在本例中要按照对应的控件事件输入相应的代码。

【例 1-2】源代码输入完成后的代码窗口如图 1-19 所示。

5）调试运行，保存项目文件

代码输入完成后，按 F5 键或者单击工具栏中的“启动”按钮▶进行启动调试，如果能够正常运行，并显示如图 1-14 所示的窗体，则可以按 Ctrl+S 组合键保存整个项目文件。

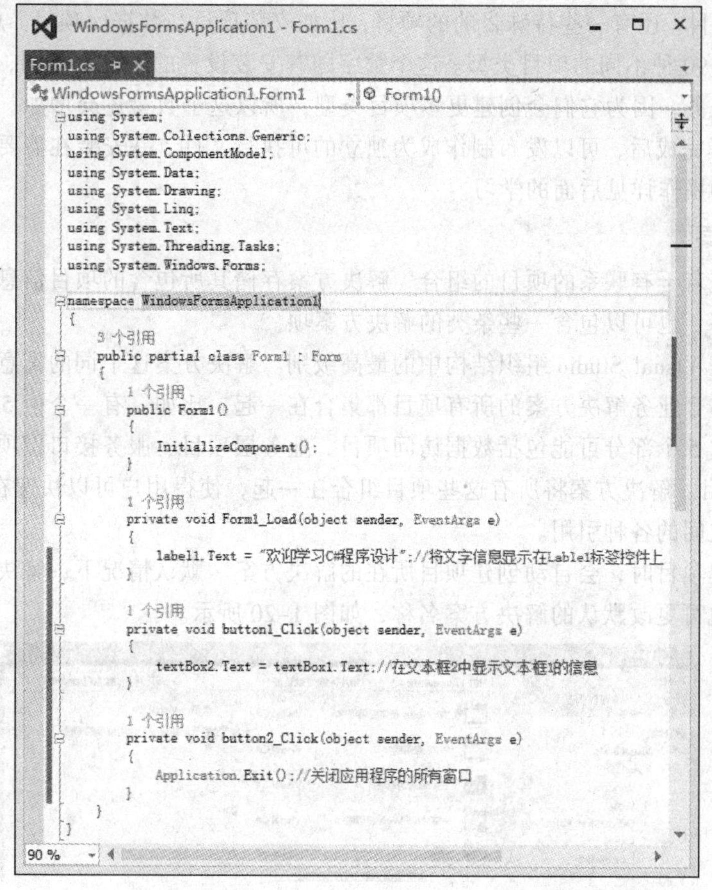

图 1-19 【例 1-2】窗体所对应的源代码

如果在设计窗体界面和输入代码过程中一直没有存过盘，代码编辑窗口顶部的文件名后面就会出现星号，提示各位一定注意保存代码文件。其实在启动调试程序（按 F5 键）时，C#总是先保存程序，然后再调试运行。

1.3.3 区分 C#的解决方案与项目的关系

至此我们了解到，控制台应用程序和 Windows 窗体应用程序在创建时，都涉及项目和解决方案，其实使用 Visual Studio 的大部分时间都将花在项目或者解决方案内。虽然可以在 Visual Studio 中编辑孤立的、不和任何项目或解决方案相连的文件，但是使用的大多数文件都是存在于项目或者解决方案的环境中的。

由于 Visual Studio 的一切几乎都与项目和解决方案有关，因此了解它们之间的区别以及以后如何轻松地使用它们是至关重要的。下面就认识一下项目和解决方案。

1. 项目

项目是在 Visual Studio 中工作时最重要的部分之一。项目可以有许多用途，但是主要是为了组织源代码及资源而诞生的，以便将其编译进库或者应用程序中。

项目包含任何数量的可编译成某种形式的输出源文件。输出可以是 Windows 窗体可执行文件、控制台应用程序、类库，或者任何数量的不同输出。不同的语言（如 C++、C#、VB .NET

等）有不同的项目。还有一些特殊目的的项目，比如安装项目与数据库项目。总的来说，Visual Studio 包含超过 90 种不同的项目类型。这个数字随着安装设置的不同而不同，而且假如安装了插件或者语言服务，因为它们会创建更多项目类型，所以这个数量还会增加。

C#项目编译完成后，可以发布制作成为独立的可执行文件，并安装在需要的服务器或客户端。有关项目的操作详见后面的学习。

2. 解决方案

解决方案是若干有联系的项目的组合，解决方案存储其所包含的项目信息，包括项目依赖关系与生成顺序，也可以包含一些杂类的解决方案项。

解决方案是 Visual Studio 组织结构中的最高级别。解决方案这个词的寓意还是有道理的，因为它把构成整个业务解决方案的所有项目都集合在一起。比如，有一个由 5 个项目组成的业务解决方案，这 5 个部分可能包括数据访问项目、业务层项目、服务接口层项目、表示层项目与 Web 控件项目。解决方案将所有这些项目组合在一起，使得用户可以快速在项目之间切换，并且管理它们之间的各种引用。

第一次新建项目时，会自动创建项目所在的解决方案。默认情况下，解决方案同第一个项目名称相同，也可更改默认的解决方案名称，如图 1-20 所示。

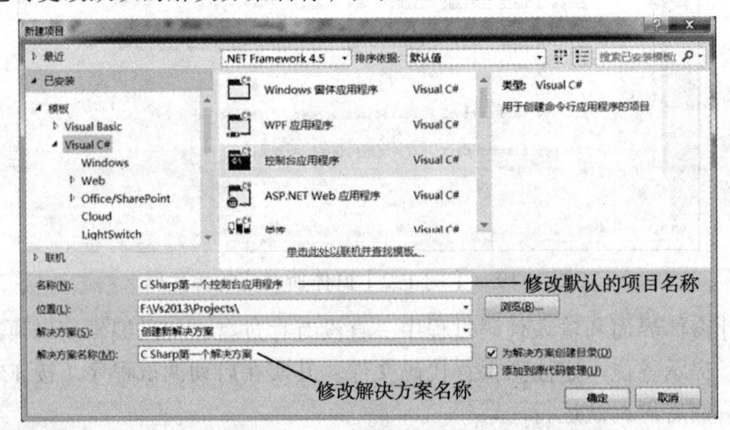

图 1-20 “新建项目”对话框

3. 解决方案和项目的关系

通过上面的简单介绍，已经了解了解决方案和项目之间的大致关系。其实它们就如同公司和部门的关系，如果把一个解决方案比作一个公司，那么公司下属的各个部门就是解决方案下的各个项目，而后面章节要学到的类就如同公司部门下的各个员工。

一个解决方案可以新建和包含一个或多个项目，这多个项目共同完成一个解决方案的任务。这些项目可以是新建类库、控制台应用程序，也可以是 Windows 窗体应用程序、ASP .NET Web 应用程序等。也可以添加其他解决方案中现有的项目，有时候有些项目是已存在写好的，那么一般都会把这个项目直接复制到正在运行的解决方案对应的文件夹内，然后通过解决方案资源管理器去添加项目。图 1-21 所示为一个解决方案下包含了三个项目的例子截图。

如果需要继续在本解决方案下添加新的项目文件，则可右击图 1-21 中的解决方案名称（C Sharp 第一个解决方案），在弹出的快捷菜单中选择“添加”→“新建项目”命令，选择需要添加的项目类型及名称、位置等信息。

对于解决方案的文件则有一些限制，在 Visual Studio 中一次只能打开一个解决方案，如果在当前解决方案下需要打开新的解决方案，Visual Studio 会提示先关闭当前的解决方案并打开新的解决方案。不过，同一个项目可以是许多解决方案的成员，于是在用户所创建的大量目的不同的解决方案中，可以共同拥有相同的项目。对解决方案以及项目所对应的文件作如下说明：

（1）所有类型为 Microsoft Visual Studio Solution 的文件才是解决方案文件，以.sln 结尾，里面包含着整个解决方案的信息，可以双击打开此解决方案。

（2）所有类型为 Visual C# Project file 的文件都是项目文件，以.csproj 结尾，里面包含着这个项目的所有信息，双击可以打开项目所在的解决方案及其所有项目。

（3）所有类型为 Visual C# Source file 的文件都是 C#的源代码文件，以.cs 结尾，双击只能打开查看源代码，需要依靠所在的项目才能运行。

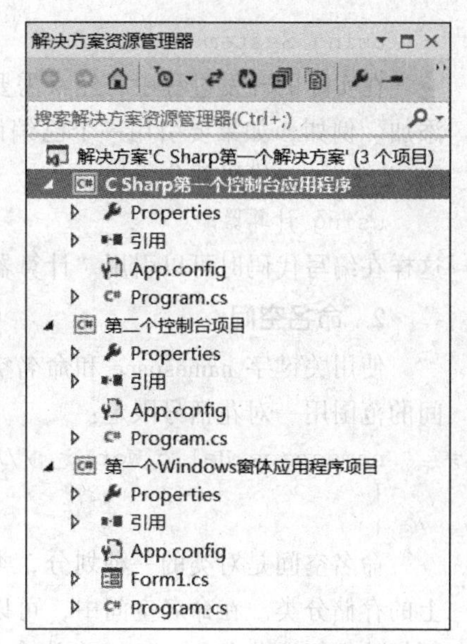

图 1-21 解决方案和项目的关系

1.3.4 C#应用程序文件的结构

通过前面几个项目的练习，我们基本能够了解到，无论是 C#控制台应用程序还是 C#窗体应用程序，其项目文件的主要组成都是类型为 Visual C# Source file 的文件，简称.cs 结尾的文件。这些文件是 C#的源代码文件，都是一个类文件。下面以一个 C#控制台应用程序（ConsoleApplication1）中 Progess.cs 文件的代码为例，了解其代码行的主要组成部分。

```
using System;
using System.Collections.Generic;     引用命名空间
using System.Text;

namespace ConsoleApplication1  //声明一个命名空间，名称为 ConsoleApplication1
{
    class Program                       //声明一个类，名称为 Program
    {
        static void Main(string[] args) //这是项目自动生成的一个主方法，名称为 Main
        {   //以下的代码都需要读者自己添加
            Console.WriteLine("this is C# Programming!");
            Console.ReadKey();
        }
    }
}
```

1. 导入其他系统预定义元素部分

高级程序设计语言总是依赖许多系统预定义元素，为了在 C#程序中能够使用这些预定义元素，需要对这些元素进行导入。导入其他系统预定义元素部分，通俗地讲就是引用其他命名空间：

```
using System;
using System.Collections.Generic;
using System.Linq;
```

```
using System.Text;
```

在实际的开发过程中，经常需要引用其他系统外的命名空间，那么就要使用 using 关键字添加。例如，如果要引用一个已编译好的计算器类文件，它的命名空间是“计算器”，需要在 CS 文件 using 代码部分添加：

```
using 计算器;
```

这样在编写代码时可以引用“计算器”这个命名空间的类来创建对象等操作。

2. 命名空间

使用关键字 namespace 和命名空间标识符（命名空间名称）来构建用户命名空间，命名空间的范围用一对花括号限定：

```
namespace Hello_World_ //默认情况下命名空间名称与解决方案名称相同
{
}
```

命名空间是对类的一种划分，类似于目录和文件的划分形式；是一种逻辑划分，而非物理上的存储分类。在命名空间中，可以再声明类、接口、结构、枚举、委托、命名空间等。为了更好地组织这些名称，.NET 允许命名空间的嵌套定义，即命名空间中又可以声明命名空间，各命名空间用“.”间隔。

命名空间就如同平时创建的文件夹（不同的文件夹内可以有一样的文件名），同名的两个类如果不在同一个命名空间中是不会发生冲突的。在以后的学习中，我们会明白微软在.NET 中引入了命名空间，就是为了避免项目中有相同的类名从而导致项目执行失败。

命名空间的名称默认和它所对应的项目名称相同，但如果项目名称以数字开始命名，或者项目名称中出现小括号对()、空格等信息时，命名空间的名称会把这些符号替代为下画线。例如上面的 namespace Hello_World_，其实对应的项目名称为“Hello World!”；再如，一个项目被命名为“C Sharp 项目（5 道题）”，那么会发现对应的命名空间是“C_Sharp 项目_5 道题_”。进行编程工作的过程中，最好在创建命名空间的名称时应使用以下原则：“公司名称.技术名称”。命名空间的名称随着项目的创建而自动获得，一般不得随意更改。

3. 类

类必须包含在某个命名空间中（如 namespace Hello_World_），使用类关键字 class 和类标识符（类的名称，默认为 Program）构建类，类的范围使用一对大括号{}限定：

```
class Program
{
}
```

4. 主方法

每个应用程序都有一个执行的入口，指明程序执行的开始点。C#应用程序中的入口点为 Main()主方法数，Main 后面的括号中即使没有参数也不能省略。一个 C#应用程序必须有而且只能有一个 Main()主方法，如果一个应用程序仅由一个方法构成，这个方法的名字就只能为 Main()。Main()方法用一对花括号限定自己的区域，如下所示：

```
static void Main(string[] args)
{
}
```

在以后的学习中，会看到 Main()方法必须声明为 static 或者 public static，返回值只能是 void

或者 int，并且它可以放在任何一个类中。

5. 在方法的花括号中输入 C#代码

C#的代码要在所有方法的花括号中输入才能实现相应的功能。例如，【例 1-1】创建的 C#控制台应用程序，要实现的功能是输出一条“欢迎语句”，具体过程是：使用 Console.Write()函数在控制台屏幕上显示一行“Hello！欢迎学习 C#控制台应用程序的开发.”的信息，并使用 Console.ReadLine()函数保持程序不会自动退出调试环境。方法的完整形式示例如下：

```
static void Main(string[] args)
{
    Console.Write("Hello! 欢迎学习 C#控制台应用程序的开发.");//要显示的字母串信息
    Console.ReadLine();//保持程序执行不会自动退出调试环境
}
```

1.4 综合应用

【例 1-3】设计 Windows 应用程序，要求：

（1）窗体的标题栏显示“综合实训”。

（2）单击“显示”按钮，弹出消息框，并显示“欢迎使用 Visual Studio!”。

程序运行后的界面如图 1-22 所示。

1. 创建项目文件

启动 Visual Studio 2013 环境，依次单击“文件”→“新建”→“项目”，在打开的对话框中依次单击左侧界面的“已安装”→“模板”→“Visual C#”选项，在“Visual C#”选项右侧的展开项中选择“Windows 窗体应用程序”。

2. 设计用户界面

将“工具箱”→“所有 Windows 应用程序”中提供的 Button（按钮）控件添加到 Form1 窗体中，并布局好控件的大小和位置，就完成了用户界面设计的任务。

添加控件的具体操作如下：

双击工具箱中的 Button 按钮控件图标，窗体上就会出现一个名为 button1 的按钮，把它拖放到适当的位置并调整好大小。添加控件后的用户界面如图 1-23 所示。

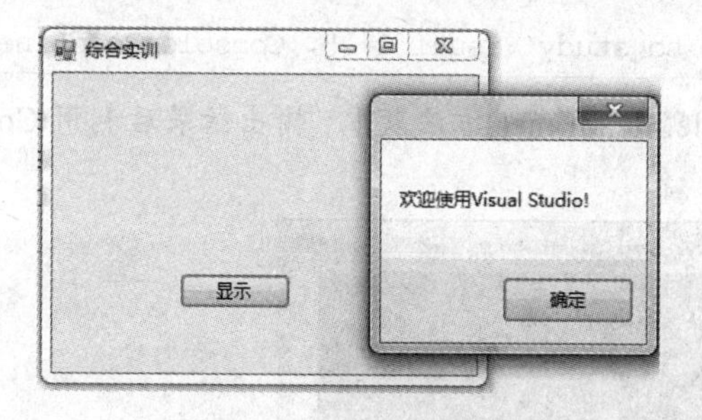

图 1-22　程序运行界面

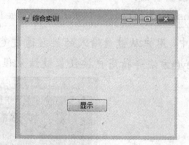

图 1-23　设计用户界面

3. 设置对象属性

表 1-2 列出了【例 1-3】Form1 窗体中各对象要设置的属性值。

表 1-2 Form1 对象的属性值

对象名称	属 性	默认值	设置值
form1	Text	Form1	综合实训
button1	Text	Button1	显示

4. 编写代码

双击“显示”按钮控件，切换到 button1 控件代码编辑窗口，并自动生成如下代码行：

```
private void button1_Click(object sender, EventArgs e)
                                        //双击 button1 控件后要实现的事件
{
}
```

在花括号内添加一行代码“MessageBox.Show("欢迎使用 Visual Studio! ")”，能够实现单击“显示”按钮后，弹出消息框。输入代码后的结果如下：

```
private void button1_Click(object sender, EventArgs e)
                                        //双击 button1 控件后要实现的事件
{
   MessageBox.Show("欢迎使用 Visual Studio! ");
                                        //在文本框 2 中显示文本框 1 的信息
}
```

上 机 实 验

1. 编写一个控制台应用程序，输出两行结果：

```
Hello,My name is Lijiang, This is my first C Sharp program;
我的 C#学习之旅开始了。
```

2. 创建一个 Windows 窗体应用程序，要求创建的项目名称不能和所在的解决方案名称重名，运行后显示如“你好！欢迎进入 C#课程的学习！这是我的第一个 Windows 窗体应用程序”字样的窗体。

3. 编写一个 C#控制台应用程序，程序开始时提示用户输入姓名，并等待用户从键盘输入，当用户输入完成按 Enter 键后，提示欢迎信息。程序运行界面如图 1-24 所示。

提 示

输出文本可用 Console.Write()和 Console.WriteLine()方法输出。欢迎信息可用格式字符串来控制输出：

```
Console.Writeline("Hello,{0}!Welcome to study Visual C#.", Console.ReadLine());
```

其中，用户从键盘输入的姓名通过 Console. ReadLine()方法获取；输出结果后利用 Console. ReadKey()方法等待用户按任意键结束程序。

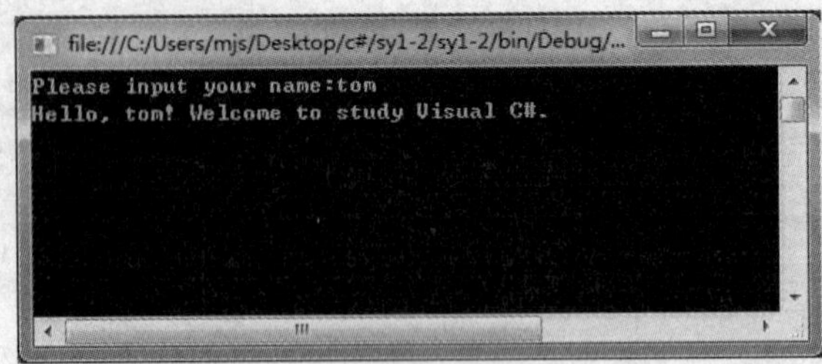

图 1-24 实验 3 程序运行界面

第2章 C#语言基础

C#是一种简单、高效及面向对象的编程语言，是开发.NET程序的首选。每个C#程序都是一些语句的集合，而每个语句都是一些数据的组合。要掌握C#程序设计就必须了解数据结构组成。本章详细介绍C#程序设计基础，主要包括数据类型、C#的变量、数据类型转换。

2.1 C#的基本语法

每一种编程语言都有自己的一套语法规范，C#也不例外，同样需要遵循一定的语法规范，如代码的书写格式、标识符的定义、关键词的应用等。因此，要学好C#语言，必须首先了解和掌握C#的基本语法。

2.1.1 C#程序代码基本书写规则

在初学程序设计语言时，尽量先了解熟悉编程语言的语法规则，避免或减少代码书写的错误。本节介绍C#程序代码的书写规则。

1. 程序代码区分字母大小写

C#是一种大小写敏感的语言，字母大小写不同的标识符被视为不同的标识符。例如，Console和console在C#中是不同的标识符。

在代码输入过程中，Visual Studio 2013代码编辑器会主动地给出动态提示信息，向程序员推荐可能使用的命令，并尽可能地自动纠正字母大小写的错误。

2. 语句书写规则

（1）每个语句都必须以一个英文的分号（“;”）作为结尾。语句中作为语法成分的标点符号必须是西文标点符号，中文标点符号（如“；”）只能作为字符常量使用。

（2）C#允许在同一个代码行上书写多个语句。但从可读性的角度来看，这种做法不宜提倡，最好还是一个语句写成一行。

（3）适当增加空行。建议在代码行之间适当地增加空行，以增加代码的可读性。尤其是后面要学到的类、接口以及彼此之间最好有两行空行。此外下列情况之间要有一行空行：

① 方法之间。

② 局部变量和它后边的语句之间。

③ 方法内的功能逻辑部分之间。

（4）语句长度。

① 每行代码和注释不要超过 70 个字符或屏幕的宽度，如超过则应换行，换行后的代码应该缩进一个 Tab。

② 每个函数有效代码（不包括注释和空行）长度最好不要超过 50 行。

（5）C#是一种块结构的编程语言，所有的语句都是代码块的一部分。每个代码块用一对花括号来界定，花括号本身不需要使用分号来结束。一个代码块中可以包含任意多行语句，也可以嵌套包含其他代码块。

3. 注释规范

注释信息是程序中不可执行的部分，仅用于对程序代码加以说明，编译时会将其完全忽略。为 C#程序设计语言的代码恰当地添加注释，除了用于对程序功能进行说明之外，还可以对程序的维护和调试提供帮助，更有助于原作者以外的其他开发人员提高程序的可读性，便于软件维护和协作开发。作为一个负责任的优秀程序员，必须养成为程序代码添加注释的良好习惯。

C#程序代码中的注释方法有三种：

1）单行注释

在一个语句行上，用双斜杠“//”作为引导符，其后的任何内容均为注释信息，编译时被忽略，通常用于注释字符串较短的场合。

单行注释可以书写在可执行代码语句的后面，也可以书写成单独的一行。下面两种方式起到同样的作用：

方式 1：

```
string S = Console.ReadLine();                    //输入一行字符串赋值给变量 S
```

方式 2：

```
//输入一行字符串赋值给变量 S
string S = Console.ReadLine();
```

注 意

如果“//”出现在代码行的最左边，将代表本行的代码被“注释”了，程序在运行时，会忽略此代码行，不执行此代码行的功能。

2）多行注释（块注释）

从“/*”开始，到“*/”结束，其中的所有内容（可以是一行，或多行）均为注释信息，但注释文字中必须不包含“*/”。多行注释通常用于需要书写较大量注释的情况。

3）XML 注释

C#还提供了另外一种注释方式，及文档注释。这种注释形式上带有 XML 标签，可以由.NET 提供的文档生成系统自动项目文档，非常适合大型项目的开发。看上去和前面的单行和多行注释非常相似，在一个代码行上，以“///”开始，其后的任何内容均为注释信息，编译时被提取出来，形成一个特殊格式的文本文件（XML），用于创建文档说明书。

有关代码行的注释或者取消注释也可以通过以下几种方法进行操作。

（1）调用或者取消工具栏上的注释按钮。单击菜单“视图”→“工具栏”，选择或者取消“文本编辑器”“注释选中行”“取消对选中行的注释”等工具按钮就会出现或者消失在工具栏中。

（2）使用快捷键（Ctrl+E，C）可以对选中多个代码行进行一次性的注释。

（3）使用快捷键（Ctrl+E，U）可以全部一次性取消对所有被选中行的注释。

2.1.2　C#的关键字和标识符

通过第 1 章的学习，我们了解到 C#程序代码中的所有语句都是由特殊的或者自定义的字符组成，这些字符就是 C#语言中的关键字和标识符，下面介绍其基本组成。

1. C#的字符集

字符是构成程序设计语言的最小语法单位。不同程序设计语言的基本字符集是大同小异的，它们都以 ASCII 字符集为基础。

C#的基本字符集包括：

（1）数字： 0~9 之间的任何数字。

（2）英文字母： A~Z 之间的 26 个大写字母，a~z 之间的 26 个小写字母。

（3）特殊字符： Space　!　“　#　$　%　&　(　)　*　+　–　/　:　;　<　=　>　等，其中，Space 表示空白字符，对应键盘上的空格键。

程序设计中最常用到的 ASCII 字符，只需 7 位二进制数即可表示，因此基本 ASCII 字符集共包含 128 个字符，其中有 95 个可打印字符（代码为 32~126），其余的 33 个为不可打印字符（代码为 0~31，127），用作控制字符。

不过，为了实现 Microsoft 全球通用的战略目标，C#中所有字符都是使用 Unicode 编码表示的。在 Microsoft 推出的 Windows 2000 以上版本的操作系统中，所有的核心函数也都要求使用 Unicode 编码。

按照 Unicode 的编码规定，每个字符都由两个字节（16 位二进制数）来表示，编码范围为 0~65 535，所以 Unicode 字符集最多可以表示 65 536 个字符，事实上已经包含了世界上大多数语言的字符集。基本 ASCII 字符集成为 Unicode 字符集的一个子集，编码范围为 0000H~007FH。当用 16 位二进制数来表示一个 ASCII 字符的时候，高 9 位全部以 0 填充。

Unicode 字符集包含 20 902 个中文字符，编码范围为 4E00H~9FA5H。

2. C#的关键字

关键字又称保留字，是对编程语言编译器具有特殊意义的预定义保留标识符，编译器在编译源程序时，遇到关键字将做出专门的解释。C#的关键字共有 77 个，如下所示。

abstract	as	base	bool	break
byte	case	catch	char	checked
class	const	continue	decimal	default
delegate	do	double	else	enum
event	explicit	extern	false	finally
fixed	float	for	foreach	goto
if	implicit	in	int	interface
internal	is	lock	long	namespace
new	null	object	operator	out
override	params	private	protected	public

readonly	ref	return	sbyte	sealed
short	sizeof	stackalloc	static	string
struct	switch	this	throw	true
try	typeof	uint	ulong	unchecked
unsafe	ushort	using	virtual	volatile
void	while			

3. C#的标识符

标识符在程序设计中的作用就是为程序中涉及的数据对象进行命名，这些数据对象包括：变量、类、对象、方法（函数）以及文件等。在软件开发中，往往需要对数据对象使用统一的命名规范来约束程序代码的编写，通过这种方式可以在软件开发中尽可能减少错误以提高软件开发的效率，方便程序员之间的交流和软件系统的维护。

在 C#程序中，标识符的命名必须遵循如下规则：

（1）第一个字符必须是英文字母或下画线。

（2）第二个字符开始，可以使用英文字母、数字和下画线，但不能包含空格、标点符号、运算符号等字符。

（3）不能与关键字重名，但如果在关键字前面加上@前缀，也可以成为合法标识符（如@string 可以定义为一个字符串变量）。

（4）长度不能超过 255 个字符。

在实际应用中，为了改善程序的可读性，标识符最好使用具有实际意义的英文单词、词组或它们的缩写，尽可能做到"望文生义"。例如，用 User_name 表示用户姓名，用 Student_score 表示学生成绩等。

目前软件开发中使用较多的标识符命名样式主要有下面三种：

（1）Pascal 样式。在 Pascal 命名样式中，直接组合用于命名的英语单词或单词缩写形式，每个单词的首字母大写，其余字母小写。例如，StudentName、FileOpen 等。

（2）Camel 样式。除了第一个单词小写外，其余单词的首字母均采用大写形式。例如，myName、myAddress 等。

（3）Upper 样式。每个字母均采用大写形式，此种形式一般用于标识具有固定意义的缩写形式。例如，XML、GUI 等。

例如，下面的标识符：Pi、first、weekend、Student_Number、@int、姓名、出生日期、二十一世纪，等都可以作为合法的变量名使用。

而下面的标识符：3W、a+b (n)、"week"、y a$b、double、 long、 false 等，则不是合法的变量名。请读者自行分析不合法的原因。

2.2 C#中的数据类型

C#拥有比 C、C++或者 Java 更广泛的数据类型，C#中的基本数据类型是 C#程序设计的基础。

在 2.1 节的学习中我们要认识 C#中不同的数据类型，主要学习简单数据类型和复合数据类型；在 2.2 节的学习中我们要掌握常用常量和变量的声明方法，参与运算符及其表达式的使用。

2.2.1 C#的数据类型概述

计算机中常用的数据形式有：3.1415、A、计算机、True、2015-5-1、this is my book 等，在 C#应用程序的设计开发过程中，同样需要用到这些不同的数据类型，主要包含了整型、浮点型、字符、布尔型等大部分程序语言都有的数据类型。

下面先通过一个例子了解 C#的数据类型。

【例 2-1】已知圆的半径，计算圆的周长。

设计过程如下：

（1）新建一个 C#控制台应用程序，项目名称为 E2-1，选择保存位置。

（2）在主方法 Main()的花括号内添加代码，下面是添加代码后的 Main()方法：

```
static void Main(string[] args)
{
    const double Pi = 3.14;                  //声明一个常量 Pi，将π的值赋值给 Pi
    double C;                                //声明一个 double 型变量 C，用于存放圆周长
    int r = 5;                               //声明圆半径 r，r 初始值为 5
    Console.WriteLine("圆半径={0}", r);      //输出圆半径值
    C = 2 * Pi * r;                          //计算圆周长
    Console.Write("圆周长={0}", C);          //输出圆周长的值
    Console.ReadKey();                       //键入键盘任意键返回
}
```

（3）按 F5 键运行，结果如图 2-1 所示。

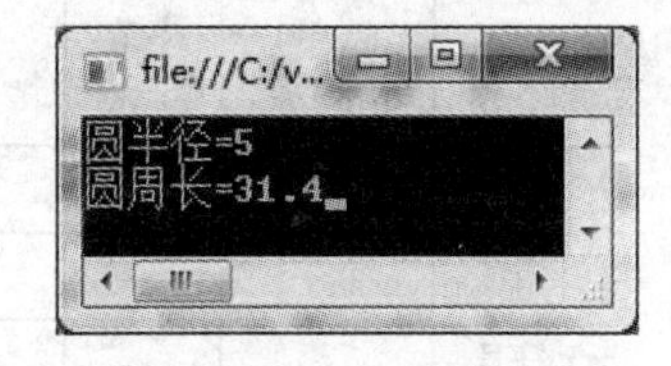

图 2-1 【例 2-1】运行结果

分析：

在设计过程中用 Pi 表示圆周率π，用 C 表示圆周长，用 r 表示圆的半径。其中，Pi 的值是π，是固定不能改变的值；而圆的周长 C 随着圆的半径 r 改变。这些固定不变和可变的东西涉及 C#最基本的数据类型——常量和变量。例如，【例 2-1】中出现的 Pi 就是数值类型中的实数常量，半径 r、周长 C 等就是数值类型中的实数变量。

在 C＃的领域里，数据类型主要包括以下几种类型：

（1）数值类型，包含了变量中的值或数据，即使同为数值类型的变量也无法相互影响。

（2）引用类型，保留了变量中数据的相关信息，同为引用类型的两个变量，可以指向同一个对象，也可以针对同一个变量产生作用，或者被其他同为引用类型的变量所影响。

数值类型和引用类型的区别在于：数值类型的变量直接存放实际的数据，而引用类型的变量存放的则是数据的地址，即对象的引用。

C#的数值类型分为简单数值类型和复合数值类型。

声明一个数值类型的语法形式为：

```
<数据类型名> <变量名> [=n];
```

其中，<数据类型名>是指当前所要声明的变量数据类型，如【例 2-1】所示的声明一个存放圆周长的 double 型 C；<变量名>是指当前所要声明的变量名称；[=n]是可选项，用于在声明变量的同时为变量赋初始值，如【例 2-1】中存放圆半径 r 的声明：

```
int r = 5;
```

也可以如下声明：

```
int r;
r = 5;
```

在 2.2 节中我们会认识整数、实数、字符、布尔等简单的数值类型；在 2.3 节中我们会认识枚举和结构体等复合数值类型；在 2.4 节中我们将认识两种不同的引用类型：字符串和数组。

2.2.2 简单数值类型

C#语言的简单数值类型包括：整数类型、实数类型、字符类型。这些是程序设计时定义数据类型的重要参数，可以选择最恰当的一种数据类型来存放数据，避免浪费资源。所有 C#的简单类型均为.NET Framework 系统类型的别名，例如，int 是 System.Int32 的别名。

1. 整数类型

C#提供了 8 种整数类型，分为有符号整数与无符号整数两类。有符号整数可以带正负号，无符号整数不需带正负号，默认为正数。

无符号整数包括 byte（字节型）、ushort（无符号短整型）、uint（无符号整型）、ulong（无符号长整型）。

有符号整数包括 sbyte（符号字节型）、short（短整型）、int（整型）、long（长整型）。

表 2-1 列出了整数类型的取值范围。

表 2-1 整数类型的取值范围

类别	类型	字节大小	范围	.NET Framework 类型	备注
无符号整数	byte	1	0 ~ 255 之间的整数	System.Byte	对应 Byte 结构
	ushort	2	0 ~ 65 535 之间的整数	System.UInt16	对应 UInt16 结构
	uint	4	0 ~ 4 294 967 295 之间的整数	System.UInt32	对应 UInt32 结构 类型符 U
	ulong	8	0 ~ 18 446 744 073 709 551 615 之间的整数	System.UInt64	对应 UInt64 结构 类型符 UL
有符号整数	sbyte	1	–128 ~ 127 之间的整数	System.SByte	对应 SByte 结构
	short	2	–32 768 ~ 32 767 之间的整数	System.Int16	对应 Int16 结构
	int	4	–2 147 483 648 ~ 2 147 483 647 之间的整数	System.Int32	对应 Int32 结构
	long	8	–9 223 372 036 854 775 808~ 9 223 372 036 854 775 807 之间的整数	System.Int64	对应 Int64 结构 类型符 L

2. 实数类型

实数类型包括浮点数类型和十进制类型。

1）浮点数类型

浮点数类型包括 float（单精度浮点型）、double（双精度浮点型）。计算机对浮点数的运算速度大大低于对整数的运算，它们的差别在于取值范围和精度不同，在对精度要求不是很高的浮点数计算中，可以采用 float 型，而采用 double 型获得的结果将更为精确。

但如果在程序中大量地使用 double 型，将会占用更多的内存单元，而且计算机的处理任务也将更加繁重。

2）十进制小数型类型

C#还定义了一种十进制小数型类型 decimal。decimal 特别适用于需要使用大量数位但不能容忍舍入误差的计算，如常用于金融和货币方面的计算。在现代的企业应用中，不可避免地要进行这方面大量的计算和处理，而其他类的程序设计语言大都需要程序员自己定义货币类型等。

与浮点数类型相比，decimal 数据类型具有更高的精度和更小的范围。但与浮点数不同，decimal 类型能够保证范围内的所有十进制数都是精确的；而用浮点数来表示十进制数时，则可能造成舍入错误。由于 decimal 取值范围比较小，因此当数据类型从浮点类型转换为 decimal 类型时可能发生溢出错误。此外，decimal 的计算速度要稍微慢一些。

表 2-2 列出了 float、double 和 decimal 的相关说明。

表 2-2 浮点型数据的相关说明

类 型	字 节	取 值 范 围	精 度	比 较 结 果	.NET Framework 类型	备 注
float	4	$\pm1.5\times10^{45}\sim\pm3.4\times10^{38}$	7 位	范围小，精度低	System.Single	类型符 F
double	8	$\pm5.0\times10^{-324}\sim\pm1.7\times10^{308}$	15~16 位	范围广，精度低	System.Double	类型符 E
decimal	16	$\pm1.0\times10^{-28}\sim\pm7.9\times10^{28}$	28~29 位	范围小，精度高	System.Decimal	类型符 M(或 m)

下面通过一个例子理解 float、double 和 decimal 的精确度差别。

【例 2-2】运行下列程序，通过测试比较 float、double 和 decimal 类型的精度。

```
static void Main(string[] args)
{   //将同一个 20 位的数值分别赋值给 float、double 和 decimal 型，比较输出数据结果
    float M;                    //声明 1 个 float 浮点型变量 M
    M = 12345678901234567890; //将“12345678901234567890”二十位数字赋值给 M
    double P;                   //声明 1 个 double 型浮点数变量 P
    P = 12345678901234567890;//将“12345678901234567890”二十位数字赋值给 P
    Console.WriteLine("double 数值类型 P={0}",P);          //输出 P 值
    decimal Q;                  //声明 1 个 decimal 型高精度变量 Q
    Q = 12345678901234567890; //将“12345678901234567890”二十位数字赋值给 q
    Console.WriteLine("decimal 数值类型 Q={0}",Q);         //输出 Q 值
    Console.ReadKey();         //按键盘任意键返回
}
```

运行结果如图 2-2 所示。

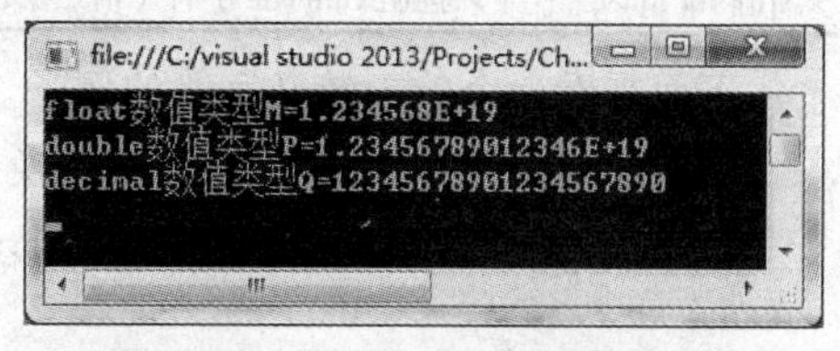

图 2-2 【例 2-2】运行结果

测试比较：

（1）具有 float 数值类型的 M=1.234568E+19（12345680000000000000）；

（2）具有 double 数据类型的 P=1.234567890123456E+19（12345678901234560000）；

（3）具有 decimal 数据类型的 Q 值并没有丢掉任何数据。

此例证实了三者的精度级别：decimal>double>float。除非超过范围，否则 decimal 数字表示的十进制数都是完全准确的。

3. 字符类型

字符类型包括数字字符、英文字符、表达符号等，对应于系统的结构类型 Char。C#提供的字符类型按照国际上公认的标准，采用 Unicode 字符集。一个 Unicode 的标准字符长度为 2 个字节，用它可以来表示世界上多种语言。

在 C#中，用一对单引号括起的单个字符，如'a'、'W'、'5'、'王'等，就是字符常量。可以按以下方法给一个字符变量赋值，如：

```
char c='W';
```

char（字符型）：数据范围是 0 ~ 65 535 之间的 Unicode 字符集中的单个字符，占用 2 个字节的存储空间。

另外，还可以直接通过十六进制转义符（前缀\x）或 Unicode 表示法给字符型变量赋值（前缀\u）。如下面对字符型变量的赋值写法都是正确的：

```
char c='\x0032';
char c='\u0032';
```

表 2-3 列出了 C#语言常用的转义字符，用来在程序中指代特殊的控制字符。

表 2-3　转义字符

转 义 序 列	字 符 名 称	Unicode 编码
\'	单引号	0x0027
\"	双引号	0x0022
\\	反斜杠	0x005C
\0	Null	0x0000
\a	Alert (system beep)	0x0007
\b	退格	0x0008
\f	换页（Form feed）	0x000C
\n	换行（Line feed 或者 newline）	0x000A
\r	回车	0x000D
\t	水平制表符	0x0009
\v	垂直制表符	0x000B
\uxxxx	十六进制 Unicode 字符	\u0029
\x[n][n][n]n	十六进制 Unicode 字符（前三个占位符是可选的），\uxxxx 的长度可变版本	\x3A

下面来看一个关于转义字符的例子。

【例 2-3】使用转义字符将一首诗换行。

```
static void Main(string[] args)
{
    Console.WriteLine("春眠不觉晓\n 处处闻啼鸟\n 夜来风雨声\n 花落知多少");
                                                 //分为四行输出
    Console.ReadKey();
}
```

运行结果如图 2-3 所示。

4. 布尔类型

图 2-3　【例 2-3】运行结果

布尔类型 bool 是用来表示“真”和“假”这两个概念的，数据范围是“true”（真）和“false”（假）。bool 类型的值“true”（真）和“false”是关键字，不允许将它们作为变量名称使用。

bool 类型虽然看起来很简单，但实际应用非常广泛。布尔类型表示布尔逻辑值，它与其他类型之间不存在标准转换，既不能用一个整数类型表示 true 或 false，反之亦然，这点与 C/C++不同。如下列声明是不对的：

```
bool  z=5;  //错误，只能写成 z=true 或 z=false
```

2.2.3　复合数值类型

复合数据类型是简单类型的复合，包括结构类型（struct）和枚举类型（enum）。

1. 结构类型

将一系列相关的信息组织成为一个单一实体，这个单一的实体就是结构类型。C#结构类型用关键字 struct 声明。例如，人的信息结构类型如下：

```
struct  person
{
   string  name;          //姓名
   int    age;            //年龄
   string  sex;           //性别
}
```

要在程序设计中使用上述定义的结构类型，必须要再声明一个结构类型的变量 Pr：

```
person Pr;
```

然后才能通过下面的方法访问使用结构类型中的成员：

```
变量名.成员
```

例如，要使用上述结构类型中的 age，应该这样定义：

```
Pr.age=10;
```

【例 2-4】输出结构体 Person 对象的个人信息。

```
public struct Person
{
   public string name;    //姓名
   public int age;        //年龄
   public string gender;  //性别
}
class Program
{
   static void Main(string[] args)
   {
      //声明一个 Person 结构体的对象 zs
      Person zs;
      zs.name = "张三";      //给对象 zs 的姓名赋初值
      zs.age = 21;          //给对象 zs 的年龄赋初值
      zs. gender = "男";     //给对象 zs 的性别赋初值
      //打印显示对象 zs 的个人信息
      Console.WriteLine("{0},{1},{2}", zs.name,zs.age,zs. gender);
      Console.ReadKey();
```

```
    }
}
```

运行结果为：

```
张三,21,男
```

对结构类型内的成员定义还可以再使用结构类型进行声明，也就是可以将结构类型作为另一个结构类型中的成员。例如：

```
struct person
{
    string  name;                //姓名
    int    age;                  //年龄
    string  sex;                 //性别
    struct  address
    {
      string city;               //城市
      string street;             //街道
    }
}
```

2. **枚举类型**

在C#中，枚举是用标识符表示的整型常量的集合，即枚举成员是具有整数类型的符号常量。例如，一周内星期一到星期日7个数据元素组成的集合，一年内12个月组成的集合。这些数据元素分别被赋予了名称，不但表示了它们所包含的意义，而且还确定了它们在集合中的排列顺序。默认情况下，第一个枚举成员的值为0，此后每个枚举成员的值递增1。

枚举类型使用关键字enum来声明，声明枚举类型的一般形式如下：

```
enum 枚举名 [: 基本数据类型]
{
    枚举常量列表
}
```

其中，enum用于定义枚举类型的关键字；枚举名用于定义枚举类型时赋予的命名，使用C#合法标识符；基本数据类型用于是可选项，用于指定枚举类型中枚举成员的基本数据类型，所有枚举成员的数据类型相同，默认为整型（int）；枚举常量列表用便于理解的标识符组成的枚举成员列表，两个相邻的枚举成员之间用逗号分隔。

例如，前面学到的一些结构体类型元素，也可以用枚举来表示，如性别Gender。

```
emum Gender
{
    男,女
}
```

下面的代码段定义了用于表示星期的枚举类型：

```
enum Week_Days
{
    Sunday, Monday, Tuesday, Wednesday, Thursday, Friday, Saturday
}
```

在枚举类型Week_Days的定义中没有指定枚举成员的数据类型，所以枚举成员的类型默认为整型（int）。定义中的Sunday相当于整型常数0，Saturday相当于整型常数6。

程序员也可以在定义枚举时指定第一个枚举成员对应的常量值，从而改变了所有枚举成员对应的整型常量。例如，用下面的定义可以使得表示星期的枚举成员对应1~7：

```
enum weekDays
{
   Monday = 1, Tuesday, Wednesday, Thursday, Friday, Saturday, Sunday
}
```

如果在枚举类型定义中指定了一个枚举成员所对应的值，此后的枚举成员的值从该值开始递增，直到遇到下一个指定对应值的成员为止。如果确实需要，也可以为每一个枚举成员单独指定值。

在C#程序设计中使用枚举类型，具有以下意义：

（1）枚举中的所有数据项都被赋予了描述性的名称，会使程序更加容易理解。

（2）一旦声明了一个枚举类型，它的有效取值范围就被限定了，从而避免了非法取值的可能性。

（3）在程序代码输入过程中，为枚举实例赋值时，可以从自动弹出动态提示列表中选择，从而使程序代码输入更加直观便捷。

2.2.4　引用类型

C#语言中的引用类型（reference type）主要包括以下几种类型：类类型（class type）、对象类型(object type)、接口类型(interface type)、字符串类型(string type)、数组类型(array type)。

有关类、对象、接口等引用类型，我们留在第3章学习。本节主要来认识数组类型和字符串类型。

1. 数组类型

数组（array）是一种包含了多个变量的数据类型，这些变量称为数组的元素（element）。同一个数组里的数组元素必须都有着相同的数据类型，并且利用索引（index）可以存取数组元素。

1）数组的声明

数组的声明格式如下：

```
数组类型[] 数组名=new 数组类型[数组长度]
```

在声明一个数组变量的同时创建一个数组长度确定的对象。

例如：

（1）`int[] A = new int[5];`

等价于：

```
int[] A;                //声明一个类型为int[]类型的数组变量A
A = new int[5];         //创建一个长度为5的int类型数组对象A
```

（2）`string[] S = new string[10];//声明并创建一个长度为10的字符串类型数组变量对象S`

（3）`double[] D = new double[8]; //声明并创建一个长度为8的双精度类型数组变量对象D`

注 意

（1）C#定义数组的方式与C/C++或Java一样，必须指定数组的数据类型，例如: int[] IntArray;。经过声明的数组并不会实际建立数组的实体，必须利用“new”运算符才能真正建立数组。

（2）数组在声明的同时可以给定数组长度，也可以省略，数组的长度用“数组名.Length”表示，例如上述string变量数组S的长度表示为S.Length。

（3）建立数组对象时，数组的长度定义必须使用常数，不能使用变量，否则会发生错误。例如:

```
int[] A=new int[3];          //数组A长度定义为常量3，正确
```

假如数据长度定义为这样:

```
int[] B=new int[i];          //数据B长度定义为变量i
```

由于数组B长度i是不确定的值，因此编译数组B时会报错。

2）数组的初始化

（1）静态初始化。定义的同时，为数组的每个元素赋初值。有两种方式：

```
int[] X = {1,2,3,4,5};//推荐使用这一种初始化
int[] X = new int[5] {1,2,3,4,5};
```

（2）动态初始化。在定义数组时只指定数组的长度，数组被成功创建后由系统自动为元素赋初值，int类型默认初始值为0，string类型默认初始值为null，bool类型默认初始值为false等。

3）数组的赋值

已经建立的数组可以利用索引来存取数组元素。要注意的是，C#数组的索引值是从“0”开始的，也就是说，上面的含有3个元素的A数组，3个元素存取方式分别为：A[0]、A[1]、A[2]。

例如，下面的范例大致展示了一维数组的定义、初始化及元素存取等用法：

```
static void Main()
{
    int[] arr = new int[5];                //定义整型数组arr，并利用new建立数组
    for(int i = 0;i<arr.Length; i++)       //arr.Length为数组的长度
        arr[i] = i;                        //对数组的每一个元素进行赋值
    for(int i = 0;i<arr.Length; i++)       //输出显示每一个元素的值
        Console.WriteLine("arr[{0}]'s value is {1}",i,arr[i]);
}
```

4）多维数组

在C#中，除了可以定义一维数组外，还可以定义使用多维数组。定义规则的多维数组时，可以采用如下的方式：

```
int[,] MulArray = new int[3,5];           //定义一个3行5列的二维整型数组
```

也可以直接初始化多维数组，如下所示：

```
int[,] MulArray = new int[,]{ {1,2,3},{4,5,6}}; //定义一个2行3列的二维整型
                                                //数组
```

仔细观察上面的初始方式，可以看出，如果要初始化三维数组，只需要在一个大括号里，放几个二维数组作为三维数组的元素，元素用逗号隔开，如下所示：

```
int[,,] ThreeDim = new int[,,]{ {{1,2,3},{4,5,6}}, {{3,2,1},{6,5,4}} };
```

5）常用数组对象对应类的属性

组数类中有几个常用的成员。例如，Length属性会返回数组的长度；Rank属性会返回数组的维数；Clear方法可以将所有的数组元素设置C#的默认值。

【例2-5】 给数组元素赋值，并比较数组元素中的最大值。

```
static void Main(string[] args)
{
    int[] A = new int[5];          //声明五个元素的整型数组，元素默认值为0
    int max = A[0];                //将第一个数组元素值赋值给最大值max
    Console.WriteLine("长度为{0}的数组元素是：",arr.Length);
                                   //输出数组长度
    for(int i = 0; i < arr.Length; i++)
    {
        A[i] = (i+1)*2;            //将每个元素的值乘以2赋值给数组元素
        Console.WriteLine("第{0}个数组元素是{1}",i,A[i]);
        if(max < A[i])             //如果A[i]大于最大值
        {
            max = A[i];            //A[i]的值替换max
```

```
            }
        }
        Console.WriteLine("最大值是{0}", max);
        Console.WriteLine(arr.Rank);  //输出显示数组的维数为 1
        Console.ReadKey();
    }
```

运行结果如图 2-4 所示。

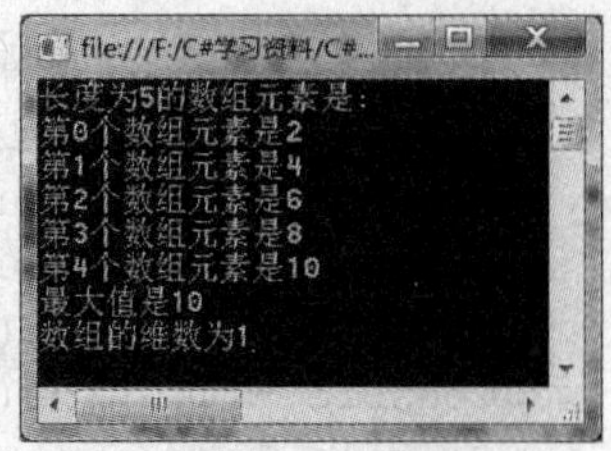

图 2-4　【例 2-5】运行结果

2. 字符串类型

C# 还定义了一个基本的类 string，专门用于对字符串的操作。这个类也是在.NET 框架结构的命名空间 System 中定义的，是类 System.String 的别名。

字符串不仅是一种数据类型，一种类别，它还可以视为一个数组，一个由字符组成的数组。下面来了解有关字符串的操作，自己输入并查看运行结果。

1）读取字符串

读取字符串中的每个字符，把每个字符看作 char 数组的每个元素。例如：

```
string String = "稻花香里说丰年! ";
Console.WriteLine("第一个字符是{0}", String [0]);
Console.WriteLine("第三个字符是{0}", String [2]);
Console.WriteLine("第六个字符是{0}", String [5]);
for(int i = 0; i <= String.Length - 1; i++)
{
   Console.WriteLine("{0}", String [i]);
}
Console.ReadKey();
```

程序中将字符串 String 看作一个字符数组，并通过索引来读取数组元素。

注　意

字符串的索引方式只能读取，却不允许写入，除非整个字符串一并修改才行。例如，下列代码的书写是不正确的：

```
String[0] = "中";
```

2）字符串连接

利用运算符 "+",可以将两个字符串合成一个字符串，这是字符串最常见的操作。例如：

```
string MyString1 = "Welcome";
string MyString2 = ",everyone!";
string MyString3 = MyString1+MyString2;
Console.WriteLine(MyString3);
Console.ReadKey();
```

3）字符串比较大小

比较两个字符串大小，不是比较字符串的长短，而是比较两个字符串的对应字母的位置。如果第一个字符串的首个字符大于第二个的，返回一个大于 0 的整数；等于返回 0；小于返回小于 0。依此类推。例如：

```
string s1 = "sompare";
string s2 = "compare2";
int b = string.Compare(s1, s2);
```

```
Console.WriteLine(b);
Console.ReadKey();
```

4）截取字符串 Substring()方法

Substring()方法为截取字串的一部分，使用方法：

```
变量.Substring(参数1,参数2);
```

其中，参数1为左起始位数，参数2为截取几位。例如：

```
string str = "C#程序设计";
string s1 = str.Substring(0, 2);
string s2 = str.Substring(3, 3);
Console.WriteLine(s1);
Console.WriteLine(s2);
Console.ReadKey();
```

5）EndsWith()方法

EndsWith()方法用于判断当前字符串是否以制定字符串结尾。例如：

```
Console.WriteLine("请输入word2013的文件名");
string s = Console.ReadLine();
if(s.EndsWith(".docx"))
{
    Console.WriteLine("文件格式正确");
}
else
{
    Console.WriteLine("输入的文件名不是word2013格式的！");
}
Console.ReadKey();
```

6）IndexOf()方法

IndexOf()方法用于返回指定字符或字符串中的索引，若找到则返回字符所在位置，否则返回-1。例如：

```
string str = "稻花香里说丰年";
int index = str.IndexOf('说');
Console.WriteLine("找到“说”，索引为{0}", index);
Console.ReadKey();
```

7）Split()方法

Split()方法用于分隔字符串。例如，有一个字符串"I come from China!"，要统计这串字符串的字符个数，可以使用Split()方法将字符串以空格方法分隔为字符串数组。例如：

```
string s = "I come from China!";
string[] str = s.Split(' ');
Console.WriteLine("一共有{0}个单词，分别是：", str.Length);
for(int i = 0; i < str.Length; i++)
{
    Console.WriteLine("第{0}个单词是{1}", i + 1, str[i]);
}
Console.ReadKey();
```

8）ToUpper()方法

ToUpper()方法用于将字符串中的所有字符转化为大写字符。例如：

```
string s = "i came from china!";
string s1 = s.ToUpper();
Console.WriteLine("{0}的大写字符串是\n{1}", s, s1);
Console.ReadKey();
```

用于将字符串中的所有字符转化为小写字符的方法为 ToLower()，用法类似。

9）Trim()方法

Trim()方法用于去除字符串两端的空格，但不能去掉中间的空格。例如：

```
string str = " 结束  ";
string str2 = " 符 ";
Console.WriteLine("|" + str +str2 +"|");
Console.WriteLine("|" + str.Trim() + str2.Trim()+"|");
Console.ReadKey();
```

【例 2-6】将一个字符串数组的元素反转输出。

```
static void Main(string[] args)
{
    string[] S = { "a", "b", "c", "d", "e", "f", "g" };
    for(int i = 0; i < S.Length / 2; i++)
    {
        string temp =S[i];
        S[i] = S[S.Length - 1 - i];
        S[S.Length - 1 - i] = temp;
    }
    for(int i = 0; i < S.Length; i++)
    {
        Console.WriteLine(S[i]);
    }
    Console.ReadKey();
}
```

运行结果如图 2-5 所示。

图 2-5 【例 2-6】运行结果

2.3 常量和变量

2.3.1 变量

变量是指在程序的运行过程中随时可以发生变化的量。变量是代表数据在内存空间中的地址，每个变量是通过变量名称向内存存/取数据，每个变量所能存放的数值由它本身的数据类型决定。

变量是程序中数据的临时存放场所。在代码中可以只使用一个变量，也可以使用多个变量，变量中可以存放单词、数值、日期以及属性。由于变量能够把程序中准备使用的每一段数据都赋给一个简短、易于记忆的名字，因此它们十分有用。变量可以保存程序运行时用户输入的数据（如使用 InputBox()函数在屏幕上显示一个对话框，然后把用户输入的文本保存到变量中）、特定运算的结果以及要在窗体上显示的一段数据等。简而言之，变量是用于跟踪几乎所有类型信息的简单工具。

C#使用变量的规则是：必须先声明变量，再对变量进行赋值，最后才能调用（使用或取值）。

1. C#变量声明

声明变量最简单的格式为：

<数据类型名称> <变量名列表>;

例如：

```
int number;                    //声明一个整型变量
bool open;                     //声明一个布尔型变量
decimal bankBlance;            //声明一个十进制变量
```

如果一次声明多个变量，变量名之间用逗号分隔。

2. C#变量的命名规范

（1）变量名的第一个字符必须是字母。

（2）变量名只能由字母、数字、下画线组成，而不能包含空格、标点符号、运算符等其他符号。

（3）变量名不能与C#中的关键字名称相同。

（4）变量名不能与C#中的库函数名称相同。

例如：

```
int  x, _a, S;                 //正确
int  2W, No.1, ++z;            //不正确,变量含有非法字符(数字、及标点符号以及运算符)
string total, sum;             //正确
double use, Main;              //不正确，与关键字名称相同
char @use;                     //不正确
```

3. 变量赋值

（1）C#规定，变量必须先声明，才能引用或赋值；为变量赋值需使用赋值号“=”，赋值运算符“=”的优先级是最低的。

这里一定要注意：赋值运算符“=”不要再看作数学中“相等”的符号含义了。一定要从右往左理解其赋值的含义；计算赋值运算符表达式时，一定要计算“=”右边的表达式，再赋值给左边的变量。例如：

```
int number;
number = 32;                   //将32赋值给变量number
number = number+1;             //将变量number加1后，再赋值给number
```

（2）可以在声明变量的同时为变量赋值，相当于将声明语句与赋值语句合二为一。例如：

```
double area, radius = 16;      //为变量radius 赋值16
```

（3）可以为几个变量一同赋值。例如：

```
int a, b, c;
a = b = c = 32;                //为变量a,b,c都赋值为16
```

（4）一个变量可以多次被赋值，最后被赋值的值才是变量最终在内存的值，原来的数值都被替换掉了。例如：

```
int number;
number = 32;                   //将32赋值给变量number
…
number = 5;                    //变量number在内存中存放的值变成了5
```

（5）可以使用变量为变量赋值。例如：

```
bool close;
close=open;          //为变量赋值true(假设open为已声明的bool型变量,其值为true)
```

（6）变量不能存放与变量类型不兼容的数据。例如：

```
double area;
area = "this is kind of string";
```

如果运行，会提示出错，错误在于不能把一个字符串 string 类型赋值给 double 类型。

4. 变量输入

控制台应用程序允许用户从键盘上输入数据类型参与运算，以及从键盘上输出文本信息。在 Visual Studio 2013 的基础类库中有个 Console 类，它位于 System 名称空间下，提供了各种从控制台窗体输入/输出的方法。

Console.ReadLine()是一个用于控制台应用程序开发时输入变量的方法，这个方法可以实现程序与用户之间的交互操作，等待用户从键盘上输入一个对象，这个对象可以是任意数值类型；当程序执行到 Console.ReadLine()时会暂停，等待用户从键盘上输入任意数值类型的信息后，再按 Enter 键继续执行后续程序代码行。

在控制台应用程序开发时还会用到另外与 Console.ReadLine()相似的方法：Console.Read()方法和 Console.ReadKey ()，这三者的区别在于：

（1）Console.Read()用于获得用户输入任何值的首字符的 ASCII 值。

（2）Console.ReadKey ()是等待用户按下任意键，一次读入一个字符。

（3）Console.ReadLine()是等待用户从键盘上输入任意数值类型的信息，直到用户按 Enter 键，一次读入一行。

需要注意的是：上述三个方法后面的“()”内不能有任何参数。

5. 变量输出

控制台应用程序的变量输出时需要用到 Console.WriteLine()或者 Console.Write ()方法，Console.WriteLine()和 Console.Write()方法都可以用格式控制字符串来修饰数据输出格式，调用形式如下：

```
Console.WriteLine("格式控制字符串{0}…{1}…{2}",输出数据项列表);
```

其中，"格式控制字符串"可以省略，可以表示为：

```
Console.WriteLine(变量)
```

Console.WriteLine()有个快速输入方法：输入 c、w 两个字符，然后按 Tab 键两次后就弹出了 Console.WriteLine()，非常方便。

Console.Write ()方法用法类似 Console.WriteLine()，两者的区别在于：

（1）Console.WriteLine()表示向控制台输出（显示）字符串或数值后换行。

（2）Console.Write()表示向控制台直接输出（显示）字符串或数值之后，光标停留在同一行，不进行换行。

下面通过【例 2-7】了解有关 Console 类有关输入/输出方法的使用。

【例 2-7】新建一个控制台应用程序，要求在屏幕上输入一行字符串"I like C#编程!"，按 Enter 键显示这行信息。

```
static void Main(string[] args)
{
   Console.WriteLine("请输入一行字符串: ");  // 在屏幕上显示提示信息
   string S = Console.ReadLine();
                                 //声明一个字符串变量用来存放输入的字符串值
```

```
    Console.WriteLine("这行字符串是：");
                //交互式显示屏幕提示信息
    Console.WriteLine(S);
                //输出变量 S 的值
    Console.ReadKey();
                //等待从键盘上键入任何一个键,结束程序
}
```

图 2-6 【例 2-7】运行结果

运行结果如图 2-6 所示。

注 意

Console.WriteLine(变量)输出变量的值时，括号内的变量名称是不能加任何双引号的，只有这样在屏幕上输出的是变量在内存空间中对应的数据（S 对应的值"I like C#编程！"），而不是变量名称（如 S）；如果加上双引号，则表示的是将双引号内的变量名称输出。例如：

```
static void Main(string[] args)
{
    int Number;                     //声明1个有符号整型变量M
    Number = 20;                    //为M赋初值20
    Console.WriteLine(Number);      //结果是20，输出的是存放在Number变量中的数据：20
    Console.WriteLine("Number");    //结果是Number，输出的是字符串Number
    Console.ReadKey();              //按键盘任意键返回
}
```

6. 占位符

在前面例子中有关变量的输出 Console.WriteLine()方法，还可以使用 C#还提供另一种书写方式，就是占位符，用{ }来表示，在{ }内填写所占的位的序号，C#规定从 0 开始。

【例 2-8】使用占位符输出整数变量的值。

```
static void Main(string[] args)
{
    int  i = 3, j = 6, k;                   //声明三个整型变量，其中i，j有初值
    k = i+j;                                //k存放i+j的值
    Console.WriteLine("i={0},j={1}, k={2}",i,j,k);
                                            //使用占位符输出 i，j，k的值
    Console.ReadKey();                      //等待从键盘上键入任何一个键，结束程序
}
```

上述代码行：

```
Console.WriteLine("i={0}, j={1}, k={2}",i,j,k);
```

也可以替换为最普通的写法：

```
(1) Console.WriteLine("i的值是" + i);   //这里的"+"代表连接后面变量代表的值
    Console.WriteLine("j的值是" + j);
    Console.WriteLine("k的值是" + k);
(2) Console.WriteLine("i=" + i + ", j=" + j + ", k="+k);
```

显然，使用占位符输出多个变量的值时比较简便，结果自己运行比较查看。这里还要强调的是：

（1）占位符{0},{1}...要写在英文的双引号（" "）之内，然后用英文的逗号（“,”）隔开后面的变量，每个变量也必须用“,”间隔，不能将英文的逗号（“,”）和“+”一起使用。如下列代码行就是不正确的：

```
Console.WriteLine("i={0}, j={1}, k={2}"+i+j+k);
```

（2）占位符的数量要和变量的个数相匹配，占位符索引（从 0 开始）必须大于或等于 0，且小于参数列表（变量）的大小，如下列代码行就是不正确的，提示错误信息参见图 2-7。

```
Console.WriteLine("i={0}, j={1}, k={2}",i,j);
Console.WriteLine("i={1}, j={2}, k={3}",i,j,k);
```

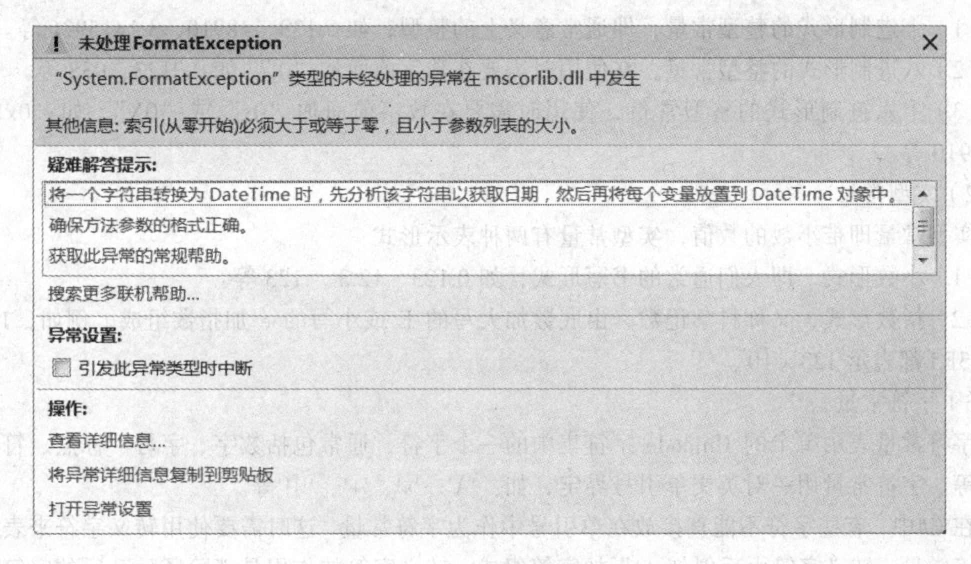

图 2-7　占位符索引值出错

而下列表述方法是可以的：

```
Console.WriteLine("i={0}, j={1}",i,j,k);  //k的值不输出，因为没有对应的占位符
```

自己运行上面所有的代码行以及错误的表示，进行比较学习。

7. 变量的作用域

变量的作用域是指可以访问某个变量的代码区域。只有在变量被声明的某个代码块（代码块是指花括号{}内的代码），它才能被访问。一旦程序超过它所声明的花括号对{}范围，它的值就不能再被访问到，这种变量一般称为局部变量，相对应的还有全局变量等。后面的学习中会有详细的讲解，这里就不再介绍了。

8. 变量分类

变量可分为静态变量和非静态变量。

静态变量就是用 static 修饰符声明的变量。所谓静态就是指变量只需要创建一次，后面的程序代码中可以多次引用。静态变量最好在声明时赋值，例如：

```
static int x=10;
```

大多数场合下会使用非静态变量，非静态变量是指在声明时不带 static 修饰符的变量，又称实例变量或普通变量，例如：

```
int x=10;
```

2.3.2 常量

常量之所以称为常量，是为了与变量相区别。常量就是恒定不变的值，它的值在程序运行过程中始终不会发生改变。常量可分为直接常量和符号常量。

1. 直接常量

直接常量根据所属类型，可分为整型常量、实型常量、字符常量、字符串常量等。

1）整型常量

整型常量有三种形式：

（1）十进制形式的整型常量，即通常意义上的整型，如：123、48910、3.1415926 等。

（2）八进制形式的整型常量，在使用时需要在数字前面加“0”，如：0123、038 等。

（3）十六进制形式的整型常量，使用时需要在数字前面加“0x”或“0X”，如：0x123、0X48910 等。

2）实型常量

实型常量即带小数的数值，实型常量有两种表示形式：

（1）小数形式，即人们通常的书写形式，如 0.123、12.3、.123 等。

（2）指数形式，又称科学记数，由底数加大写的 E 或小写的 e 加指数组成，例如，123e5 或 123E5 都表示 123×10^5。

3）字符常量

字符常量表示单个的 Unicode 字符集中的一个字符，通常包括数字、字母、标点、符号和汉字等。字符常量用一对英文单引号界定，如：'A'、'a'、'+'、'中'等。

在 C#中，有些字符不能直接放在单引号中作为字符常量，这时需要使用转义字符来表示这些字符常量，转义字符由反斜杠“\”加字符组成。转义字符的作用是消除紧随其后的字符的原有含义，用一些普通字符的组合来代替一些特殊字符，由于其组合改变了原来字符表示的含义，因此称为“转义”。用可以看见的字符表示那些不可以看见的字符，如'\n'表示换行；其他常用转义字符的含义如表 2-4 所示。

表 2-4 常用转义字符及其含义

转义字符	含 义	转义字符	含 义
\'	单引号	\f	换页
\"	双引号	\n	换行
\\	反斜杠	\r	回车
\0	空	\t	水平制表符
\a	警告（产生峰鸣）	\v	垂直制表符
\b	退格		

【例 2-9】输出 5 个“*”为一行，共输出 3 行，用转义字符实现换行。

```
static void Main(string[] args)
{
    Console.WriteLine("*****\n*****\n*****");  //程序在执行时遇到"\n"就换行
    Console.ReadKey();
}
```

运行结果如图 2-8 所示。

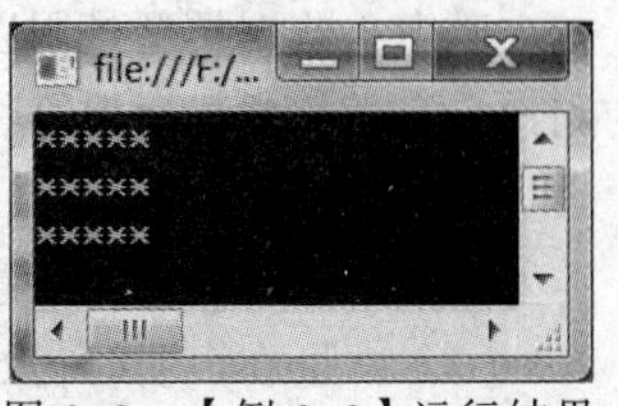

图 2-8　【例 2-9】运行结果

此外，C#中@的用法比较特殊：

（1）如果@加在字符串前面，字符串中的“\”将失去转义符的作用，直接写字符串而不需要考虑转义字符，例如：

```
string path = @"C:\Windows\";
// 如果不加 @，编译会提示无法识别的转义序列；
//添加@后，直接输出常见的文件路径信息
```

如果上述定义字符串 path 不加 @，可以写成如下：

```
string path2 = "C:\\Windows\\";
//如果不加@，需添加转义符标志\，因此path2 字符串中就多了两个\
```

（2）如果@加在字符串前面，字符串中的 " 要用 "" 表示。例如，要表示字符串 aa="bb"，可以使用如下两种表示方法：

```
string STR = @"aa=""bb""";        //使用@加在字符串前
string STR="aa=\"bb\"";           //不使用@，需添加转义字符标志\
```

（3）如果@加在字符串前面，换行空格都保存着，方便阅读代码。如【例 2-10】所示。

【例 2-10】打印显示春晓的诗句，要求每句单独一行，排版整齐。

```
static void Main(string[] args)
{
   Console.WriteLine(@"春眠不觉晓
                      处处闻啼鸟
                      夜来风雨声
                      花落知多少");
   Console.ReadKey();
}
```

运行结果同【例 2-3】。

注：如果运行结果没有每行对齐，请检查代码行前面是否有多个空格。

4）字符串常量

字符串常量是由一对双引号界定的字符序列，例如：

```
"欢迎使用 C#! "
"I am a student."
```

需要注意的是，即使由双引号界定的一个字符，也是字符串常量，不能当作字符常量看待，比较'A'与"A"的不同：

- 'A'——字符常量。
- "A"——字符串常量。

5）布尔常量

布尔常量即布尔值本身，如前所述，布尔值 true（真）和 false（假）是 C#的两个关键字。

2. 符号常量

符号常量是由一个名字代表的常量，使用前需要在程序中加以声明，与变量的声明有些相似。

符号常量声明的基本格式为：

```
const 数据类型 常量名称 = 表达式;
```

其中：数据类型是用以声明常量的数据类型，如上述的几种直接常量类型；常量名称是指用户自定义的常量标识符；表达式可以是直接常量类型，或者包含算术运算符、逻辑运算符的表达式。

常量在声明时需要注意的是：

（1）常量在声明时初始化，指定其值后，就不能再改变了。例如，下列赋值语句：

```
const  int x = 1;    //正确，初始化常量x的值为1
x = 100;             //错误，不能再为x赋值100
```

（2）常量的命名规范同变量。

（3）不能用从一个变量中提取的值来初始化常量，例如：

```
int x = 1;           //正确，声明变量x，并为它赋初值1
const int y = x;     //错误，声明常量y，但初始化y时不能用从x中提取的值赋值给y
```

（4）常量是静态的，但不能在声明时使用静态变量声明的关键字 static。

2.3.3 类型转换

1. 数据类型的转换

C#程序设计中有隐式转换与显式转换两种。

1）隐式转换

隐式转换是系统自动执行的数据类型转换，不需要声明。

隐式转换的基本原则是允许数值范围小的类型向数值范围大的类型转换，允许无符号整数类型向有符号整数类型转换，允许从低精度到高精度的数据类型进行转换。

在隐性转换过程中，转换一般不会失败，转换过程中也不会导致信息丢失。例如：

```
int x=100;
long y=x;     //将x隐性转换为long类型，long类型比int字节长，不会丢失数据
```

2）显式转换

显式转换又称强制转换，是在代码中明确指示将某一类型的数据转换为另一种类型。显式转换的一般格式为：

```
(数据类型名称)数据
```

例如：

```
int x = 100;
short z = (short)x;
```

显式转换中可能导致数据的丢失，例如：

```
decimal d = 111.15M;           //在一个小数点后面加个m\M后，就转换成decimal类型了
int x = (int)d; //结果为111，将decimal类型显示转换为int类型时小数点后数据丢失
```

注 意

在 C#开发环境中，如果直接写了一个有小数点的数字，这个数字是 double 类型。如果在一个小数点后面加个 m\M 后，就转换成 decimal 类型了。例如：100.34m;

2. 使用方法进行数据类型的显示转换

在实际的编程中，会经常碰到有关字符串与数值之间的转换，这里给出两种符串与数值之间的显式转换方法，供大家参考使用。

1）Parse()方法

Parse()方法主要用于将完全由数字组成的字符串表示形式，转换为与它等效的数值类型。可以把完全由数字组成的字符串转换成数值类型（如果字符串中包含非数字，则转换就会出错）。每一种数值类型都有自己的 Parse()方法，例如 int.Parse()、double.Parse()、decimal.Parse()等。

Parse()方法的使用格式为：

```
数值类型名称.Parse(字符串型表达式)
```

例如：

```
int x = int.Parse("123");
int x = int.Parse(Console.ReadLine()); //将从键盘上输入的字符串转换成int类型
```

这里的 Console.ReadLine()代表是从键盘上键入一行字符串并回车换行，即使如同 int 类型的数字 1234 输入到计算机内只能被识别为字符串，因此要用 int.Parse(Console.ReadLine())转换成 int（或者其他整型数据）才能参与运算。

这里还需要注意的是：如果 Console.ReadLine()代表的字符串内容为空或者 null，或者字符串不是数字，以及字符串所表示的数字超出类型可表示的范围，则提示异常出错。

【例 2-11】使用 Parse()方法改写【例 2-1】的 C#控制台应用程序，通过控制台输入圆的半径，得到圆的周长和面积。

```
static void Main(string[] args)
{
    const double Pi = 3.14;              //声明一个常量Pi，将π的值赋值给Pi
    double C,S;                  //声明两个double型变量C、S，用于存放圆周长和面积
    Console.Write("请输入圆半径：");        //显示输出"请输入圆半径"文字串
    int x = int.Parse(Console.ReadLine());
                                  //将从键盘上输入的圆半径数字字符串转换成int类型
    C = 2 * Pi * x;                       //计算圆周长
    Console.WriteLine("圆周长={0}", C);    //输出圆周长的值
    S = Pi * x * x;                       //输出圆面积的值
    Console.WriteLine("圆面积={0}", S);    //输出圆周长的值
    Console.ReadKey();                    //按键盘任意键返回
}
```

运行界面和运行结果如图 2-9 和图 2-10 所示。

图 2-9　【例 2-11】运行界面

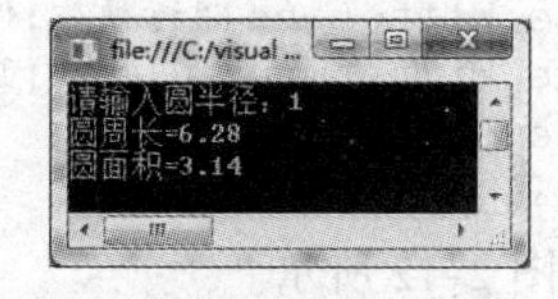

图 2-10　【例 2-11】运行结果

如果在输入圆半径时输入了非数字型字符串，则会提示如图 2-11 所示的错误信息。

这个错误提示指出了在控制台输入的字符串格式不正确，不能作为圆半径；一定要输入数字型的字符串才能出现正确的运行结果。

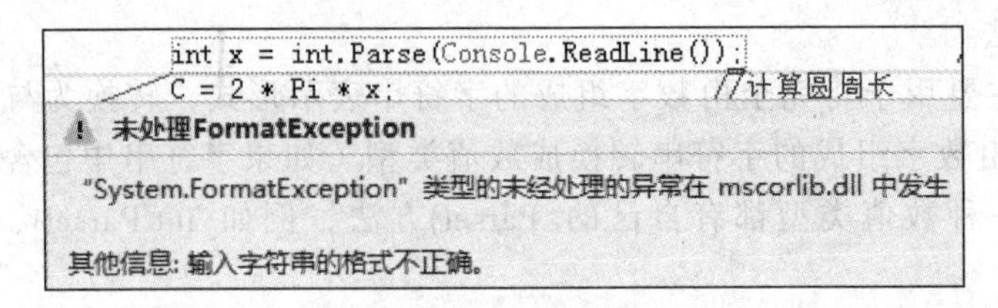

图 2-11　错误提示信息

2）ToString()方法

ToString()方法可将其他数据类型的变量值转换为字符串类型。ToString()方法的使用格式为：

```
变量名称.ToString()
```

例如：

```
int x = 123;
string s = x.ToString();      //将数值类型转换为字符串型，赋值给字符串 S
textbox.text=s;               //123 显示在文本框，必须转换成字符串才能赋值给文本框
```

3. 利用 Convert 类实现显式转换

Convert 类能够在基本类型之间相互转换。Convert 类为每一种都提供了一个静态方法。

```
Convert.ToInt32();            //转换为整型
Convert.ToSingle();           //转换为单精度浮点型
Convert.ToDouble();           //转换为双精度浮点型
Convert.ToString();           //转换为字符串类型
```

Convert 类为每种类型转换都提供了一个静态方法，所以可以直接通过"类型.方法名"调用。下面通过【例 2-12】了解 Convert 类转换方法的使用。

【例 2-12】了解 Convert 转换方法的使用。

```
static void Main(string [] args)
{
    double score = 85.6;                      //声明一个双精度小数 score，存放分数
    Console.WriteLine("原始类型为 double:{0}", score);
                                              //打印输出 score 原始类型的值
    int myInt;                                //声明一个整型变量 myInt
    myInt = Convert.ToInt32(score);
                                  //将 double 型的 score 转换为 int 型，并赋值给 myInt
    string myString;                          //声明一个字符串变量 myString
    myString = Convert.ToString(score);
                              //将 double 型的 score 转换为 string，并赋值给 myString
    Console.WriteLine("转换后:");             //屏幕提示信息
    Console.WriteLine("{0}\t{1}", myInt, myString);          //输出显示
    Console.ReadKey();
}
```

运行结果如图 2-12 所示。

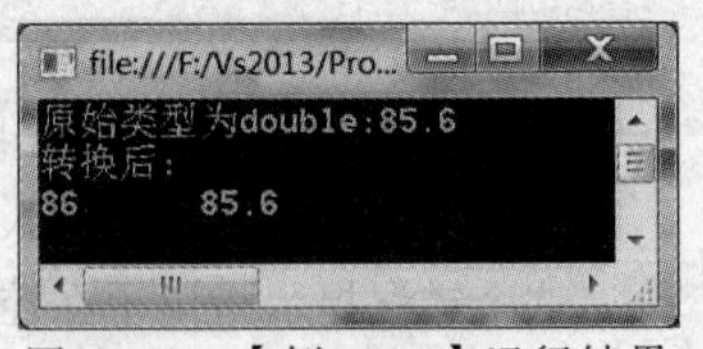

图 2-12　【例 2-12】运行结果

值得注意的是在前面显式类型转换时，将 double 类型显式转换为 int 类型时，结果是 85，而用 Convert 类进行转换时，结果却是 86。

结论是：利用显式类型转换时，将忽略小数位；而利用 Convert 类进行转换时，将采用四舍五入的方法。

2.4　C#中的运算符和表达式

C#提供的运算符种类非常丰富，本节将重点介绍算术运算符、关系运算符、逻辑运算符和位运算符。

C#语言中提供了大量的运算符，这些运算符是指定在表达式中执行哪些操作的符号。整型运算包括 ==、!=、<、>、<=、>=、binary +、binary -、^、& |、~、++、-- 和 sizeof()，通常在枚举时允许这些运算。

2.4.1　运算符

1. 算术运算符

算术运算符可以实现简单的加、减、乘、除运算，如表2-5所示。

表2-5　算术运算符

运算符	含　义	示　例	运算符	含　义	示　例
+	加	x+y；x+3；	%	取模	x%y；7%3；11.0%3；
-	减	x-y；x-1；	++	自增	x++；++x；
*	乘	x*y；4*3；	--	自减	x--；--x；
/	除	x/y；5/2；5.0/2.0；			

算术运算符包括一元运算符与二元运算符：

（1）一元运算符，就是只需要一个操作数（变量）参与运算的运算符。一元运算符有：-（取负）、+（取正）、++（自增）、--（自减）。自增与自减运算符符只能用于变量。

（2）二元运算符，就是需要两个操作数（变量）参与运算的运算符。二元运算符有：+（加）、-（减）、*（乘）、/（除）、%（求余）。

1）加法运算符

在C#中，根据两个操作数的类型特点，加法运算符“+”具有多重作用，规则如下：

（1）两个操作数均为数字，相加的结果为两个操作数之和。

（2）两个操作数均为字符串，把两个字符串连接在一起。

（3）两个操作数分别为数字和字符串，则先把数字转换成字符串，然后连接在一起。

（4）两个操作数分别为数字和字符，则先把字符转换成Unicode代码值，然后求和。

【例2-13】建立C#控制台应用程序，掌握“+”运算符的使用。

```
static void Main(string[] args)
{
    int a = 8, b = 5;
    char c1 = '\u0042';                   //十六进制数'\u0042'相当于十进制数66
    string s1 = "2008";
    Console.WriteLine(a + b);             //两个数值相加，输出结果为13
    Console.WriteLine(c1 + a);            //字符型与数值型相加，输出结果为74
    Console.WriteLine(c1 + b);            //字符型与数值型相加，输出结果为71
    Console.WriteLine(s1 + a);            //字符串与数值型相加，输出结果为20088
    Console.WriteLine(s1 + c1);           //字符串与字符型相加，输出结果为2008B
}
```

程序执行结果如注释所示。

2）除法运算符“/”

除法运算符“/”对于整型和实型有着不同的意义。

（1）若两个操作数都是整数，则为整除操作（求商，舍余），操作结果为整数。例如：

```
• 10/3;            //结果为 3，而不是 3.3
• 5/3;             //结果为 1，而不是 1.67
• int a,b=39;
  a=b/2;           //a 的值为 18
```

（2）只要两个操作数中有一个为实数，则操作结果为实数。例如：

```
• 10.0/3;          //结果为 3.3333
• 5.0/3;           //结果为 1.6667
```

3）取模运算符“%”

取模运算符“%”的结果是两个数相除后得到的余数，而不是商。例如：

```
10%3;              //结果是 1，求其余数
11.0%3;            //结果为 2.3
int x=6,y=2,z;
z=x%y;             //z 结果为 0; x 除以 y 的结果不是 3，而是 0
```

4）自增“++”和自减“--”运算符

自增运算符“++”和自减运算符“--”是一元运算符，使变量的值自动增加 1 或者自动减 1，它作用的操作数必须是一个变量，而不能是常量或表达式。它既可以出现在操作数之前（前缀运算），也可以出现在操作数之后（后缀运算），前缀和后缀有共同之处，也有很大区别。

例如：

```
++x;               //相当于 x+1，先将 x 加 1，然后再将计算结果作为表达式的值
x--;               //相当于 x-1，先将 x 的值作为表达式的值，然后再将 x 减 1
```

不管是前缀还是后缀，它们操作的结果对操作数而言都一样，操作数都加 1 或者减 1，但它们出现在表达式运算中是有区别的。例如：

```
int  x, y;
x=5; y=++x;        //结果为 x=y，都是 6; y=++x 等价于先计算 x=x+1，然后再把 x 赋值给 y
x=5; y=x++;        //结果为 x=6，y=5; y=x++等价于先把 x 的值赋给 y（=5），再计算 x=x+1
```

由此得到：

（1）x++：先使用 x 的值，再对 x 进行 x+1 的计算。

（2）++x：先对 x 进行 x+1 的计算，再使用 x。

（3）x--：先使用 x 的值，再对 x 进行 x-1 的计算。

（4）--x：先对 x 进行 x-1 的计算，再使用 x。

【例 2-14】运行下列代码，观察比较自加的运算结果。

```
static void Main(string[] args)
{
    int age = 20;
    int sum = age++ + 5;
    Console.WriteLine("age={0},sum={1}",age,sum);
```

```
    int age2=40;
    int sum2= ++age2 + 5;
    Console.WriteLine("age2={0},sum2={1}",age2,sum2);
    Console.ReadKey();
}
```

运行结果如图 2-13 所示。

图 2-13　【例 2-14】运行结果

2. 赋值运算符

赋值运算符用于将一个数据赋值给一个变量。赋值运算符有两种形式,一种是简单赋值运算符,另一种是复合赋值运算符。

1）简单赋值运算符

简单赋值语句的作用是把某个常量或变量或表达式的值赋值给另一个变量。符号为“=”。语法形式：

```
var = 表达式;
```

注　意

赋值语句左边的变量在程序的其他地方必须要声明。

在赋值表达式中，赋值运算符左边的操作数称为左操作数，赋值运算符右边的操作数称为右操作数。左操作数通常是一个变量。

如果左值和右值的类型不一致，在兼容的情况下，则需要进行自动转换（隐式类型转换）或强制类型转换（显式类型转换）。一般原则下，从占用内存较少的短数据类型向占用内存较多的长数据类型赋值时，可以不进行显式的类型转换，C#会进行自动类型转换；反之，当从较长的数据类型向占用内存较少内存的短数据类型赋值时，则必须进行强制类型转换。

2）复合赋值运算符

在进行如 Total=Total+3 运算时，C#提供一种简化方式 Total+= 3，这就是复合赋值运算符。

语法形式：

```
var op=表达式;    //op 表示某一运算符
```

与之等价的语句是：

```
var = var op 表达式
```

除了关系运算符，一般二元运算符都可以和赋值运算符在一起构成复合赋值运算符。常用的赋值运算符如表 2-6 所示。

表 2-6　赋值运算符

<table>
<tr><th>运 算 符</th><th>用 法 示 例</th><th>等价表达式</th><th>运 算 符</th><th>用 法 示 例</th><th>等价表达式</th></tr>
<tr><td>+=</td><td>x+=y</td><td>x=x+y</td><td>&=</td><td>x&=y</td><td>x=x&y</td></tr>
<tr><td>-=</td><td>x-=y</td><td>x=x-y</td><td>|=</td><td>x|=y</td><td>x=x|y</td></tr>
<tr><td>*=</td><td>x*=y</td><td>x=x*y</td><td>^=</td><td>x^=y</td><td>x=x^y</td></tr>
<tr><td>/=</td><td>x/=y</td><td>x=x/y</td><td>>>=</td><td>x>>=y</td><td>x=x>>y</td></tr>
<tr><td>%=</td><td>x%=y</td><td>x=x%y</td><td><<=</td><td>x<<=y</td><td>x=x<<y</td></tr>
</table>

3. 关系运算符

关系运算又称比较运算，用来比较两个操作数的大小，或者判断两个操作数是否相等，运算的结果为 true 或 false。表 2-7 列出了常用的关系运算符。

表 2-7 关系运算符

关系运算符	测 试 关 系	表达式例子	判断表达式结果
==	等于	x == y	如果 x=y，则为 true，否则为 false
!=	不等于	x != y	如果 x != y，则为 true，否则为 false
<	小于	x < y	如果 x<y，则为 true，否则为 false
>	大于	x > y	如果 x>y，则为 true，否则为 false
<=	小于或等于	x <= y	如果 x<=y，则为 true，否则为 false
>=	大于或等于	x >=y	如果 x>=y，则为 true，否则为 false

4. 逻辑运算符

逻辑运算符主要有!（逻辑非）、&&（与）、||（或），如表 2-8 所示。

表 2-8 逻辑运算符

运 算 符	含 义	运 算 符	含 义
&&	与	||	或
!	非		

（1）!（逻辑非）。唯一的单目逻辑运算符。它的结果是操作数原有逻辑值的反值。

（2）&&（与）。只有左、右操作数的值都为 true 时，其结果为 true，否则结果为 false。

（3）||（或）。左、右操作数只要有一个为 true，其结果即为 true。仅当左、右操作数的值均为 false 时，其结果才为 false。

5. 条件运算符

条件运算符（ ?: ）是 C#中唯一一个三目运算符，用于三个表达式之间，形如：

<表达式 1>?<表达式 2>:<表达式 3>

其中，表达式 1 是布尔类型表达式，它的值只可能是真（true）或假（false）。根据第一个表达式的值是真或假检测，返回?后面两个表达式中的一个。

如果表达式 1 为真，则返回表达式 2 的值；如果为假，则返回表达式 3 的值。例如：

```
int a,b;
a=(b<0)? -b: b;
```

当 b<0 时，a=-b；当 b≥0 时，a=b。这就是条件表达式。上面语句的意思是把 b 的绝对值赋值给 a。

6. 位运算符

位运算是把整数类型的操作数按二进制数位进行的，包括~（位反）、&（位与）、|（位或）、^（位异或）、<<（左移）、>>（右移）等。C#支持的位逻辑运算符如表 2-9 所示。

表 2-9　位逻辑运算符

运算符号	意　义	运算对象类型	运算结果类型	对 象 数	实　例
~	按位与运算	整型 字符型	整型	1	~a
&	按位与运算			2	a & b
|	按位或运算			2	a | b
^	按位异或运算			2	a ^ b
<<	位左移运算			2	a<<4
>>	位右移运算			2	a>>2

（1）~（按位取反）。将二进制数的各位取原有值的反值。原来为 0，取反为 1；原来为 1，取反为 0。

（2）&（对应位“与”）。只有左、右操作数对应位的值都为 1 时，其结果为 1，否则其结果为 0。

（3）|（对应位“或”）。左、右操作数只要对应位有一个为 1，其结果即为 1。仅当左、右操作数的值均为 0 时，其结果才为 0。

（4）^（对应位“异或”）。当左、右操作数对应位的值相同（即都为 1 或 0）时，结果为 0，否则结果为 1。

（5）<<（左移）。将二进制操作数的各位向左移若干位，相当于逐次乘 2 的操作。

（6）>>（右移）。将二进制操作数的各位向右移若干位，相当于逐次除 2 的操作。

7. 运算符的优先级与结合性

1）优先级

（1）一元运算符的优先级高于二元和三元运算符。

（2）不同种类运算符的优先级有高低之分，算术运算符的优先级高于关系运算符，关系运算符的优先级高于逻辑运算符，逻辑运算符的优先级高于条件运算符，条件运算符的优先级高于赋值运算符。

（3）有些同类运算符优先级也有高低之分，在算术运算符中，乘、除、求余的优先级高于加、减；在关系运算符中，小于、大于、小于等于、大于等于的优先级高于相等与不等；逻辑运算符的优先级按从高到低排列为非、与、或。

2）圆括号

可以使用圆括号明确运算顺序，例如：

```
C=((x%4==0) && (x %100 !=0) || (x%400==0))? "是闰年":"不是闰年";
```

括号还可以改变表达式的运算顺序，例如：

```
b*c+d;
b*(c+d);
```

3）结合性

在多个同级运算符中，赋值运算符与条件运算符是由右向左结合的，除赋值运算符以外的二元运算符是由左向右结合的。例如：x+y+z 是按(x+y)+z 的顺序运算的；而 x=y=z 是按 x=(y=z)的顺序运算（赋值）的。

2.4.2 表达式

表达式就是将同类型的数据（如常量、变量、字符等），用上述的运算符按一定的规则连接成的有意义的式子。表达式可分为：算术表达式、关系表达式、逻辑表达式、条件表达式和字符串表达式。

1. 算术表达式

算术表达式是最常用的表达式，又称数值表达式。它是通过算术运算符来进行运算的数学公式。

例如，下列代码行就是最常见的算术表达式。

```
{
    int x,y,z;
    x = 10,y = 20;
    z = 3 + x + y;
}
```

前面所介绍的求圆周长及面积，以及有关自加、自减的例子都是有关算术表达式的应用。

2. 关系表达式

由操作数和关系运算符组成的表达式称为关系表达式，关系表达式运算的结果为 true 或 false。注意：

（1）关系运算符的运算规律是从左到右。

（2）判断关系表达式如“x == y”的结果只能有两种：true 或 false。关系运算符常出现在 if...else 等判断表达式语句中。

【例 2-15】在控制台应用程序 Main()方法中判断奇偶数，查看运行结果。

```
static void Main(string[] args)
{
    int  x=3;
    if(x%2 == 1)                        //对 x 模 2 求余数，结果与 1 比较是否相等；
    {
        Console.WriteLine("x 是奇数");  //如果关系表达式为 true，输出 “x 是奇数”
        Console.ReadKey();
    }
    else
    {
        Console.WriteLine("x 是偶数");  //如果关系表达式为 false，输出 “x 是偶数”
        Console.ReadKey();
    }
}
```

运行结果如图 2-14 所示。

图 2-14 【例 2-15】运行结果

3. 逻辑表达式

逻辑运算的结果只有两个：true（真）和 false（假）。

例如，5>3 结果为 true，'a'>'b'结果为 false。

带有逻辑运算符的表达式就是逻辑表达式，其返回值是 true 或 false。

【例 2-16】判断年份是否为闰年（能被 4 整除但不能被 100 整除，或者能被 400 整除的年份就是闰年），以此来理解逻辑表达式的含义。

```
static void Main(string[] args)
{
    int x=2015;
    if((x%4==0)&&(x%100!=0)||(x%400==0)) //用逻辑表达式判断 x 是否为闰年
        Console.WriteLine("{0}年是闰年! ",x);
    else
        Console.WriteLine("{0}年不是闰年! ", x);
    Console.ReadKey();
}
```

图 2-15　【例 2-16】运行结果

运行结果如图 2-15 所示。

4. 条件表达式

条件表达式就是由条件运算符（?:）连接的表达式：

<表达式 1>?<表达式 2>:<表达式 3>

其中，表达式 1 是布尔类型表达式，它的值只可能是真（true）或假（false）。根据第一个表达式的值是真或假检测，返回“？”后面两个表达式中的一个。

如果表达式 1 为真，则返回表达式 2 的值；如果为假，则返回表达式 3 的值。

可以用条件表达式来判断上面【例 2-16】是否为闰年，代码行如下：

```
static void Main(string[] args)
{
    int x = 2015;
    string C;
    C = ((x%4==0) && (x%100 != 0) || (x%400==0))? "是闰年":"不是闰年";
                    //用条件表达式来判断是否闰年，并将结果复制给字符串 C
    Console.WriteLine("{0}年{1}",x,C);
    Console.ReadKey();
}
```

运行结果同前。

5. 字符串表达式

字符串表达式就是使用“+”运算符，将两个以上字符（串）连接起来的表达式。

【例 2-17】打印字符串，观察字符串表达式的组成。

```
static void Main(string[] args)
{
    string conn1 = "MySQL " + "is " + "book1";  // conn1 的值为"MySQL is book1"
    Console.WriteLine("conn1 的字符串是：{0}", conn1); //使用占位符输出变量的值
    string conn2="My country "+"is "+'中'+'国';// conn2 的值为"My country is 中国"
    Console.WriteLine("conn2 的字符串是：{0}", conn2);
    Console.ReadKey();
}
```

运行结果如图 2-16 所示。

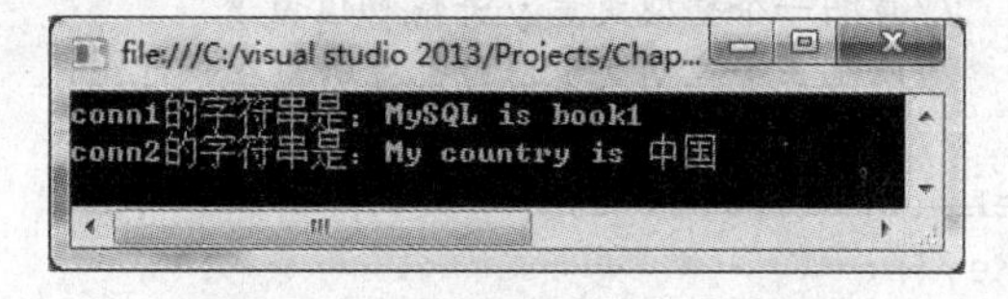

图 2-16　打印输出字符串表达式

6. 表达式的运算优先顺序

在进行表达式的转换过程中，必须了解各种运算的优先顺序，使转换后的表达式能满足数学公式的运算要求。运算优先顺序为：

括号→函数→乘方→乘、除→加、减→字符连接运算符→关系运算符→逻辑运算符。

同级的运算按从左到右的次序进行，多层括号由里向外进行运算。表 2-10 列出了常用运算符的优先级，其中初级运算符级别最高。

表 2-10 常用运算符的优先级

优先级	运算符	优先级	运算符
1	. [] ()	8	&
2	! ++x --x	9	^
3	* / %	10	|
4	+ -	11	&&
5	<< >>	12	||
6	< <= > >= is as	13	? :
7	== !=	14	= *= /= += -= <<= >>= &= ^= |=

2.5 顺序结构

一个能解决实际问题的程序往往是由若干条语句构成的。按照程序语句执行流程的先后顺序，可以将程序分成三种基本结构，即顺序结构、选择结构和循环结构。本节主要介绍顺序结构。

顺序结构是指程序中的主要程序语句按照出现的先后顺序逐条执行，是几种程序结构中最为简单的一种。语法格式如下所示：

```
语句 A;
语句 B;
语句 C;
…
```

程序依次从语句 A 顺序执行到最后，我们通过【例 2-18】来了解顺序结构的程序执行过程。

【例 2-18】定义三个变量 x、y、z 并分别赋初值 1、2、0，求 x+y 的值，并将结果赋值给 z 输出。

```
static void Main(string[] args)
{
    int x = 1;      //声明一个整型变量 x 并赋初值为 1
    int y = 2;      //声明一个整型变量 y 并赋初值为 2
    int z = 0;      //以上三条声明变量语句也可以写在一行:int x=1,y=2,z=0;
    z = x + y;      //将 x+y 计算后的值赋值给 z
    Console.WriteLine("z={0}", z);   //打印输出 z 的值
    Console.ReadKey();
}
```

运行结果如图 2-17 所示。

图 2-17　【例 2-18】运行结果

上面程序的执行过程是先对变量 x、y 定义并赋值，然后对变量 z 进行定义并赋初值（也可以不用对 z 赋值）；接下来计算变量 x+y 的值，并将变量 x+y 的值赋值给变量 z，原来 z 在内存中的值 0 被 x+y 的值替换为 3；最后输出变量 z 的值。

顺序结构的程序语句从前到后逐条执行。但是，许多情况下程序并不是完全顺序执行的，这时候经常会要用到下面将要介绍的选择结构和循环结构。

顺序结构的程序只能进行一些非常简单的运算。在实际问题的求解过程中，往往需要根据实际情况的改变（变量值的改变等）而将程序的运行跳转到别处，完成此类任务的程序结构，称为选择结构（或者称为分支结构）。在 C#中，选择结构通常由 if 语句或者 switch 语句来实现。

2.6　选择结构

2.6.1　if 语句

在前面认识了顺序结构语句，所有代码执行都是一行接一行、自上而下地进行，不遗漏任何代码。如果所有的应用程序都这样执行，那我们能做的工作就很有限了。如果我们需要进行有条件的执行或是循环的执行相同的代码又该怎么办呢？显然自上而下地进行执行代码满足不了需求；这时，就需要用到选择结构的语句了，让代码有选择性地执行或者循环。

选择程序结构是需要判断给定的条件，根据判断某些条件选择判断的结果，根据判断的结果来控制程序的流程。常用的选择程序结构有 if...else..., switch...case...等选择。本小节和下一小节介绍与 if 相关的选择语句。

if 语句有多种形式：单分支、多分支和嵌套选择结构。根据条件判断的结果（True 或 False），决定执行程序的哪个分支。本小节介绍单分支选择结构。

单分支结构用来解决这样的问题：如果满足了条件语句，就执行规定的操作，否则不执行任何操作，而直接执行后续的程序语句。语句形式如下：

```
if (布尔表达式)
{
   语句 1;
   语句 2;
   …
}
```

该语句的作用是：当布尔表达式的值为 True 时，执行花括号中的语句块，否则跳过该语句块，执行后续的程序。我们通过【例 2-19】学习单分支 if 选择结构的用法。

【例 2-19】比较变量 x、y 值的大小，如果 x<y，就交换 x 和 y 的值。

```
static void Main(string[] args)
{
   int x = 9;
   int y = 20;
   int z;
   if(x < y)      //比较变量 x、y 值大小，如果 x<y,就交换 x 和 y 的值，否则什么都不执行
   {
```

```
        z = y;     //先把 y 的值存到一个变量 z 中
        y = x;     //再将 x 的值存到 y 中
        x = z;     //再把 z（存放的是 y 的值）中的值存到 x，达到交换的目的
    }
    Console.WriteLine("x={0}, y={1}",x,y);
    Console.ReadKey();
}
```

运行结果如图 2-18 所示。

图 2-18 【例 2-19】运行结果

需要重点强调以下两点：

（1）if 后面的条件语句一定要是布尔表达式，布尔表达式的右括号后面没有分号（;）；if 语句结束的花括号后面也是没有分号（;）的，分号（;）只出现在 if 花括号内的每条语句后面。

（2）如果要执行的语句块中有两条及以上语句时，一定要放在花括号之中；如果只有一条语句时，可以省略花括号，还可以写成如下简略形式：

```
if(布尔表达式)
    可执行语句;
```

2.6.2 if 多分支结构

日常生活中经常碰到"如果……否则……"的情况，那么用程序设计语句如何实现这个问题？可以用带有 if... else 的 if 多分支选择结构解决这个问题，

1. 双分支选择结构

双分支选择结构就是最常见的存在 A 和 B 两种情况。如果判断问题后的结果为 True，就执行语句块 A，否则就执行语句块 B。我们用布尔表达式来表达出问题，其结果只有 True 或 false。if...else 结构的语法格式如下所示：

```
if(布尔表达式)
{
    语句块 A;
}
else
{
    语句块 B
}
```

如果 if(布尔表达式)后面只有一条语句，就不用加花括号，即：

```
if(布尔表达式)
    语句 A;
else
    语句 B;
```

我们通过【例 2-20】来学习 if...else 分支结构的用法。

【例 2-20】 比较 x 和 y 的值，输出 x 和 y 中较大的值。

```
static void Main(string[] args)
{
    int x = 5, y = 10;          //声明并初始化 x, y 的值
    int max;                    //声明一个存放最大值的整数变量
```

```
    if(x>y)                          //如果 x>y，就把 x 的值赋值给 max
    {
        max = x;
    }
    else                             //如果 x<y，就把 y 的值赋值给 max
    {
        max = y;
    }
    Console.WriteLine("x 和 y 中的最大值是{0}",max);
    Console.ReadKey();
}
```

运行结果如图 2-19 所示。

图 2-19　【例 2-20】运行结果

如果 if 后面执行的语句比较简单，还可以用前面讲过的条件运算法“?”来替换 if 语句。例如，可以将【例 2-20】改写成如下的代码：

```
static void Main(string[] args)
{
    int x = 5, y = 10;               //声明并初始化 x，y 的值
    int max;                         //声明一个存放最大值的整数变量
    max = x > y ? x : y;             //用三元表达式输出最大值
    Console.WriteLine("x 和 y 中的最大值是{0}",max);
    Console.ReadKey();
}
```

相较而言，三元表达式表示的最大值更简洁些。

2. 多分支选择结构

可以使用类似如下语句的 if 多分支结构：

```
if(条件表达式 1)
{
    语句块 1;
}
else if(条件表达式 2)
{
    语句块 2;
}
else if(条件表达式 3)
{
    语句块 3;
}
[else
    语句块 n+1;]
```

【例 2-21】设有如下数学表达式，根据 x 的值判断 y 的值是什么。

$$y=\begin{cases}1 & x>0\\ 0 & x=0\\ -1 & x<0\end{cases}$$

可以用 if 的多分支语句实现，代码如下：

```
static void Main(string[] args)
{
    int x, y = 0;
    Console.WriteLine("请输入 x 的值: ");
    x=int.Parse(Console.ReadLine());
    if(x>0)
    {
        y =1;
    }
    else if(x == 0)

        y=0;
    }
    else
    {
        y = -1;
    }
    Console.WriteLine("y 的值={0}",y);
    Console.ReadKey();
}
```

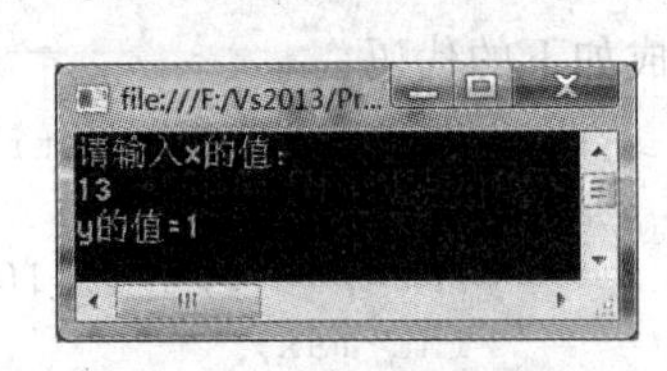

图 2-20 【例 2-21】运行结果

运行结果如图 2-20 所示。

2.6.3 if 语句的嵌套

如果在 if...else 语句中还需要再形成分支，就要在 if 语句内使用另一个 if 语句，这就是 if 语句的嵌套。可以使用 if 语句的如下嵌套形式来表达：

```
if(条件表达式 1)
{
    …
    if(条件表达式 1_1)
    {
        …
    }
    else
    {
        …
    }
    …
}
else
{
    …
}
```

上述例子还可以改写为：

```
static void Main(string[] args)
{
    int x, y = 0;
```

```
    x = int.Parse(Console.ReadLine());
    if(x == 0)
    {
       y = 0;
    }
    else          //否则如果 x≠0，则执行下列的 if...else 嵌套语句
    {
       if(x > 0)
       {
          y = 1;
       }
       else
       {
          y = -1;
       }
    }
}
```

当嵌套的if语句非常多时，怎么判断哪个if和哪个else成对呢？C#规定每次配对的时候，else向上寻找最近的一个未与else配对的if配对。

【例2-22】根据学生的结业考试成绩输出学生的等级。例如：

（1）如果成绩>=90 ，输出等级"A"。

（2）如果90>成绩>=80，输出等级"B"。

（3）如果80>成绩>=70，输出等级"C"。

（4）如果70>成绩>=60，输出等级"D"。

（5）如果成绩<60，输出等级"E"。

代码如下：

```
static void Main(string[] args)
{
    Console.WriteLine("请输入学生的考试成绩");              //输入用户提示信息
    int score = Convert.ToInt32(Console.ReadLine());    //输入学生成绩
    if(score >= 90)                                     //如果大于90
    {
       Console.WriteLine("A");                          //定级为A
    }
    else if(score >= 80)                                //如果大于80
    {
       Console.WriteLine("B");                          //定级为B
    }
    else if(score >= 70)                                //如果大于70
    {
       Console.WriteLine("C");                          //定级为C
    }
    else if(score>=60)                                  //如果大于60
    {
       Console.WriteLine("D");                          //定级为D
    }
    Else                                                //如果小于60
```

```
        {
            Console.WriteLine("E");
                     //定级为E
        }
        Console.ReadKey();
    }
```

图 2-21 【例 2-22】运行结果

运行结果如图 2-21 所示。

2.6.4 switch 结构

现在有这么两个问题：

（1）从控制台输入 1~7 中的任意一个数字，相应输出星期几。

（2）输入 1~12 月中的任意一个月份数字，判断 1~12 月份中某月应该为多少天。

首先，可以先用伪代码（一种算法描述语言，它更类似自然语言；通过伪代码的描述，很容易编写出类似 C#代码的语句）描述数字表示星期的问题如下：

（1）用一个数字来表示星期几；

（2）如果等于 1，那么就显示输出星期一；

如果等于 2，那么就显示输出星期二；

如果等于 3，那么就显示输出星期三；

如果等于 4，那么就显示输出星期四；

如果等于 5，那么就显示输出星期五；

如果等于 6，那么就显示输出星期六；

如果等于 7，那么就显示输出星期天。

如果使用前面小节学的 if...else if...else...语句，可以完全实现这两个问题，但至少需写出 6~7 个 if（...else）语句，有时候编写代码过程中还会容易漏掉或者出错，更不便于阅读。有没有另外的表示方式呢？

switch 语句可以解决上述问题。switch 语句是另外一种条件语句，可以提供若干个可供选择的分支进行选择。switch 语句又称多分支结构，语法结构如下所示：

```
switch(表达式)    //根据表达式的值选择 case 后的执行语句
{
    case 常量表达式 1:
        语句 A;
        break;//表达式的值匹配常量表达式 1 的值，就执行语句 A，同时中断结束 switch 语句
    case 常量表达式 2:
        语句 B;
        break;
    …
    default:
        语句 n; //如果表达式的值都不在上述常量表达式 1、2…之列，就执行本语句，更多情况
                //下是一种输出提示信息
        break;
}
```

其中，default 分支为不满足各常量表达式时默认执行的分支；除 default 分支外，其余各分支都必须要由 break 语句来结束。在 C#中，switch 的各分支不能贯穿执行，必须要由 break

语句来结束，并且各分支中最多只能有一个分支被执行。下面用 switch 语句来实现上述的两个问题。

【例 2-23】根据数字显示星期。

```
static void Main(string[] args)
{
    int x=4;            //声明一个整型变量，给 x 赋初值 4
    switch(x)           //x=4,找到 case 4 语句
    {
        case 1:
            Console.WriteLine("今天是星期一！");
            break;
        case 2:
            Console.WriteLine("今天是星期二！");
            break;
        case 3:
            Console.WriteLine("今天是星期三！");
            break;
        case 4:
            Console.WriteLine("今天是星期四！");
            break;
        case 5:
            Console.WriteLine("今天是星期五！");
            break;
        case 6:
            Console.WriteLine("今天是星期六！");
            break;
        case 7:
            Console.WriteLine("今天是星期日！");
            break;
        default:
            Console.WriteLine("输入了非法数值！");
            break;
    }
    Console.ReadKey();
}
```

运行结果如图 2-22 所示。

图 2-22 【例 2-23】运行结果

应当指出的是，和 if 语句的情况一样，switch 的分支中要执行的语句也可以是程序段，在此不再赘述。

在使用 switch 语句时，如果多个 case 条件后面的执行语句是一样的，要不要都写出来呢？可以简写，只需书写一条，其余省略。假如要判断 2016 年中某月有多少天，已知 1、3、5、7、8、10、12 月各有 31 天，4、6、9、11 月各有 30 天，因为 2016 年是闰年，所以 2 月有 29 天。下面通过【例 2-24】来描述上述问题。

【例 2-24】判断 2016 年中某月有多少天。

```
static void Main(string[] args)
{
    //判断 2016 年中某月有多少天
    int year = 2016;
```

```
        int month;
        Console.WriteLine("请输入月份数: ");
        month = Convert.ToInt32(Console.ReadLine());
        switch(month)
        {
            case 1:
            case 3:
            case 5:
            case 7:
            case 8:
            case 10:
            case 12:
                Console.WriteLine("{0}年{1}月份有 31 天", year, month);
                break;
            case 2:
                if((year % 4 == 0) && (year % 100 != 0) || (year % 400 == 0))
                    // 如果年份是闰年
                    Console.WriteLine("{0}年是闰年,{1}月份有 29 天",year,month);
                    // 2月有 29 天
                else  //如果不是闰年
                    Console.WriteLine("{0}年不是闰年,{1}月份有 28 天",year, month);
                    // 2月有 28 天
            break;
            case 4:
            case 6:
            case 9:
            case 11:
                Console.WriteLine("{0}年{1}月份有 30 天", year, month);
                break;
            default:
                Console.WriteLine("输入的信息不对，请重新输入！");
                break;
        }
        Console.ReadKey();
}
```

运行结果如图 2-23 所示。

如果需要判断任意年份任意月份有多少天，只需要将 int year=2016 这行代码替换为：

```
int year;
Console.WriteLine("请输入年份: ");                  //显示屏幕提示信息
year = Convert.ToInt32(Console.ReadLine());        //将输入的年份数值赋值给 year
```

运行结果如图 2-24 所示。

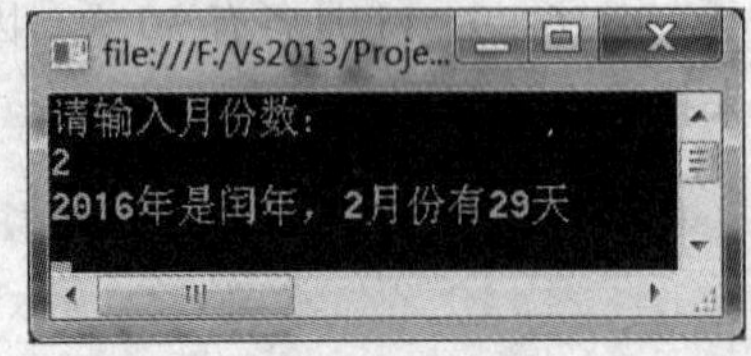

图 2-23 判断 2016 年中某月天数的运行结果

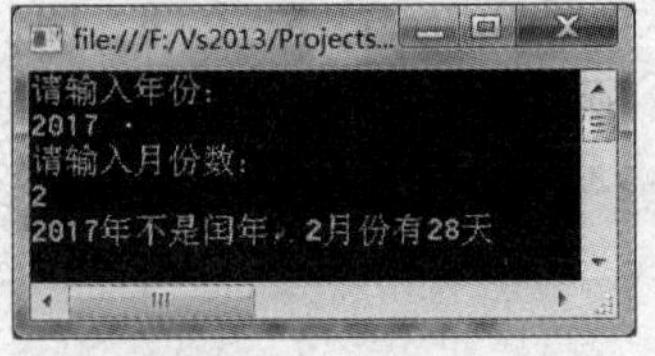

图 2-24 判断某年中某月天数的运行结果

2.7 循环结构

在编程解决实际问题的过程中，经常会遇到许多具有规律性的重复计算处理问题，处理此类问题的时候，需要将程序中的某些语句反复地执行多次，例如计算一组数的累加和。这样的问题可以通过循环结构来完成求解。C#提供了3种常用的循环语句：while语句、do...while语句和for循环语句。其中，while语句和do...while语句主要应用在循环次数不确定的情况，多数是根据逻辑变量的值来判断循环是否要继续执行；for循环语句多用在循环次数能够确定的情况。

2.7.1 while 循环语句

while循环语句的语法是：

```
while(循环条件成立)
{
    语句A;
    语句B;
    …
}
```

不管是while语句还是do…while语句，循环体中都要有改变循环条件表达式的值的语句(如i++)，避免陷入死循环。

【例2-25】在控制台上打印输出1~5，每个数字占一行。

```
static void Main(string[] args)
{
    int  i = 1;
    while(i <= 5)                              //当i小于等于5时，执行下列的循环体语句
    {
        Console.WriteLine("i={0} ", i);  //在每行输出i的值
        i++;                                   //改变循环条件，将i加1
    }
    Console.ReadKey();
}
```

运行结果如图2-25所示。

如果要求在一行输出每个数字，之间用空格间隔，则可以将上述Console.WriteLine("i={0}",i)语句变换成Console.Write ("i={0}\t",i)，其中“\t”表示Tab键（跳格键）。修改代码后的运行结果如图2-26所示。

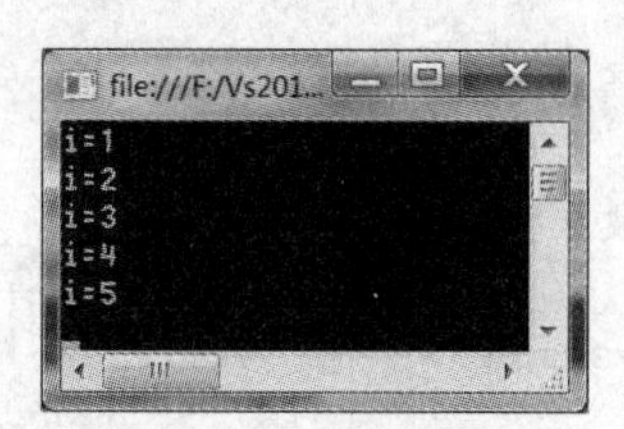

图2-25 每行显示自然数的值

图2-26 在一行打印显示自然数的值

【例2-26】打印显示1~10之间所有偶数的和。

```
static void Main(string[] args)
{
    int i = 1;
    int sum = 0;
    Console.WriteLine("1~10之间能被2整除的数是: ");
```

```
    while(i <= 10)
    {
       if(i%2==0)                         //偶数就是能被 2 整除的数，余数为 0
       {
         sum += i;                        //等价于 sum=sum+i
         Console.Write("{0}\t",i);        //打印显示各个偶数
       }
       i++;
    }
    Console.WriteLine();                  //打印一个回车换行，以间隔下面显示内容
    Console.WriteLine("1~10 之间所有能被 2 整除的数的总和是{0}",sum);
    Console.ReadKey();
}
```

运行结果如图 2-27 所示。

图 2-27 1~10 之间偶数以及总和的运行结果

2.7.2 do...while 循环语句

do...while 循环和 while 循环语句功能类似，唯一的不同之处在于：while 循环语句需要先判断循环条件，再根据循环条件的结果来决定是否执行花括号中的代码，而 do...while 循环语句先执行一次花括号内的代码行，再判断循环条件。因此，即使 do...while 后的循环条件不成立，do...while 语句也要执行一次；而对于同样的循环条件和循环语句，while 可以一次也不执行。其语法如下：

```
do
{
   语句 A;
   语句 B;
   …
}while(循环条件);
```

接下来通过 do...while 循环语句修改上节的例子，运行结果都是一样。

【例 2-27】使用 do...while 实现显示 1~10 之间所有偶数的和。

```
static void Main(string[] args)
{
   int i = 1;
   int sum = 0;
   do
   {
      if(i%2==0)                 //偶数就是能被 2 整除的数，余数为 0
      {
         sum += i;               //等价于 sum=sum+i
      }
      i++;
   } while(i <= 10);
   Console.WriteLine("1~10 之间所有能被 2 整除的数的总和是{0}",sum);
   Console.ReadKey();
}
```

如果上述 i<10 的条件改为 i<=0，那么 while 语句一次也不执行，sum 值为 0；而 do...while 语句执行一次，sum 值为 1。

2.7.3 for 循环语句

while 循环语句可以用于求解循环次数未定或者已知的问题；而 for 循环语句通常用于求解循环次数可以确定的问题，其常用的语法格式如下：

```
for (初始表达式; 循环条件; 操作表达式)
{
    执行语句块;
}
```

我们用数字来标示上面的表达式：

① 初始表达式：初始化循环变量的初始值及类型；

② 循环条件：用于判断变量是否满足继续执行循环的条件；

③ 操作表达式：用于修改循环变量的值，控制改变循环条件。

在此分别用①代表初始表达式、②代表循环条件、③代表操作表达式、④代表执行语句块，来表示上述 for 循环结构：

```
for(①; ②; ③)
{
    ④;
}
```

其执行顺序如下：

第一步：首先执行①，进行循环变量的初始化。

第二步：执行②，如果循环条件的结果为 True，执行第三步；否则，执行第五步。

第三步：执行④。

第四步：执行③，然后继续执行第二步。

第五步：退出循环。

下面通过一个实例来了解 for 循环语句的使用。

【例 2-28】 计算自然数从 1 到 20 的和，并将结果输出显示。

```
static void Main(string[] args)
{
    int sum = 0;
    for(int i=1;i<=20;i++)
    {
        sum+=i;                         //累加计算1~20之间所有自然数的和
    }
    Console.WriteLine("1~20之间所有数的和等于{0}",sum);
    Console.ReadKey();
}
```

运行结果如图 2-28 所示。

【例 2-29】 计算 1～100 之间所有偶数的和。

```
static void Main(string[] args)
{
    int sum = 0;
    for(int i=2; i <= 100; i+=2)    //从偶数2开始，每次循环结束后i加2
    {
        sum += i;                   //累加计算所有偶数的和
```

```
    }
    Console.WriteLine("1到100之间所有偶数的和是{0}",sum);
    Console.ReadKey();
}
```

运行结果如图 2-29 所示。

图 2-28　自然数的和累加运行结果

图 2-29　1~100之间偶数和累加运行结果

补充说明：

（1）C#中的 for 循环语句中，for 后小括号内的可以省去第一部分（前提是在 for 循环语句前声明并赋了初值）和第三部分（前提是在 for 循环体结束前写上循环递增或递减的条件），而判断条件是不能省略的。如上述【例 2-29】可以改写成下列代码：

```
int sum = 0;
int i=2;
for(; i <= 100;)                    //从偶数2开始，每次循环结束后i加2
{
    sum += i;                       //累加计算所有偶数的和
    i+=2;
}
Console.WriteLine("1到100之间所有偶数的和是{0}",sum);
Console.ReadKey();
```

运行结果和上述例子完全一样，再看看结构，是不是和 while 循环有点相似呢？

（2）for 循环语句是先判断后执行。如果第一次判断时循环变量的值已经不满足继续执行循环的条件，则循环体一次也不执行，直接跳转到后续语句。想想，是不是和 while 循环语句很相似？

（3）如果循环变量是在 for 语句中定义的，退出循环后，循环变量立即释放。

（4）可以在循环体内多次引用循环控制变量，但最好不要对其赋值，以免影响循环控制规律，造成不可预计的结果。

2.8 跳转语句

2.8.1 break 语句

break 语句的使用场合主要是 switch 语句和循环结构。在 switch 语句中使用 break 的例子已经介绍了，本小节主要介绍在循环结构中使用 break 语句。在所有的循环结构语句中，如果执行了 break 语句，那么就退出当前循环，接着执行循环结构体外下面的第一条语句。如果在多重嵌套循环中使用 break 语句，当执行 break 语句的时候，退出的是它所在的内层循环结构，对外层循环没有任何影响。

如果循环结构里有 switch 语句，并且在 switch 语句中使用了 break 语句，当执行 switch 语句中的 break 语句时，仅退出 switch 语句，不会退出外面的循环结构。下面通过例子来了解 break

语句的使用。

【例 2-30】打印输出 1~5 之间的自然数。

```
static void Main(string[] args)
{
    int x = 1;
    while(x<=5)
    {
        Console.WriteLine("x={0}",x);
        x++;
    }
    Console.ReadKey();
}
```

运行结果如图 2-30 所示。

图 2-30 【例 2-30】运行结果

如果在循环体中增加如下条件：当 x=3 时，就跳出本循环，继续执行循环体外的其他语句。在 while 循环体内添加 if 语句和 break 语句实现，完整代码如下：

```
static void Main(string[] args)
{
    int x = 1;
    while(x<=5)
    {
        if(x==3)
        {
            break;
        }
        Console.WriteLine("x={0}",x);
        x++;
    }
    Console.ReadKey();
}
```

运行结果如图 2-31 所示。

图 2-31 【例 2-30】添加 break 语句的结果

2.8.2 continue 语句

continue 语句是在几种结束循环的方式中最特殊的，因为它并没有真的退出循环，而只是终止了本次循环体的执行，并接着执行下一次循环。下面通过一个实例了解 continue 的使用方法。

【例 2-31】使用 continue 语句求解 1~10 之间所有奇数的和。

```
static void Main(string[] args)
{
    int sum = 0;                    //声明并初始化存放奇数和 sum
    for(int i = 1; i <= 10; i++)   //循环执行 1~10 之间所有奇数求和
    {
        if(i % 2 == 0)              //如果 i 为偶数，退出本次 for 循环
        {
            continue;
        }
```

```
        sum += i;                              //如果 i 为奇数，就执行累加求和
    }
    Console.WriteLine("1~10 之间所有奇数的和是{0}",sum);//打印显示奇数和的值
    Console.ReadKey();
}
```

在上述 for 循环内，首先判断 i 是否能被 2 整除，如果是偶数（i 能被 2 整除），就跳出本次 for 循环，不再执行 sum+=i 这条语句，而是将执行 for 循环的 i++语句，接着判断是否满足下一次的 for 循环；如果是奇数（i 不能被 2 整除），就对奇数进行累加。运行结果如图 2-32 所示。

图 2-32　求奇数和运行的结果

2.8.3　try...catch 语句

在 C#程序运行中，不可避免地会出现各种各样的异常，这些异常事件会阻止程序继续运行，给用户的体验增加困难。所以，在设计代码时要尽量避免异常的同时，同时也要学会对异常进行处理，使自己编写的程序变得健壮一些，这就应该在代码中经常性地使用 try...catch 来进行异常捕获。

try...catch 错误处理表达式允许将任何可能发生异常情形的程序代码放置在 try{}程序代码块进行监控，真正处理错误异常的程序代码则被放置在 catch{}块内，一个 try{}块可对应多个 catch{}块。

try...catch 语法如下：

```
try
{
    可能会出现异常的代码;
    ...
}
//try 和 catch 之间不能有其他的代码
catch
{
    出现异常后要执行的代码;
}
Finally            //可以省略
{

}
```

可以这样理解 try...catch 的用法：

（1）在编写代码时，将所有可能在执行时产生异常的代码，都放在 try 后面的花括号中。

（2）在代码的执行过程中，如果 try{}中的代码没有出现异常，那么 catch{}中的代码不会执行。如果 try{}中的代码出现了异常，在 try{}内的代码行中不管有多少条语句，只要第一条语句出错，后面的若干条代码行就不再执行，而是直接跳转到 catch{}处执行异常处理代码。

（3）catch 是对产生异常后的处理代码，可以抛出异常，也可以显示异常，还可以弹出某种提示，总之 catch 里是任何代码都行。如果知道 try{}内代码行异常产生的原因，那么可以打印出该原因，也可以对此原因进行相应的处理。

（4）finally{}可以没有，也可以只有一个。无论有没有发生异常，它总会在这个异常处理结构的最后运行。即使在 try{}块内用 return 返回了，在返回前，finally{}总是要执行，以便有机会

能够在异常处理最后做一些清理工作，如关闭数据库连接等。

（5）如果没有 catch{}语句块，那么 finally{}语句块就是必需的。

如果不希望在这里处理异常，而当异常发生时提交到上层处理，但在这个地方无论发生异常，都要必须要执行一些操作，就可以使用 try...finally。finally 是在 try 执行完后执行（没发生异常），或者在 catch 后执行（发生了异常）；也就是说无论 try{}内的代码行怎么样，只要后面跟着 finally{}语句块，这些 finally{}语句块都会执行。

2.9　综 合 应 用

结合前面所有的基本语法，下面来学习几个综合例子。

【例 2-32】编程实现计算一年中的第几天（如第 50 天）是几周零几天。

分析：

（1）本题需要声明三个变量，用来存放天数、周数、第几天。

（2）计算周数需要用到除法“/”运算符；计算零几天需要用到取模运算符“%”。

```
static void Main(string[] args)
{
    //计算一年中的第几天（如第 50 天）是几周零几天
    int days = 50;              //声明一个变量存放天数
    int weeks = days / 7;       //声明一个变量，存放第几周，用除法"/" 运算符
    int day = days % 7;         //声明一个变量 day，计算是零几天，用模取"%"运算符
    Console.WriteLine("{0}天是{1}周零{2}天", days, weeks, day);
    Console.ReadKey();
}
```

运行结果如图 2-33 所示。

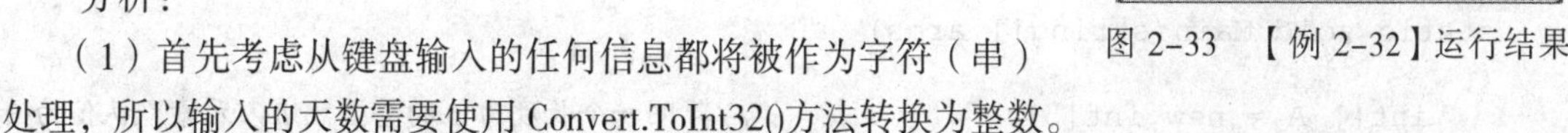

图 2-33　【例 2-32】运行结果

【例2-33】修改【例2-32】，要求天数从键盘上输入，计算这天是一年中的第几周第几天。

分析：

（1）首先考虑从键盘输入的任何信息都将被作为字符（串）处理，所以输入的天数需要使用 Convert.ToInt32()方法转换为整数。

（2）一周有 7 天，计算周数时需要考虑天数是 7 的倍数和不是 7 的倍数。天数正好是 7 的倍数，周数正好为天数/7 的商；天数不是 7 的倍数，周数为天数/7 的商+1。

（3）键盘输入数字时可能会输入非数字字符键，因此需要考虑异常处理 try...catch 的加入；主方法 Main()代码行如下：

```
static void Main(string[] args)
{
    //实现计算一年中的第几天(如第 50 天)是第几周第几天，如第 8 周第 1 天
    Console.WriteLine("请输入天数: ");
    int days, weeks, day;                     //声明天数，第几周，第几天
    try //添加异常处理
    {
        days = Convert.ToInt32(Console.ReadLine());
        //从键盘上输入天数
        if((days > 0) && (days <= 366))  //如果天数在 1~366 之间
        {
```

```
            weeks = days / 7;                //计算得出第几周数
            day = days % 7;                  //计算得出第几天
            if(day ==0)                      //如果是第七天，周数不用加 1
            {
                Console.WriteLine("第{0}天是第{1}周第 7 天", days, weeks);
            }
            else                             //天数不足 7 天，也得算一周，周数需要加 1
            {
                Console.WriteLine("第{0}天是第{1}周第{2}天",days,weeks+1,day);
            }
        }
        else                                 //如果超出了一年中的天数，提示重新输入
        {
            Console.WriteLine("你输入的数字超出了范围,请重新输入！");
        }
    }
    catch                                    //如果输入的天数不是数字，提示重新输入
    {
        Console.WriteLine("你输入的天数信息不正确,请重新输入！");
    }
    Console.ReadKey();
}
```

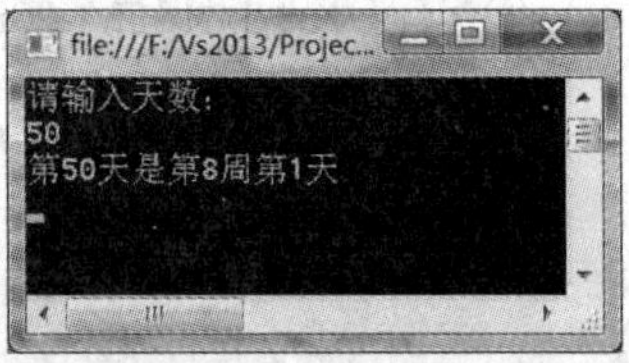

运行结果如图 2-34 所示。

图 2-34 【例 2-33】运行结果

【例 2-34】从键盘上输入五个自然数，输出其最大值。

分析：

（1）首先考虑从键盘输入的任何信息都将被作为字符（串）处理，所以需要使用 Convert.ToInt32()方法转换为整数。

（2）输入的五个自然数怎么存储呢？可以考虑使用 for 循环结构语句循环输入五个数，并定义一个整数数组接收这五个自然数，然后利用数组来比较大小。

（3）键盘输入数字时可能会输入非数字字符键，因此需要考虑异常处理 try...catch 的加入。

主方法 Main()代码行如下：

```
static void Main(string[] args)
{
    int[] A = new int[5];                    //声明一个长度为 5 的整型数组,,元素默认值为 0
    Console.WriteLine("请输入五个自然数");   //屏幕提示信息
    int i = 0;                               //声明数组下标，从 0 开始
    int max =0;                              //声明一个最大值，初值设为 0
    for(; i <= 4; i++)                       //for 循环
    {
        //输入自然数时可能会输入非数字键，导致 Convert.ToInt32 转换失败，需添加异常处理
        try
        {
            Console.WriteLine("第{0}个数是:", i + 1);
            A[i] = Convert.ToInt32(Console.ReadLine());
                                             // 键盘输入的任意五个自然数存入数组中
            if(A[i] > max)                   //如果后面输入的自然数大于当前最大值 max
              max = A[i];                    // 将当前数赋值给 max
        }
        Catch                                //发生异常错误时，输出错误提示信息
        {
            Console.WriteLine("你输入的自然数格式不正确，请重新输入！");
```

```
                i--;
            //本次 for 循环 i 已加 1，而输入数组数字格式不正确，所以应该将数组下标减 1 还原
            }
        }
        Console.WriteLine("这五个自然数中最大值是{0}", max);
        Console.ReadKey();
    }
```

运行结果如图 2-35 所示。

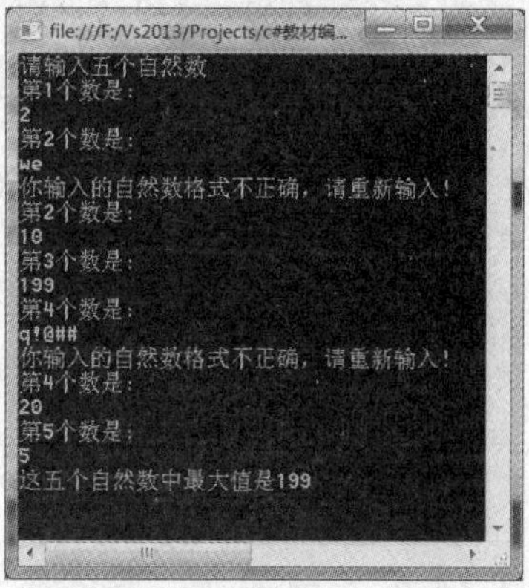

图 2-35　【例 2-34】运行结果

【例 2-35】打印输出梯形（三角）1~9 乘法口诀表。

分析：

（1）1~9 乘法表是个二维表，既要有行数控制，还要有列数控制，因此需要用到 for 循环嵌套，第一次 for 循环（外循环）要控制行数，第二次 for 循环（内循环）要控制列数。

（2）每行显示的乘法表达式个数由列数决定，如：

第 1 行有 1 个算式：1*1=1;

第 2 行有 2 个算式：2*1=2　2*2=4;

第 3 行有 3 个算式：3*1=3　3*2=6　3*3=9;

……

第 9 行有 9 个算式：9*1=9　9*2=18　9*3=27　.... 9*8=72　9*9=81;

因此可以得出，每行的表达式都是行数*列数=行数和列数的乘积。

（3）每行的最大列数由行数决定，如第六行有六个式子。因此，容易写出 1~9 的乘法口诀表。

主方法 Main()代码如下：

```
static void Main(string[] args)
{
    int i, j;                          //声明两个变量 i, j; i 用于输出行, j 用于输出列
    for(i=1;i<=9;i++)                  //循环 9 行
    {
        for(j=1;j<=i;j++)              //每行最多循环 i 次
        {
            Console.Write("{0}*{1}={2}\t",i,j,i*j);//在每行打印显示最多 i 个乘法算式
        }
        Console.WriteLine();           //每行结束后回车换行
    }
    Console.ReadKey();
}
```

运行结果如图 2-36 所示。

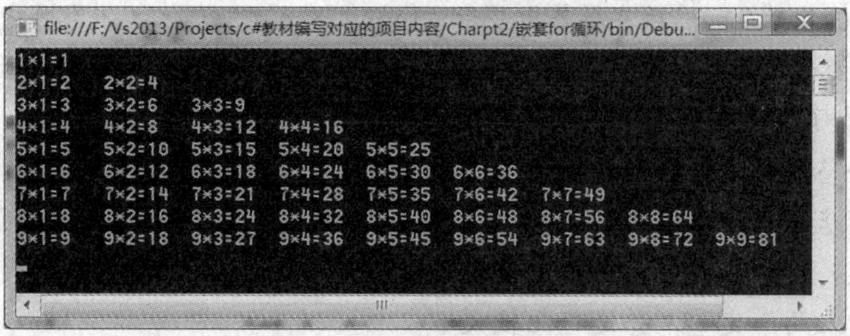

图 2-36　梯形乘法口诀

（4）现在如果把问题改成如下的描述：打印输出除了 3 和 7 的所有乘法算式口诀表，需要在设计代码时添加 continue 语句，当执行到第 3 行（i=3）和第 7 行（i=7）时，不打印（在内层循环实现）。所有代码如下：

```
static void Main(string[] args)
{
    int i, j;                          //声明两个变量 i, j; i 用于输出行, j 用于输出列
    for(i=1;i<=9;i++)                  //循环 9 行
    {
        for(j=1;j<=i;j++)              //每行最多循环 i 次
        {
            if((i==3)||(i==7))         //遇到所有 3 和 7 的乘法算式，不打印显示
            {
                continue;
            }
            Console.Write("{0}*{1}={2}\t",i,j,i*j);  //在每行打印显示乘法算式
        }
        Console.WriteLine();           //每行结束后回车换行
    }
    Console.ReadKey();
}
```

运行结果如图 2-37 所示。

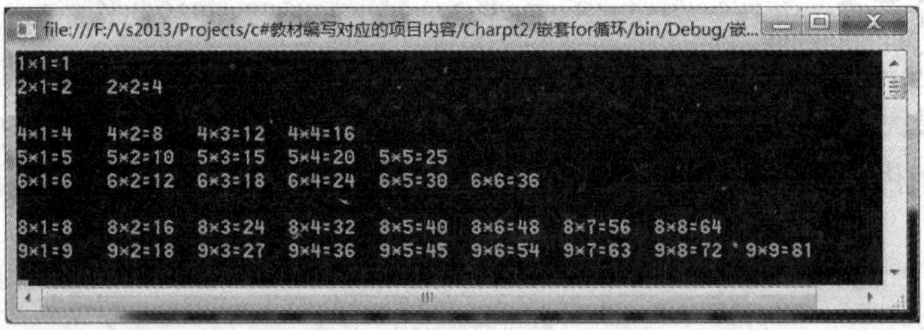
file:///F:/Vs2013/Projects/c#教材编写对应的项目内容/Charpt2/嵌套for循环/bin/Debug/嵌...
1×1=1
2×1=2 2×2=4
4×1=4 4×2=8 4×3=12 4×4=16
5×1=5 5×2=10 5×3=15 5×4=20 5×5=25
6×1=6 6×2=12 6×3=18 6×4=24 6×5=30 6×6=36
8×1=8 8×2=16 8×3=24 8×4=32 8×5=40 8×6=48 8×7=56 8×8=64
9×1=9 9×2=18 9×3=27 9×4=36 9×5=45 9×6=54 9×7=63 9×8=72 9×9=81

图 2-37 除了 3 和 7 之外的乘法口诀表

如果把上述代码中的 continue 替换为 break，又是什么样的效果呢？自己动手改改并执行一下，区分 break 和 continue 语句。

上机实验

1. 问用户喜欢吃什么水果，假如用户输入“西瓜”，则屏幕上显示“哈哈，这么巧呀，我也喜欢吃西瓜”。

2. 提示用户输入姓名，然后在屏幕上显示“你好，×××”。×××为用户刚刚输入的姓名。

3. 定义四个变量，分别存储一个人的姓名、性别、年龄、电话；然后打印显示在屏幕上（我叫×，我今年×岁了，我是×生，我的电话是××）。

4. 定义两个整数变量，分别赋值为 10 和 20，打印出两个数的和。

5. 某水果商店苹果的价格为 5 元/千克，梨的价格为 2 元/千克；王力在该店买了 20 千克苹果和 15 千克梨，请计算并显示王力应该付多少钱？

6. 从键盘输入两个变量，并进行比较大小。

7. 请问下面代码的输出结果是什么？

```
int a = 20, b = 7;
int mod = a % b;
double quo = a / b;
Console.WriteLine(mod);
Console.WriteLine(quo);
```

8. 提示用户输入年龄，如果输入的年龄大于 18（含）岁，则显示用户已成年。

9. 从键盘上输入两个数 a、b，如果 a 能被 b 整除，或者 a 加 b 大于 100，则输出 a 的值，否则输出 b 的值。

10. 从键盘上输入用户名和密码，如果用户名为 admin，密码为 888888，则提示登录成功。

11. 根据员工的绩效工资等级，决定员工该加多少工资。例如：

（1）如果员工绩效工资定为“A”，就加薪 500。

（2）如果定为“B”，就加薪 200。

（3）如果定为“C”，就不涨工资。

（4）如果定为“D”，就降薪 200。

（5）如果定为“E”，就降薪 500。

假如员工基本工资为 1500 元，请分别用 if...else 和 switch...case 语句实现员工加薪。

12. 不断要求用户输入学生姓名，直到输入 Z 结束。

13. 分别用 if 和 while 语句计算 10 以内所有被 3 整除的数的总和。

14. 分别使用 while continue 和 while break 语句分别实现计算 1 到 50（含）之间的除了能被 7 和 6 整除之外所有整数的和，做比较。

15. 计算两个自然数 n 和 m（m<100）之间所有数的和（n 和 m 从键盘输入）。

16. 从键盘上输入任意一个三位正整数 num，计算 num 各位上的数字之积。例如，若输入 252，则输出应该是 20；若输入 202，则输出应该是 0。

17. 输入班级人数，然后依次输入学生成绩，计算班级学生的平均成绩和总成绩。

18. 根据以下公式计算当 n=20 时 S 的值，并打印输出 S 的值（“当 n=20 时，1+1/(1+2)+1/(1+2+3) +...+1/(1+2+..+20)的值=”）。其中，S=1+1/(1+2)+1/(1+2+3) +⋯+1/(1+2+3+⋯+n)。

19. 打印输出 1～9 的矩形乘法口诀表。

第3章 面向对象程序设计

整个物质世界是由万事万物构成的，构成物质世界的每一个个体称为一个对象，许许多多的个体根据其特征又可归结为许多类别。面向对象程序设计的本质特征在于用类和对象的概念来描述整个物质世界，使程序设计的思想和现实世界融会贯通，以达到来源于生活服务于生活的目的。

3.1 面向对象程序设计概述

面向对象编程（Object-Oriented Programming，OOP）是创建计算机应用程序的一种相当新的方法，它解决了传统编程技巧带来的问题。前面介绍的所谓传统编程方法称为函数（或过程）化编程（Process Oriented Programming），它以模块功能和处理过程作为程序设计的原则，通常使用顺序、选择、循环三种基本语句结构。

但是，这种传统的编程方法常常会导致设计出来的应用程序过于单一，因为所用的功能都包含在几个甚至同一个代码模块中。

而使用 OOP 技术，常常要使用代码模块，每个模块都提供特定的功能，每个模块都是独立的，甚至与其他模块完全独立。这种编程方法提供了非常大的多样性，大大增加了代码的重用机会。

3.2 类和对象

类是一个相对抽象的整体概念，是若干具有相同特征的个体的集合，从整体上来抽象的说明事物的特征。比如说人类，给人的第一感觉就是会劳动，能发明创造；会说话，可能会讲多种语言；长有头、胳膊、身子、腿等。

对象是对某一具体个体特征的描绘，是一个具体的概念，除具备类所描绘的特征外还可能具有自己的特征。比如说某一具体的人，有性别、身高、体重、容貌等特征，描绘的是一些看得见、摸得着的具体东西。日常生活中存在无数的实体，如人、车、植物等，每个实体都有一系列的性质和行为。

类与对象存在如下关系：

（1）类可能存在有子类，比如说鱼类，那么又可以分为金鱼类、鲤鱼类、鲶鱼类、草鱼类等；对象不可再分，在面向对象的程序设计中，对面描述的是原子级的客观事物。

（2）每一个子类或者对象都有其对应的唯一父类。

3.2.1　认识类成员

类是数据域对数据的操作的统一体。概括起来类的成员有两种：存储数据的成员与操作数据的成员。在 C#中，存储数据的成员叫“字段”，操作数据的成员有很多种，本章仅介绍“属性”“方法”与“构造函数”。

“字段”是类定义的数据，也叫类定义中的变量。类的字段可以是基本数据类型，也可以是由其他类声明的对象。

“属性”用于读取和写入“字段”值。“属性”是对类定义中的数据进行操作的成员。因此，属性是一种完成读写“字段”功能的特殊方法。例如，当在窗体设计器中选中某一控件时，在属性窗口中就会显示该控件的各种属性，而这些属性就是在控件类定义中声明的。

“方法”实质上就是函数，通常用于对字段进行计算和操作，即对类中的数据进行操作，以实现特定的功能。在 C#预定义的窗体及控件类中，常用的有两类方法：一是特殊的用于响应特定事件的方法，这类方法的名称与参数无法由用户定义，但用户可以定义方法中的代码，以完成特定的功能，如按钮的 Click 事件方法；二是用于实现某一特定功能的方法，这类方法的名称与代码已经确定，用户可以直接使用以完成特定的功能，如文本框的 Clear()方法的特定功能就是清除文本框中的文本。在创建 Windows 应用程序中，用户可以自定义类及类中的方法成员。在 C#中，方法以图标表示，事件方法以图标表示。

“构造函数”是在用类声明对象时，完成对象字段的初始化工作。构造函数也是对类定义中的数据进行操作的成员。从广义的角度上讲，构造函数也是类定义中的“方法”，构造函数仅在创建对象时被使用（调用）。

3.2.2　类

在 C#中，类是通过 class 关键字来定义的，其简单的定义格式为：

```
class  类名{类体}
```

用户自定义类的通用格式如下：

```
class  类名
{
    //定义字段或数据成员
    //定义属性
    //定义方法
    //定义事件
}
```

3.2.3　定义类成员

在类的定义中，也提供了类中所有成员的定义，包括：数据成员（有时也称字段）、方法、属性和事件。类中所有成员都有自己的访问级别，可通过如表 3-1 所示的访问修饰符定义。

表 3-1　常用的访问修饰符

修 饰 符	意　义
public	类成员可以由任何代码访问
private	类成员只能由类中的代码访问，定义成员时，默认使用 private
protected	类成员只能由类或其派生类（或子类）中的代码访问

访问修饰符用来指定类成员的作用域，这和前面介绍的变量的作用域意义相同。

1. 定义数据成员

类的数据成员通过标准的变量声明语句定义，并结合访问修饰符来指定数据成员的访问级别。为起保护作用，数据成员一般以 private 或 protected 修饰符来声明，例如：

```
class  Student
{
    private  int  age;
    private  string  name;
}
```

以上代码定义了一个学生类 Student，包含 2 个 private 数据成员：年龄 age 和姓名 name。

2. 定义方法

类的方法通过标准的函数声明语句定义，并结合访问修饰符来指定方法的访问级别。例如，为以上代码中的学生类 Student 添加 2 个方法：

```
class  Student
{
                                                   //定义数据成员 age 和 name
    …
    public  void  SetStudent(int age, string name)  //设置学生年龄和姓名
    {
        this.age=age;
        this.name=name;
    }
    public  void  GetStudent()                      //获得年龄和姓名
    {
        MessageBox.Show("年龄:"+this.age.ToString()+"\n 姓名:"+this.name.ToString());
    }
}
```

以上代码为学生类 Student 添加了 2 个方法。其中，SetStudent()方法给 Student 的数据成员 age 和 name 赋值，而 Get Student()方法实现了从消息框输出数据成员 age 和 name。

注 意

当数据成员名和方法体中的参数名重复时，可在数据成员名前使用 this 关键字加以区分。

【例 3-1】定义一个学生类，要求实现如下功能：

（1）定义数据成员 age、name 代表学生的年龄和姓名。

（2）定义方法 SetStudent ()和 GetStudent ()，用于设置和获取年龄和姓名。

（3）在窗体上单击“显示数据成员”按钮，实例化 Student 类，利用 SetStudent()方法和 GetStudent()方法将文本框中输入的内容作为数据成员输入并输出。

程序运行界面如图 3-1 所示。

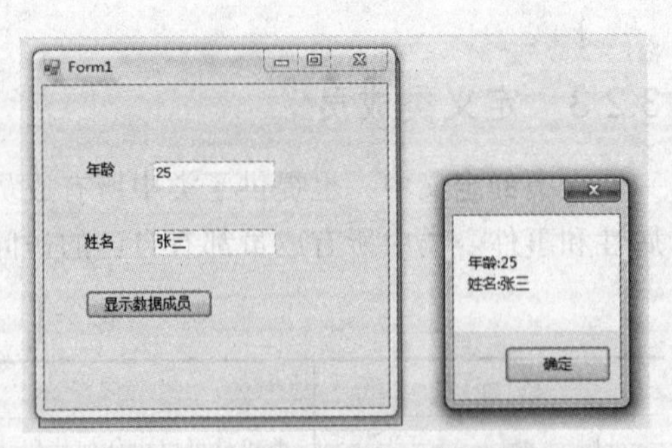

图 3-1 【例 3-1】运行界面

操作步骤如下：

1）设计用户界面

首先创建一个 Windows 应用程序，然后将“工具箱”→“所有 Windows 应用程序”中提供的 TextBox（文本框）、Label（标签）、Button（按钮）等控件添加到 Form1 窗体中，并布局好这些控件的大小和位置，就完成了用户界面设计的任务。

2）编写代码

首先，把前面定义的 Student 类的源代码放在窗体的“代码”窗口中，与 Form1 类并列：

```
public partical class Form1:Form
{
  …
}
class Student
{
  …
}
```

然后，在 Form 类中编写 button1_Click()事件处理程序：

```
private void button1_click(Object sender,EventArgs e)
{
    int age;
    string name;
    age=int.Parse(textBox1.Text);
    name=textBox2.Text;
    Student s=new Student();
    s.SetStudent(age,name);
    s.GetStudent();
}
```

3. 定义属性

在前面定义的 Student 类中，数据成员 age 和 name 是通过 private 修饰符声明的，这种以 private 声明的成员也称私有成员。私有成员由于受到保护，不能以“对象名.成员”形式赋值或访问。

在【例 3-1】中，只能通过类中定义的公共方法（由 public 修饰符声明的方法称为公共方法）SetStudent()和 GetStudent()来实现数据成员 age 和 name 的赋值和访问。幸好，C#中能定义类的属性。类中对属性的定义包括两个类似于函数的代码块：一个用于设置属性值，用 set 关键字定义；另一个用于获取属性值，用 get 关键字定义。属性定义的一般语法形式如下：

```
访问修饰符  数据类型  属性名
{
    set
    {
        …
    }
    get
    {
        …
    }
}
```

【例 3-2】定义一个 Student 类，要求实现如下功能：

（1）定义数据成员 age、name 分别代表年龄和姓名。

（2）定义属性 Myage 和 Myname，通过它们对数据成员 age、name 进行赋值和访问。

（3）在窗体上单击“输入数据成员”按钮，实例化 Student 类，对属性 Myage 和 Myname 进行赋值，访问 Myage 和 Myname，属性的结果显示在 label3 中。

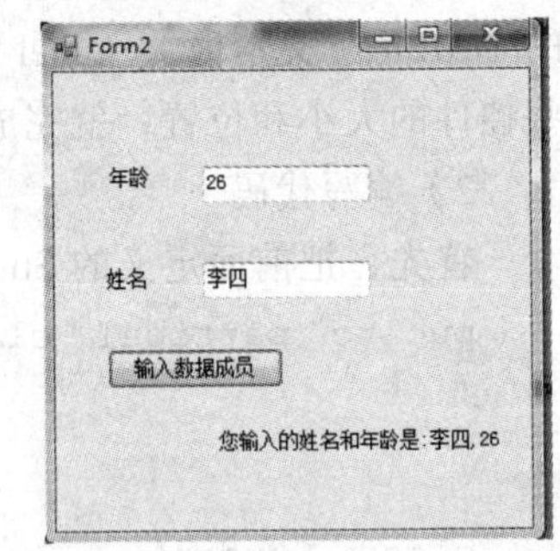

图 3-2 【例 3-2】运行界面

程序运行界面如图 3-2 所示。

操作步骤如下：

1）设计用户界面

首先创建一个 Windows 应用程序，然后将“工具箱”→“所有 Windows 应用程序”中提供的 TextBox（文本框）、Label（标签）、Button（按钮）等控件添加到 Form1 窗体中，并布局好这些控件的大小和位置，就完成了用户界面设计的任务。

2）编写代码

定义 Student 类：

```
class  Student
{
   private string name;
   private int age;
   public string Myname
   {
      set { name=value;} get { return name;}
   }
   public string Myage
   {
      set { age=value;} get { return age; }
   }
}
```

在 Form1 类中编写 button1_click()事件处理程序：

```
private void button1_Click(object sender,EventArgs e)
{
   string nm;
   int  a;
   nm=textBox1.Text;
   a=int.Parse(textBox2.Text);
   Student s=new Student();
   s.Myname=nm;
   s.Myage=a;
   label3.Text="您输入的姓名和年龄是:"+s.Myname+","+ s.Myage.ToString();
}
```

从上例可以看出，属性实际上提供了对类中私有数据成员的一种访问方式。

3.2.4 声明对象及其成员的访问

前面已经讲过变量在使用前必须声明。变量在声明时所指定的数据类型，实际上就相当于“类”，而变量则相当于“对象”。在面向对象的程序设计中，必须遵循“先定义、后使用”的规则，既任何预定义或自定义的“类”都必须实例化成“对象”后才能使用。

定义类之后，可以用定义的类声明对象，声明对象后才可以访问对象成员。

1. 声明对象

在【例 3-1】和【例 3-2】中定义了 Student 类，类只有在声明成对象后才能使用。对象声明的格式如下：

类名 对象名 = new 类名();

在【例 3-1】的 Form1 类中编写 button1_click()事件处理程序，通过语句“Student s=new Student();”实例化类对象 s，然后以对象 s 去访问各成员。同理，【例 3-2】中的语句“Student s=new Student();”建立 Student 类对象 s。

对象建立后，才能访问其中的各种成员。

2. 成员的访问

类中定义的成员通常需要通过对象才能访问，对不同类型的数据成员，其访问形式也不同。其一般格式如下：

（1）数据成员：对象.数据成员

（2）属性：对象.属性

（3）方法：对象.方法(参数表)

（4）事件：可参考 MSDN 官方帮助文档。

在【例 3-1】和【例 3-2】的 button1_Click()事件处理程序中，使用以上方法对类对象中的各成员进行访问。

【例 3-3】建立一个 C#控制台应用程序，根据已定义的学生类 Student，编写一个能应用该类的程序。要求：

（1）通过 Console 类的 Read()/ReadLine()方法读入数据，通过 Write()/WriteLine()方法输出数据。

（2）程序以键盘输入任意键结束，可通过 Console.ReadKey()方法实现。

在上例中的 Student 类中定义数据成员 sId，sName，score 分别代表学生的学号、姓名和成绩。其中，学号、姓名通过 SetInfo()方法输入，成绩通过 MyScore 属性设置，OutPut()方法实现对三个数据成员的格式化输出。

Student 类的定义如下：

```
class  Student
{
  private string sId;
  private string sName;
  private float score;
  public void SetInfo(string sId,string sName)
  {
      this.sId = sId;
      this.sName = sName;
  }
  public float MyScore
  {
      set
      {
         score = value;
      }
      get
      {
         return score;
      }
```

```
    }
    public string OutPut()
    {
     return "学号:"+sId+"\姓名: "+sName+"成绩: "+score;
    }
  }
```

从 Student 类的定义中可以看出：数据成员 sId、sName、score 由 private 关键字修饰，它们都是私有成员，因而不能以"对象.数据成员"的形式从类的外部访问。但是，公共方法 SetInfo()提供了对成员 sId、sName 的赋值，而通过属性 MyScore 也可以对成员 score 进行赋值。最后，公共方法 OutPut()又提供了对这三个私有数据成员的格式化输出。

C#是一种面向对象的程序设计语言，所有代码都通过名称空间中的类来实现。C#应用程序的入口规定为 Main()函数。在创建 C#控制台应用程序时，Main()函数被定义在 Programs 类中，该类在创建项目的时候自动产生。要实现对如上定义的 Student 类的应用，就需要在 Main()中先声明一个 Student 类对象，再以该对象的身份访问其不同类型的成员。

由此，在 Main()函数中可编写如下代码实现对 Student 类中每个成员的访问。

```
static  void  Main(string[] args)
{
   string  id,name;
   float  score;
   Console.Write("请输入学号: ");
   id = Console.ReadLine();
   Console.Write("请输入姓名: ");
   name = Console.ReadLine();
   Console.Write("请输入得分: ");
   score = float.Parse(Console.ReadLine());
   Student s = new Student();
   s.SetInfo(id,name);
   s.MyScore = score;
   Console.WriteLine("\n----------------以下是输出------------------\n");
   Console.WriteLine(s.OutPut());
   Console.Write("\n按任意键结束程序: ");
   Console.ReadKey();
}
```

提 示

在以上 Console.WriteLine()方法中，输出字符串中的"\n"代表输出一个换行符。程序运行结果如图 3-3 所示。

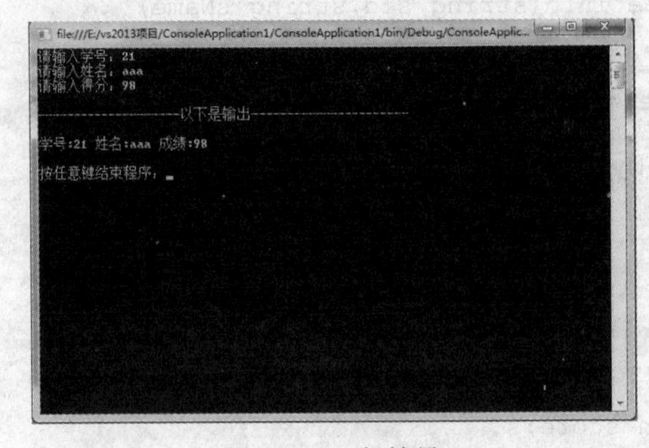

图 3-3　运行结果

3.3　类的方法

方法是把一些相关的语句组织在一起，用于解决某一特定问题的语句块。方法必须放在类的定义中。方法同样遵循先声明后使用的规则。C#语言中的方法相当于其他编程语言（如 VB）中的通用过程（Sub 过程）或函数过程（Function 过程）。C#中的方法必须放在类定义中声明，也就是说，方法必须是某一个类的方法。

3.3.1　声明与调用方法

方法的使用分声明与调用两个环节。

1. 声明方法

声明方法最常用的语法格式为：

访问修饰符 返回类型 方法名（参数类型 参数名,参数类型 参数名…）{}

方法的访问修饰符通常是 public，以保证在类定义外部能够调用方法。

方法的返回类型用于指定由该方法计算和返回的值的类型，可以是任何值类型或引用类型数据，例如，int、string。如果该方法不返回一个值，则它的返回类型为 void。

方法名是一个合法的 C#标识符。

参数列表是在一对圆括号中，指定调用该方法时需要使用的参数个数、各个参数类型。其中，参数可以是任何类型的变量，参数之间以逗号分隔。如果方法在调用时不需要参数，则不用指定参数，但圆括号不能省略。

实现特定功能的语句块放在一对花括号中，叫方法体，“{”表示方法体的开始，“}”表示方法体的结束。

如果方法有返回值，则方法体中必须包含一个 return 语句，以指定返回值，该值可以是变量、常量、表达式，其类型必须和方法的返回类型相同。如果方法无返回值，在方法体中可以不包含 return 语句，或包含一个不指定任何值的 return 语句。

例如，为前面定义的 Student(学生)类声明一个计算平均成绩的方法如下：

```
public double average()
{
   return  Yscore+Sscore+Escore/3;
}
```

2. 调用方法

从方法被调用的位置，可以分为在方法声明的类定义中调用该方法和在方法声明的类定义外部调用方法。在方法声明的类定义中调用该方法的语法格式为：

方法名（参数列表）

在方法声明的类定义中调用该方法，实际上是由类定义内部的其他方法成员调用该方法。

在方法声明的类定义外部调用该方法实际上是通过该类声明的对象调用该方法，其格式为：

对象名.方法名（参数列表）

【例 3-4】创建一个 Windows 应用程序，分别实现 Student（学生）类定义内调用求平均数方法与类定义外求平均数方法。程序运行结果如图 3-4 所示。

1）设计窗体及控件属性

创建一个 Windows 应用程序，添加标签控件 Label1~Label6，添加文本框控件 Textbox1~Textbox5，添加按钮控件 Button1 与 Button2，适当调整控件的大小及布局，如图 3-5 所示。

图 3-4 【例 3-4】运行界面

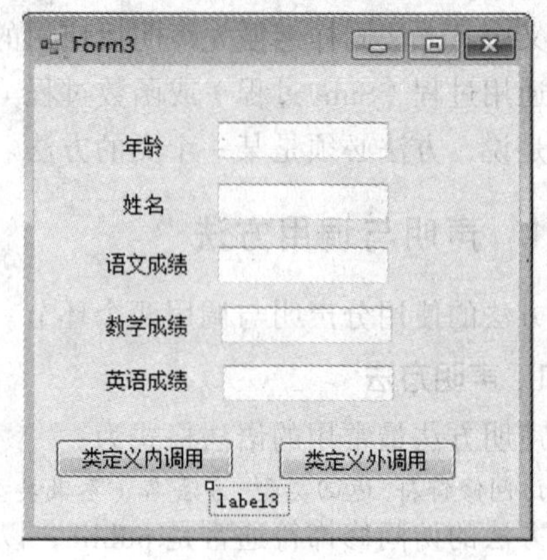

图 3-5 【例 3-4】设计界面

2）编写代码

定义 Student 类，源代码如下：

```
class Student
{
   private string sname;
   private int sage;
   private double Yscore,Sscore,Escore;
   public string Myname
   {
      set { sname=value;} get { return sname;}
   }
   public string Myage
   {
      set {sage=value;} get { return sage; }
   }
   public string YScore
   {
      set {Yscore=value;} get { return Yscore;}
   }
   public string SScore
   {
      set {Sscore=value;} get { return Sscore;}
   }
   public string EScore
   {
      set {Escore=value;} get { return Escore;}
   }
   public double average() {return Yscore+Sscore+Escore/3;}
   public string averageshow()
   {
      return "学生"+sname+"的平均成绩为: "+average();
```

```
    }
}
```

“类定义内调用”按钮的 Click 事件代码为：

```
private void button1_Click(object sender, EventArgs e)
{
    Student ss = new Student();
    ss.Myname = txtname.Text;
    ss.Myage = int.Parse(txtage.Text);
    ss.YScore = double.Parse(txtYscore.Text);
    ss.SScore = double.Parse(txtSscore.Text);
    ss.EScore = double.Parse(txtEscore.Text);
    label3.Text = ss.averageshow();
}
```

“类定义外调用”按钮的 Click 事件代码为：

```
private void button2_Click(object sender, EventArgs e)
{
    Student ss = new Student();
    ss.Myname = txtname.Text;
    ss.Myage = int.Parse(txtage.Text);
    ss.YScore = double.Parse(txtYscore.Text);
    ss.SScore = double.Parse(txtSscore.Text);
    ss.EScore = double.Parse(txtEscore.Text);
    label3.Text ="学生"+ss.Myname+ "的平均成绩为: "+ss.average();
}
```

3.3.2　方法的参数类型

在方法的声明与调用中，经常涉及方法参数。参数的功效就是能使信息在方法中传入或传出。当声明一个方法时，包含的参数叫形式参数（形参）；当调用一个方法时，包含的参数叫实际参数（实参）。

方法参数传递按性质可分为按值传递与按引用传递。

1. 按值传递

参数按值传递的方式是指当把实参传递给形参时，是把实参的值复制给形参，实参和形参使用的是两个不同内存中的值，所以这种参数传递方式的特点是形参的值发生改变时，不会影响实参，从而保证了实参数据的安全。按值传递的过程如图 3-6 所示。

图 3-6　按值传递图示

【例 3-5】创建一个 Windows 窗体应用程序，在程序中先将两个变量的值赋值给文本框，然后传递两个变量的值给 Swap()方法的形参，在该方法中交换这两个形参的值，再一次将两个变量的值赋值给文本框，观察文本框中的数据是否受到影响。程序运行结果如图 3-7 和图 3-8 所示。

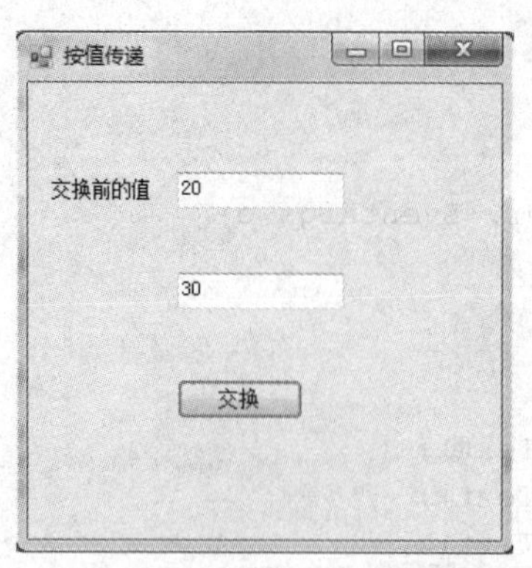

图 3-7 【例 3-5】初始界面

图 3-8 【例 3-5】运行后界面

1）设计窗体及控件属性

创建一个 Windows 窗体应用程序，添加 2 个文本框控件，1 个按钮控件，适当调整控件的大小及布局。

2）编写代码

在窗体（Form1）类定义的类体中声明整变量字段：

```
int x=20,y=30;
```

在类体中声明 Swap()方法代码为：

```
public  void  Swap(int a,int b)
{
    int  c=a;a=b;b=c;
}
```

Form 窗体的 Load 事件代码为：

```
private void Form1_Load(object sender, EventArgs e)
{
    textBox1.Text = x.ToString();
    textBox2.Text = y.ToString();
}
```

按钮的 Click 事件代码为：

```
private void button1_Click(object sender, EventArgs e)
{
    label1.Text = "交换后的值";
    Swap(x,y);
    textBox1.Text = x.ToString();
    textBox2.Text = y.ToString();
}
```

从本例可以看出，在 Swap()方法中交换 a 与 b 的值，并未对 x 与 y 的值产生任何影响。

2. 按引用传递

方法只能返回一个值，但实际应用中常常需要方法能够修改或返回多个值，这时只靠 return 语句是无能为力的。如果需要方法返回多个值，可以使用按引用传递参数的方式实现这种效果。按引用传递是指实参传递给形参时，不是将实参的值复制给形参，而是将实参的引用传递给形参，实参与形参使用的是一个内存中的值。这种参数传递方式的特点是形参的值发生改变时，同时也改变实参的值。

基本类型参数按引用传递时，形参实际上是实参的别名。基本类型参数按引用传递时，实参与形参前均需使用关键字 ref。

【例 3-6】将【例 3-5】中的 Swap()方法声明与调用时的形参与实参修改为按引用传递，观察两个文本框中的数据是否发生变化。运行结果如图 3-9 和图 3-10 所示。

图 3-9 【例 3-6】初始界面

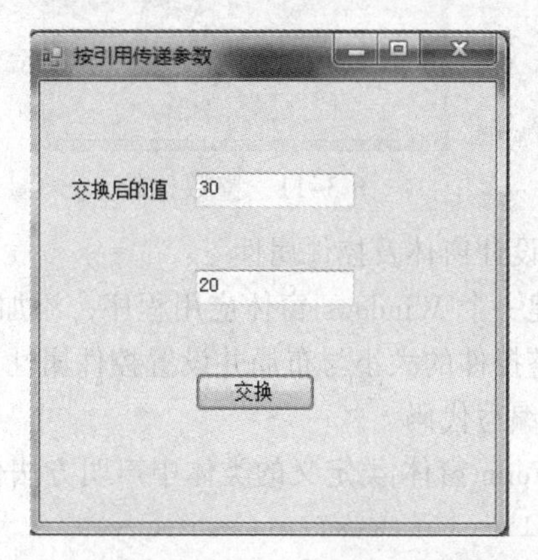

图 3-10 【例 3-6】交换后界面

上述程序运行结果之所以与【例 3-5】不同，其关键部分仅在形参与实参的代码。声明的形参如下：

```
public  void  Swap(ref int a, ref int b)    //在形参中增加 ref 关键字
```

传递实参的代码如下：

```
Swap(ref x, ref y)                          //在实参中增加 ref 关键字
```

从图 3-9 与图 3-10 中可以看出，x 与 y 的值已经被交换。

3.3.3 方法的重载

有时候方法实现的功能需要针对多种类型的参数，虽然 C#有隐式转换功能，但这种转换在有些情况下会导致运算结果的错误，而有时数据类型无法实现隐式转换甚至根本无法转换。有时候方法实现的功能需要处理的数据个数不同，这时会因为传递实参的个数不同而导致方法调用的失败。例如，前面例子中的整型数据交换方法只能实现两个整型变量的值交换，无法通过隐式或显式转换来实现其他类型变量的值交换。

为了能使同一功能适用于各种类型的数据，C#提供了方法重载机制。

方法重载是声明两个以上的同名方法，实现对不同数据类型的相同处理。

方法重载有两点要求：

（1）重载的方法名称必须相同。

（2）重载方法的形参个数或类型必须不同，否则将出现“已经定义了一个具有相同类型参数的方法成员”的编译错误。声明了重载方法后，当调用具有重载的方法时，系统会根据参数的类型或个数寻求最匹配的方法予以调用。

【例 3-7】创建一个 Windows 窗体应用程序，在该程序中利用方法重载实现对两个整型、字符串类型数据比较大小的功能。程序运行结果如图 3-11 和图 3-12 所示。

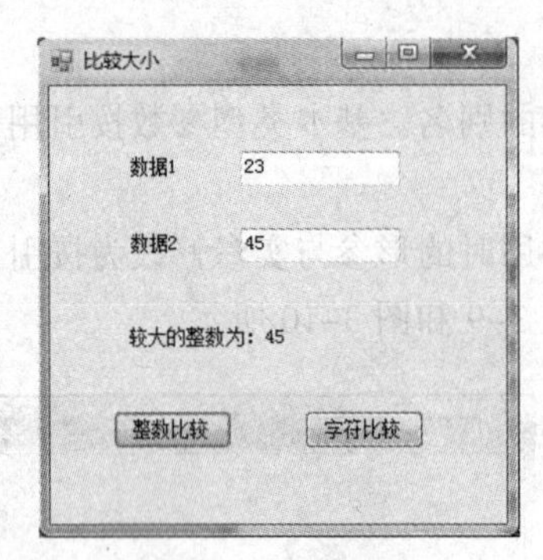

图 3-11　整数比较

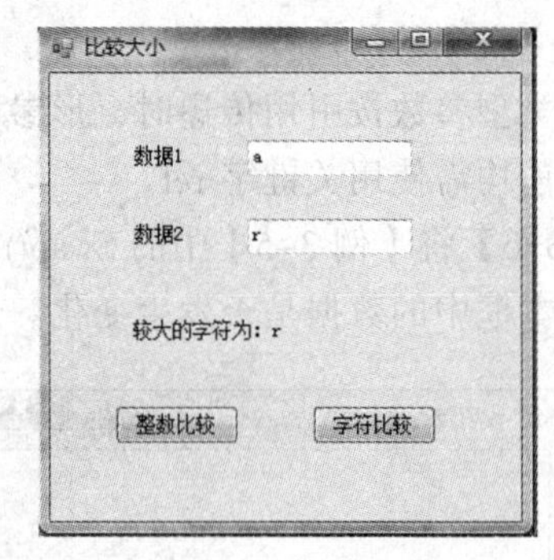

图 3-12　字符比较

1）设计窗体及控件属性

创建一个 Windows 窗体应用程序，添加 3 个标签控件，2 个文本框控件，2 个按钮控件，适当调整控件的大小与布局并设置控件属性。

2）编写代码

在 Form(窗体)类定义的类体中声明方法代码为：

```
public int Max(int x,int y)
{ return x > y ? x : y;  }
public char Max(char x, char y)
{ return x > y ? x : y;  }
```

“整数比较”按钮的 Click 事件代码为：

```
private void button1_Click(object sender, EventArgs e)
{
    int a, b;
    a = int.Parse(textBox1.Text );
    b = int.Parse(textBox2.Text);
    label3.Text = "较大的整数为: " + Max(a,b);
}
```

“字符比较”按钮的 Click 事件代码为：

```
private void button2_Click(object sender, EventArgs e)
{
    char a, b;
    a = char.Parse(textBox1.Text);
    b = char.Parse(textBox2.Text);
    label3.Text = "较大的字符为: " + Max(a, b);
}
```

3.4　类的构造函数

构造函数是一种特殊的方法成员，其主要作用是在创建对象（声明对象）时初始化对象。一个类定义必须且至少包含一个构造函数，如果定义类时，没有声明构造函数，系统会提供一个默认的构造函数，如果声明了构造函数，系统将不再提供默认的构造函数。

如果只有默认的构造函数，在创建对象时，系统将不同类型的数据成员初始化为相应的默认值。例如，数值类型被初始化为 0，字符类型被初始化为空格，字符串类型被初始化为 null

（空值），逻辑（bool）类型被初始化为 false 等。

如果想在创建对象时，将对象的数据成员初始化为指定的值，则需要专门声明构造函数。

3.4.1　声明构造函数

声明构造函数与声明普通方法相比，有两个特别的要求：一是不允许有返回类型，通常使用 public 访问修饰符来修饰；二是构造函数的名称必须与类同名。

构造函数是为了在创建对象时，对数据成员初始化，所以构造函数往往需要使用形参。例如：

```
class  Cuboid
{
    private double length;
    private double width;
    private double high;
    public Cuboid(double l,double w,double h)
    {length=l;w=width;h=high; }
}
```

上例中，定义了一个名为“Cuboid”（长方体）的类，类体中包括长方体的长（“length”）、宽（“width”）、高（“high”）字段，还包括长方体类的构造函数。由于声明了带参数的构造函数，所以系统不再提供默认构造函数，这样在创建对象时，必须按照声明的构造函数的参数要求给出实际参数，否则将编译错误，例如：

```
Cuboid cu=new Cuboid(8,6,4);
```

由上述创建对象的语句可知，new 关键字后面实际是对构造函数的调用。

【例 3-8】创建一个 Windows 窗体应用程序，在程序中定义 Cuboid 类（如上所示），另外再定义一个求体积的方法，在使用该类声明对象时，在文本框中输入创建对象的数据，单击“创建长方体对象”按钮，则以文本框中的数据作为参数创建对象，并在标签框中显示对象包含的数据，并求出对象的体积。程序运行结果如图 3-13 所示。

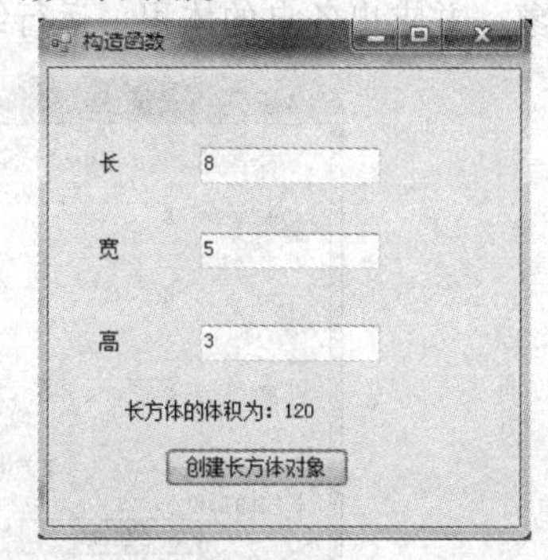

图 3-13　【例 3-8】运行结果

1）设计窗体及控件属性

创建一个 Windows 窗体应用程序，添加 4 个标签控件，添加 3 个文本框控件，添加 1 个按钮控件，适当调整控件的大小及布局。

2）编写代码

```
class Cuboid
{
    private double length;
    private double width;
    private double high;
    public Cuboid(double l,double w,double h)
    {length=l; w=width; h=high; }
    public double Cubage()
    {return length*width*high;}
}
```

“创建长方体对象”按钮的 Click 事件代码为：

```
private void button1_Click(object sender, EventArgs e)
{
    double l = double.Parse(textBox1.Text);
    double w = double.Parse(textBox2.Text);
    double h = double.Parse(textBox3.Text);
    Cuboid cu = new Cuboid(l,w,h);
    label4.Text = "长方体的体积为: " + cu.Cubage();
}
```

3.4.2 重载构造函数

构造函数与其他方法一样可以重载，重载构造函数的主要目的是给创建对象提供更大的灵活性，以满足创建对象时的不同需要。例如，在创建一个 Cuboid（长方体）对象时，可能需要创建一个长方体的特例正方体，这时仅需要给定一个边长参数即可，因此，需要一个只包含一个参数的构造函数，那么可以再声明一个包含一个参数的构造函数，代码如下：

```
public Cuboid(double l)
{ height=l;width=l;high=l;}
```

由于该构造函数与前述构造函数的参数个数不同，所以是一个合法的构造函数重载。有了这个构造函数后，就可以声明只有一个实参的对象，例如：

```
Cuboid cu = new Cuboid(l);
```

【例 3-9】在例【3-8】的基础上进行改动，即可以创建长方体对象，又可以创建正方体对象，并求出各自的体积。运行结果如图 3-14 和图 3-15 所示。

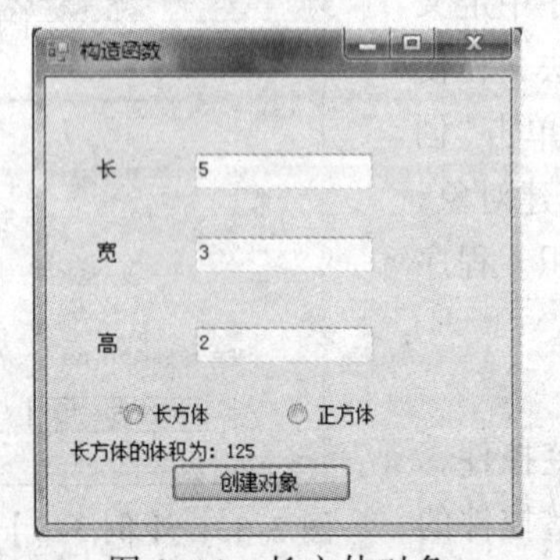

图 3-14　长方体对象

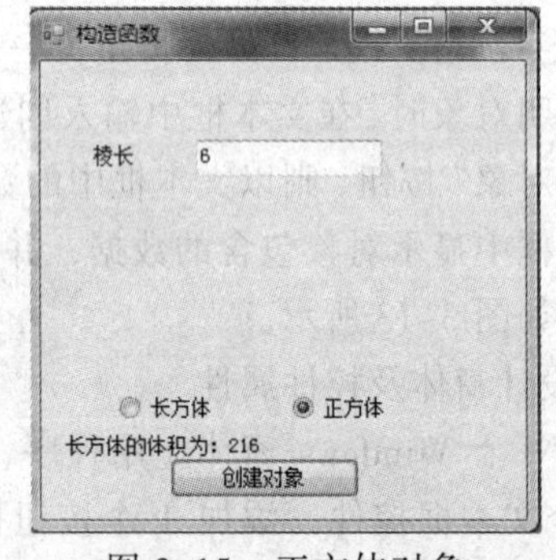

图 3-15　正方体对象

1）设计程序界面与控件属性

修改【例 3-8】程序界面，向窗体添加 2 个单选按钮，radioButton1 的 Text 属性设置为“长方体”，Checked 属性设置为 true；radioButton2 的 Text 属性设置为“正方体”。

2）编写代码

```
class  Cuboid
{
    private double length;
    private double width;
    private double high;
    public Cuboid(double l)
    public Cuboid(double l, double w, double h)
```

```
        {length=l; w=width; h=high; }
    public double Cubage()
        {return length*width*high;}
}
```

添加“创建对象”按钮的Click事件代码为：

```
private void button1_Click(object sender, EventArgs e)
if(rdBCuboid.Checked)
    {
        double l = double.Parse(txtL.Text);
        double w = double.Parse(txtW.Text);
        double h = double.Parse(txtH.Text);
        Cuboid cu = new Cuboid(l, w, h);
        label4.Text = "长方体的体积为: " + cu.Cubage();
    }
    else
    {
        double l = double.Parse(txtL.Text);
        Cuboid cu = new Cuboid(l);
        label4.Text = "正方体的体积为: " + cu.Cubage();
    }
```

“长方体”单选按钮的CheckedChanged事件代码为：

```
private void rdBCuboid_CheckedChanged(object sender, EventArgs e)
{
    if(rdBCuboid.Checked )
    {
        txtW.Visible = true;
        txtH.Visible = true;
        label2.Visible = true;
        label3.Visible = true;
        label1.Text = "长";
    }
}
```

“正方体”单选按钮的CheckedChanged事件代码为：

```
private void rdBCube_CheckedChanged(object sender, EventArgs e)
{
    if(rdBCube.Checked)
    {
        txtW.Visible = false;
        txtH.Visible = false;
        label2.Visible = false;
        label3.Visible = false;
        label1.Text = "棱长";
    }
}
```

3.5　静 态 成 员

类可以具有静态成员（例如静态字段和静态方法）和非静态成员（即实例成员）。静态成员是和类相关联的，不依赖特定的对象而存在；实例成员是和对象相关联的，总是与特定的对象相关联。

声明静态成员需要使用关键字 static。

3.5.1 静态数据成员

非静态的字段总是属于某个特定的对象，其值总是表示某个对象的值。例如，当说到学生的姓名（name）时，总是指某个学生对象的姓名，而不可能是全体学生对象的姓名。

有时可能需要类中有一个数据成员来表示全体对象的共同特征。例如，在学生（Student）类中用一个数据成员来统计学生的个数,那么这个数据成员表示的就不是某个学生对象的特征，而是全体学生对象的特征，这时就需要使用静态数据成员。

```
class  Student
{
    private string sname;
    private int sage;
    private double Yscore,Sscore,Escore;
    private static int snumber;              //静态字段，用于统计学生对象
}
```

静态数据成员 snumber 不属于任何一个特定的对象，而是属于类，或者说是全局对象，是被全体对象共享的数据。

3.5.2 静态方法

在以上各节中所定义的方法都是非静态方法，非静态方法的调用必须首先实例化类对象，然后使用实例化的对象去调用。例如：

```
class  Student
{
    …
    public double average()
    {
        return Yscore+Sscore+Escore/3;
    }
    …
}
```

那么，为了使用类方法，必须首先在 Main()主函数中对类进行如下实例化：

```
Student ss = new Student();
```

然后使用实例化后的对象 ss 执行相应的方法：

```
ss.average();
```

非静态方法使用起来比较灵活，可以根据不同的环境进行灵活的选择。但是，有时候有一些固定不变的方法，任何对象去运行都会得到相同的结果，跟具体的对象已没有太大的关系。对于这一类方法，如果为了使用它们先去实例化一个对象，然后再去调用方法显得比较麻烦，为了达到简化编程的目的，可以将此类方法定义为静态方法。例如：

```
class  Student
{
    …
    Public static void SayHello()
```

```
    {
        Console.WriteLine("Hello! ");
    }
    …
}
```

一个方法，一旦被定义为静态方法，在使用此方法时就可以直接使用类名调用，简化了方法的调用程序。例如：

```
Student.SayHello();
```

静态方法在具体的编程中也有着广泛的应用。

【例 3-10】创建一个 Windows 窗体应用程序，在该程序中定义一个 Student（学生）类，该类包含非静态成员外，还包含一个静态数据成员用以统计学生人数（对象个数），一个静态方法用以返回学生人数。程序运行结果如图 3-16 和图 3-17 所示。

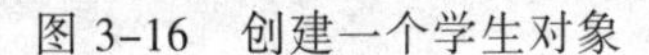

图 3-16　创建一个学生对象

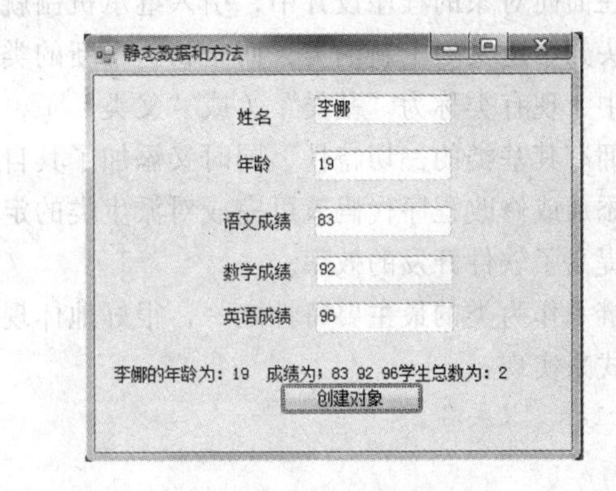

图 3-17　再创建学生对象

1）设计窗体及控件属性

创建一个 Windows 窗体应用程序，添加 3 个标签控件，2 个文本框控件，2 个按钮控件，适当调整控件的大小与布局并设置控件属性。

2）编写代码

对【例 3-4】的程序代码进行修改，在 Student（学生）类定义的类体中增加一个静态字段，代码如下：

```
private  static  int  snumber;
```

在类体中增加一个静态方法，代码如下：

```
public static int GetSnumber()
{ return snumber;   }
```

在类体中增加构造函数，代码如下：

```
public Student(string name, int age, double y, double s, double escore)
{ sname = name;sage = age;Yscore = y;Sscore = s;Escore = escore;snumber++;}
```

修改“创建对象”按钮的 Click 事件代码，代码如下：

```
private void button1_Click(object sender, EventArgs e)
{   string nm = txtname.Text;
    int a = int.Parse(txtage.Text);
    double y = double.Parse(txtYscore.Text);
    double s = double.Parse(txtSscore.Text);
```

```
    double escore = double.Parse(txtEscore.Text);
    Student ss = new Student(nm, a, y, s, escore);
    label3.Text = ss.Myname + "的年龄为: " + ss.Myage + "  成绩为; " + ss.YScore
+ " " + ss.SScore + " " + ss.EScore + "学生总数为: " + Student.GetSnumber();
}
```

该程序在构造函数被调用时，使静态成员自动增 1，从而起到自动统计学生个数的作用。程序中的静态方法在调用时，是由类 Student 直接调用的，如果用对象调用则是非法的。

3.6 继承和多态

3.6.1 继承

在面向对象的程序设计中，引入继承机制就是利用现有的类来定义新的类，即不需要每次都从头开始定义一个新的类，而是将这个新的类作为一个现有类的扩充或特殊化。在这种继承关系中，现有类称为“基类”（或“父类”），而新类则称为“派生类”（或“子类”）。派生类拥有其基类的一切特性，同时又添加了其自身的新特性。在设计程序时，只要在基类的基础上添加或修改程序代码就可完成对派生类的定义。这样，进一步增强了代码的重用性，从而大大提高了软件开发的效率。

继承作为类的最主要特性之一，很好地体现了类与类、类与对象之间的联系。继承通过以下方式来实现：

```
class 父类名
{
   …
}
class 子类名:父类名
{
   …
}
```

例如：

```
class  Person
{
    protected string name;
    private int age;
    public void SayAge(int Age)
    {
        Console.WriteLine("My age is {0}",Age );
    }
}
class Student : Person
{
    //...
    public void SayName(string Name)
    {
        name = Name;
        Console.WriteLine("My name is {0}",name);
    }
}
```

以上程序段定义了一个父类 Person 和一个子类 Student，Student 类继承自 Person 类。类实现继承后，除父类中使用 private 修饰符修饰的字段和方法外，子类可以使用父类的所有内容。

但是，应当指出的是，类只能实现单继承，也就是说所有的子类只能有一个父类。

3.6.2 多态

多态体现了对象独特的个性，同一方法，不同的对象调用会实现不同的功能。例如：

```
class  Person
{
   //...
   public void SayHello()
   {
      Console.WriteLine("Hello,this isn't a virtual method!");
   }
   public virtual void Say()
   {
      Console.WriteLine("This is a virtual method!");
   }
   //...
}
class Student : Person
{
   //...
   public void SayHello()
   {
      Console.WriteLine("Hello!");
   }
   public override void Say()
   {
      Console.WriteLine("I am a student!");
   }
   //...
}
```

以上程序段定义了一个父类 Person 和一个子类 Student，父类中定义了一个普通方法和一个虚方法。

虚方法使用修饰符 virtual 进行定义，语法格式如下：

```
访问修饰符 virtual 返回值类型 方法名()
{
  方法体...
}
```

虚方法和抽象方法非常相似，一般都只出现在父类中，用于子类对方法进行重写。例如：

```
class  Person
{
   //...
   public virtual void Say()
   {
      Console.WriteLine("This is a virtual method!");
   }
```

```
    //...
}
class Student : Person
{
    //...
    public override void Say()
    {
        Console.WriteLine("I am a student!");
    }
    //...
}
```

在子类中重写父类中的方法仍然使用关键字 override，和抽象方法不同的是，父类中定义的虚方法子类中不一定必须重写。

在 Main()主函数中使用如下方法对类中定义的方法进行调用：

```
Student s = new Student();
Person p = s;
p.SayHello();
p.Say();
```

运行结果如图 3-18 所示。

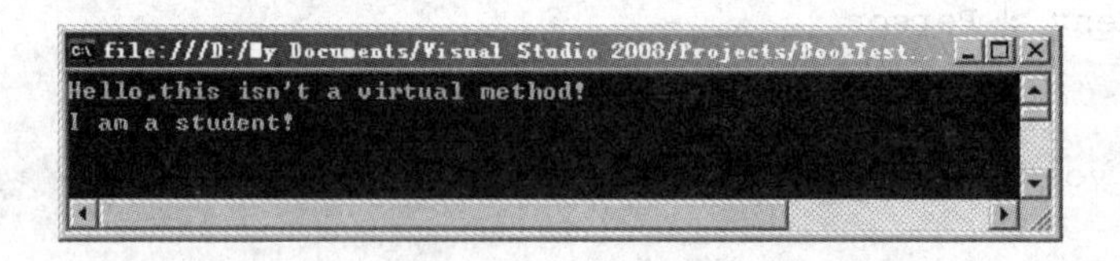

图 3-18　运行结果

如果说普通方法体现的是类的不变的特性，那么多态体现的正是类的善变的特性。父类定义的虚方法经子类重写后变成了自己的方法，不管在什么地方调用，体现的都是子类自己的特征。

3.7 综合应用

【例 3-11】设计一个 Student 类，并编写能应用该类的 C#控制台应用程序。程序运行界面如图 3-19 所示。Student 类中的各成员应满足以下要求。

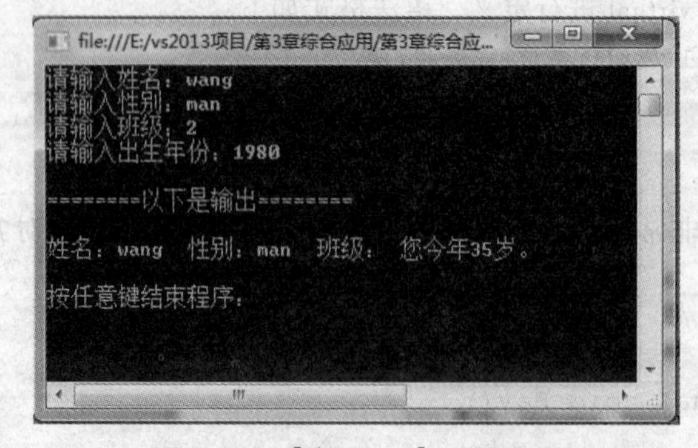

图 3-19　【例 3-11】运行界面

（1）数据成员：name、gender、yearofBirth、Bclass，分别代表姓名、性别、出生年份、班级。

（2）属性：Myname、MyGender、MyYearofBirth、MyClass，对应数据成员 name、gender、yearOfBirth、Bclass，Age 为只读属性，通过 yearOfBirth 和当前年份计算。

（3）构造函数：Student()，实现对每个数据成员赋值。

（4）方法：show()，格式化输出学生的姓名、性别、年龄和班级。

首先定义 Student 类，程序源代码如下：

```
class Student
{
   protected string name;
   protected string gender;
   protected string Bclass;
   protected int yearOfBirth;
   public string MyName
   {
      set
      {
         name = value;
      }
      get
      {
         return name;
      }


   }
   public string MyGender
   {
      set
      {
         gender = value;
      }
      get
      {
         return gender;
      }
   }
   public string Myclass
   {
      set
      {
         Bclass = value;
      }
      get
      {
         return Bclass;
      }
   }
   public int MyYearOfBirth
```

```
        {
            set
            {
                yearOfBirth = value;
            }
            get
            {
                return yearOfBirth;
            }
        }
        public int Age
        {
            get
            {
                return DateTime.Now.Year - yearOfBirth;
            }
        }
        public Student(string n, string g, string Bclsss,int y)
        {
            this.name = n;
            this.gender = g;
            this.yearOfBirth = y;
        }
        public void show()
        {
    Console.WriteLine("姓名: {0} 性别: {1}  班级: {2} 您今年{3}岁。", name, gender,Bclass,Age);
            }
        }
```

为了实现 Student 类的应用，达到如图 3-19 所示的程序运行效果，在 Main()函数中编写如下代码：

```
    static void Main(string[] args)
    {
        string name, gender,Bclass;
        int yearOfBirth;
        Console.Write("请输入姓名: ");
        name = Console.ReadLine();
        Console.Write("请输入性别: ");
        gender = Console.ReadLine();
        Console.Write("请输入班级: ");
        Bclass = Console.ReadLine();
        Console.Write("请输入出生年份: ");
        yearOfBirth = int.Parse(Console.ReadLine());
        Student  st = new Student(name, gender,Bclass,yearOfBirth);
        Console.WriteLine("\n========以下是输出========\n");
        st.show();
        Console.Write("\n按任意键结束程序: ");
        Console.ReadKey();
    }
```

上 机 实 验

1. 设计一个表示圆的 Circle 类，包含数据成员 x、y、r，代表圆心和半径。为该类添加 SerValue() 方法，给每个数据成员赋值；添加 GetArea()方法和 GetPerimeter()方法，分别求圆的面积、周长。

2. 定义一个矩形类 Rect。定义数据成员、分别表示矩形长、宽；定义构造函数给数据成员赋值；定义能求解矩形面积、周长的方法。然后，在矩形类 Rect 上派生出长方体类 Cuboid。添加数据成员，表示长方体的高；定义构造函数给数据成员赋初值（包括继承自 Rect 类的数据成员）；定义能求解长方体表面积、体积的方法。

第4章 开发Windows窗体应用程序

当设计用户界面（User Interface，UI）和开发在UI后台运行的应用程序代码时，需要使用控件以及该控件的事件、属性和方法来满足给定的设计需求。

本章将学习如何给控件的事件过程添加编程逻辑、如何使用微软.NET框架的Windows窗体控件、对话框和菜单，以及如何验证应用程序中用于输入的数据。

完成本章的学习后，读者应当能在Windows窗体应用程序中选择和使用适当的控件；在Windows窗体应用程序中使用对话框；在运行时向窗体添加控件；在Windows窗体应用程序中创建和使用菜单。

4.1 窗　　体

一个窗口界面的应用程序通常由窗体对象与控件对象组成，因此，要开发哪怕是最简单的窗口界面的应用程序，也必须了解窗体对象与控件对象的使用。

窗体（Form）就是平时所说的窗口，它是C#编程中最常见的对象，也是程序设计的基础。各种控件对象必须建立在窗体上。

同Windows环境下的应用程序窗口一样，C#创建的程序窗体也具有控制菜单、标题栏、最大化/还原按钮、最小化按钮、关闭按钮以及边框，如图4-1所示。

图4-1　Form窗体

通过属性设置，可以将运行时窗体上的标题栏隐藏起来。

在创建C#的Windows应用程序项目或Web应用程序项目时，Visual Studio会自动提供一个窗体，但是一个应用程序往往是由多个窗体组成的，要为应用程序添加窗体，可以通过“解决方案资源管理器”的右键快捷菜单来实现。

4.1.1　窗体的主要属性

窗体有一些表现其特征的属性，可以通过设置这些属性来控制窗体的外观。窗体的一些常用属性如表4-1所示。

表 4-1　窗体的常用属性

属性名称	说　明
Name（名称）	决定窗体的名称，该名称既是窗体对象的名称，也是保存在磁盘上的窗体文件的名称，窗体文件的扩展名为.cs
BackColor（背景色）	决定窗体颜色
BackgroundImage（背景 t 图像）	将窗体背景设置为图片
Enabled（可用）	可用属性决定是否启用窗体
Font（字体）	字体属性决定窗体中控件默认的字体、字号与字形
ForeColor（前景色）	决定窗体中控件文本的默认颜色
Location（位置）	窗体对于容器左上角的位置，通常程序主窗体是相对于屏幕左上角的位置
Locked（锁定）	锁定属性决定窗体是否可以移动和改变大小
MaximizeBox（最大化按钮）	决定窗体是否具有最大化/还原按钮
MinimizeBox（最小化按钮）	决定窗体是否具有最小化按钮
Opacity（透明）	决定窗体是透明状态、半透明状态还是不透明状态
Size（尺寸）	决定窗体的长和宽
Text（文本）	决定窗体标题栏中显示的标题内容
WindowState（窗口状态）	决定窗体以何种状态打开，有默认大小、最小化和最大化三种状态

属性值得设置或修改有两种方式：一种是在设计程序时，通过属性窗口实现；一种是在程序运行时，通过代码实现。通过代码设置或修改属性的一般格式为：

对象名.属性名=属性值；

4.1.2　窗体的常用事件

窗体能对一些特定的事件作出响应。窗体的常用事件如表 4-2 所示。

表 4-2　窗体的常用事件

事件名称	说　明
Click 事件	窗体被鼠标单击时发生
Closed 事件	窗体被用户关闭时发生
GetFocus 事件	窗体获得焦点时发生
Load 事件	窗体载入（显示）时发生

4.1.3　窗体的常用方法

窗体具有一些方法，通过调用这些方法可以实现特定的操作。窗体的常用方法如表 4-3 所示。

表 4-3　窗体的常用方法

方法名称	说　明
CenterToScreen()方法	在屏幕中央打开窗体
Close()方法	关闭窗体
Hide()方法	隐藏窗体
Show()方法	显示窗体

关闭窗体与隐藏窗体的区别在于：关闭窗体将窗体彻底销毁，从而无法对窗体进行任何操作；隐藏窗体只是使窗体不显示，使用 Show()方法可以使窗体重新显示。

另外，Hide()方法和 Show()方法是窗体和绝大多数控件共有的方法。

4.2 窗 体 控 件

在可视化编程中，对控件的操作包括添加控件与编辑控件。编辑控件就是选择控件，调整控件的大小与位置，以及进行控件布局。

在 C#编程中，通过 Visual Studio 集成开发环境中的工具箱中添加控件。

4.2.1 文本类控件

1. 标签（Label）

Label 控件通常用于提供控件的描述性文字。例如，可以使用 Label 为 TextBox 控件添加描述性文字，以便将控件中所需的数据类型通知用户。Label 控件还用于为 Form 添加描述性文字，以便为用户提供有帮助的信息。例如，可将 Label 控件添加到 Form 的顶部，为用户提供关于如何将数据输入窗体控件中的说明。Label 控件还可以用于显示有关应用程序状态的运行时信息。例如，可将 Label 控件添加到窗体，以便在处理一系列文件时显示每个文件的状态。

2. 文本框（TextBox）

Windows 窗体上的文本框用于获取用户输入或显示文本。TextBox 控件通常用于可编辑文本，不过也可使其成为只读。文本框可以显示多行，对文本换行使其符合控件的大小以及添加基本格式设置。TextBox 控件为在该控件中显示或输入的文本提供一种格式化样式。若要显示多种类型的带格式文本，则可使用 RichTextbox 控件。

4.2.2 图形类控件

1. ImageList 控件

ImageList 控件就是一个图像列表。一般情况下，这个属性用于存储一个图像集合，这些图像用作工具栏图标或 TreeView 控件上的图标。使用 Image 属性 Add 的方法可以把图像添加到 ImageList 控件中，属性返回一个 ImageCollection。

两个最常用的属性是 ImageSize 和 ColorDepth。ImageSize 使用 Size 结构作为其值。其默认值是 16×16，但可以取 1~256 之间的任意值。ColorDepth 使用 ColorDepth 枚举作为其值，颜色深度为 4 位~32 位。

【例 4-1】下面创建一个 ImageList 的实例，具体步骤如下：

（1）首先创建一个 Windows 应用程序，在该应用程序的窗体设计器窗口的工具箱中双击 Image List 图标为窗体添加一个 ImageList 控件。

（2）为 Image List 控件添加图片，单击该控件右上方的智能按钮，选择“选择图像”菜单项，打开“图像集合编辑器”对话框，如图 4-2 所示。在该对话框中为该控件添加图片。

（3）为该组件添加图片完后，为应用程序窗体添加 6 个 Label 控件，并设置其 AutoSize 值为 False，在窗体上调整好 Label 的大小，并设置它们的属性 Text 值为空。

（4）双击窗体进入代码编辑器窗口，在 Form_Load 事件处理程序中编写代码如下：

```
private void Form1_Load(object sender, EventArgs e)
{
    label1.Image = imageList1.Images[0];
    label2.Image = imageList1.Images[1];
    label3.Image = imageList1.Images[2];
    label4.Image = imageList1.Images[3];
    label5.Image = imageList1.Images[4];
    label6.Image = imageList1.Images[5];
}
```

至此，ImageList 控件就创建成功，并且其存储的图片也能显示到 Label 控件上。运行结果效果如图 4-3 所示。

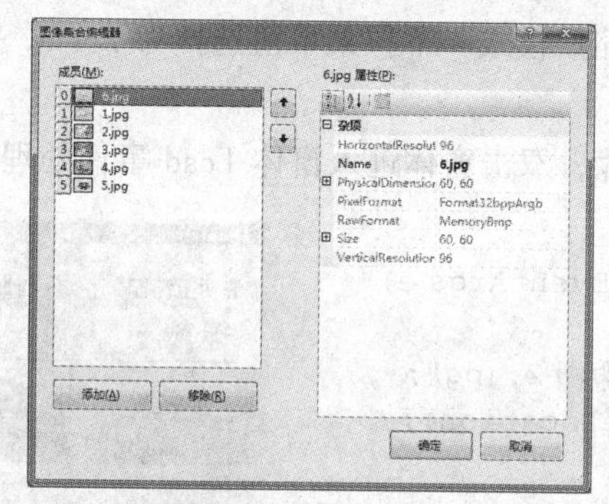
图 4-2 “图像集合编辑器”对话框

图 4-3 运行结果

2. PictureBox 控件

Windows 窗体的 PictureBox 控件用于显示位图、GIF、JPEG、图元文件或图标格式的图片。所显示的图片由 Image 属性确定，该属性可在运行时或设计时设置。表 4-4 所示为 PictureBox 控件的属性和方法。

表 4-4 PictureBox 属性和方法列表

名　称	说　明
Image	获取或设置由显示的图像
Image Location	获取或设置要在 PictureBox 中显示的图像的路径或 URL
Initial Image	获取或设置要在加载主图像是显示在 PictureBox 控件中的图像
Sizemore	指示如何显示图像。该属性的有效值从 PictureBoxSizeMode 枚举中获得。默认情况下，在 Normal 模式下中，Image 置于 PictureBox 的左上角，凡是因过大而不适合 PictureBox 的任何图像部分都被剪裁掉。使用 AutoSize 值会使控件调整大小，以便总是适合图像的大小。使用 Center Image 值会使图像居于工作区的中心
WaitOnLoad	获取或设置一个值，该值指示图像是否是同步加载的
Load()方法	已重载，在 PictureBox 中显示图像
LoadAsync()方法	已加载，异步加载图像
CancelAsync()方法	取消异步图像加载

利用 Windows 窗体的 PictureBox 控件，可以在设计时通过将 Image 属性设置为一个有效图片，从而在窗体上加载和显示图片。表 4-5 显示了 PictureBox 控件可以接受的文件类型。

表 4-5 控件可接受的文件类型

类 型	文件扩展名	类 型	文件扩展名	类 型	文件扩展名
位图	.bmp	GIF	.gif	JPEG	.jpg
图标	.ico		.wmf		

【例 4-2】下面创建一个 PictureBox 实例，其具体步骤如下所示：

（1）打开 Microsoft Visual Studio 2013 创建一个 Windows 应用程序，在窗体设计器的工具箱中双击 Label 图标，添加两个 Label 控件，并分别设置 Text 值为“清明上河园”和“西湖”。同样双击 PictureBox 图标，添加两个 PictureBox 控件，并调整大小和显示位置。

（2）单击第一个控件右上角的智能按钮，单击“选择图像”菜单项，打开“选择资源”对话框，为其添加一个图片，单击“确定”按钮，“缩放模式”下拉菜单值选择为 Zoom，在其属性窗口设置 BordStyle 值为 Fixed3D。

（3）用代码的方式为 PictureBox2 添加显示图片，双击窗体进入窗体 Load 事件处理程序编写处，在此编写代码如下：

```
private void Form1_Load(object sender, EventArgs e)
{
    pictureBox2.ImageLocation = @"f:\西湖2.jpg";
    pictureBox2.Load(pictureBox2.ImageLocation);
    pictureBox2.SizeMode
=PictureBoxSizeMode.Zoom;
}
```

图 4-4 【例 4-2】运行结果

至此，该实例就成功设计完成了，运行程序窗体效果如图 4-4 所示。

4.2.3 命令类控件

Windows 窗体的 Button 控件允许通过单击来执行操作。当该按钮被单击时，它看起来像是被按下，然后被释放。每当单击按钮时就可以执行某项任务。执行任务其实是通过 Click 事件处理程序来执行的，单击按钮时，即调用 Click 事件处理程序。可将代码放入 Click 事件处理程序来执行所选择的任意操作。

按钮上显示的文本包含在 Text 属性中。文本的外观由 Font 属性和 textAlign 属性控制。Button 控件还可以使用 Image 和 ImageList 属性显示图像。FlatStyle 还可以控制按钮控件的外观，FlatStyle 是一个枚举类型，该共有 4 个成员，这 4 个成员的说明如表 4-6 所示。

表 4-6 FlatStyle 枚举成员

成 员 名 称	说 明
Flat	该控件以平面显示
Popup	该控件以平面显示，直到鼠标指标移动到该控件为止，此时该控件外观为三维
Standard	该控件外观为三维
System	该控件的外观是由操作系统决定的

【例 4-3】下面创建一个 Button 实例，来说明最常用的属性及事件，该实例创建步骤如下：

（1）打开 Microsoft Visual Studio 创建一个新的 C#应用程序，把它命名为 DemoButton。

（2）在工具箱中双击 Button 控件 3 次，然后在窗体上调整这 3 个按钮的位置，最后双击 Label 控件。

（3）右击一个按钮，选择“属性”命令，在“属性”窗口中设置该按钮 Name 值为 btnText，并设置属性 Text 值为“修改 Button 文本样式”，并调整 Button 大小；用同样的方法设置第二个按钮属性 Name 值为 btnImage，设置其属性 Text 值为“显示图片”；设置第三个按钮属性 Name 值为 btnFlatStyle，并设置其属性 Text 值为“Button 样式”。

（4）右击 Label 控件，选择“属性”命令，在“属性”窗口设置其背景即文本颜色。

（5）编写按钮 Click 事件处理程序，直接双击按钮进入 Click 事件处理程序编写窗口，在 3 个按钮中分别编写代码，代码如下：

```
private void btnFlatStyle_Click(object sender, EventArgs e)
    {
    btnFlatStyle.FlatStyle = FlatStyle.Flat;
    label1.Text +="label1 单击按钮【Button 样式】;\r\n 修改按钮【Button 样式】样式是 Flat\r\n";
    }
    private void btnImage_Click(object sender, EventArgs e)
    {
    btnImage.Image = imageList1.Images[0];
    label1.Text += "单击按钮【显示图片】;\r\n【显示图片】按钮显示图片\r\n";
    }
    private void btnText_Click(object sender, EventArgs e)
    {
    btnText .Font =new Font (this.Font , FontStyle.Bold );
    label1.Text += "单击按钮【修改 Button 文本样式】;\r\n【修改 Button 文本样式】
    按钮让文本字体加粗\r\n";
}
```

在按钮处理程序编写完成的情况下，实例就成功创建完成了，运行程序，分别单击这 3 个按钮，窗体效果如图 4-5 所示。在上面的代码中的按钮“修改 Button 文本样式”Click 处理程序中的 Bold 表示粗体。

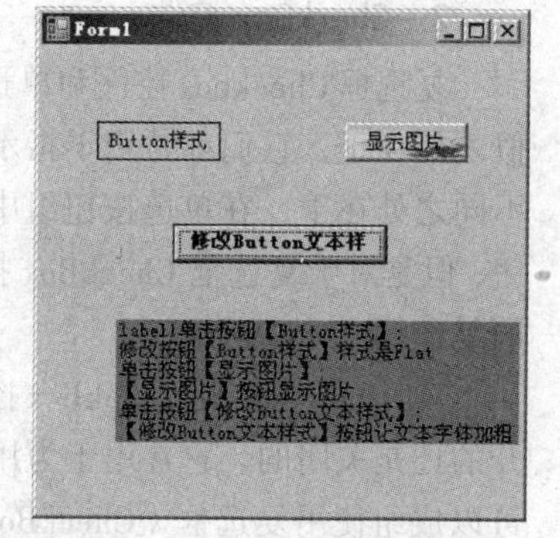

图 4-5 【例 4-3】运行结果

4.2.4 选择类控件

1. RadioButton 控件

Windows 窗体的 RadioButton 控件提供由两个或多个互斥选项组成的选项集。虽然单选按钮和复选框看似功能类似，却存在重要差异：当选择某单选按钮时，同一组中的其他单选按钮不能同时选定。相反，可以选择任意数目的复选框。定义单选按钮组将告诉用户：这里有一组选项，可以从中选择一个且只能选择一个。该按钮有很多属性，下面列出该按钮常用的属性及说明，如表 4-7 所示。

表 4-7 RadioButton 控件属性

属 性 名 称	说 明
Appearance	获取或设置一个值，该值用于 RadioButton 确定的外观
AutoCheck	获取或设置一个值，它指示在单击控件时 Checked 值和控件的外观是否自动更改
CheckAlign	获取或设置 Radio Button 的按钮部分的位置
Checked	获取或设置一个值，该值指示是否已选中控件

在处理时通常只使用一个事件，在本章节中介绍两个事件：

（1）CheckChanged。当 RadioButton 的选中改变时引发这个事件，如果窗体或组框中有多个控件，这个事件会引发两次，第一次是原来选中的但现在变成未选中的控件引发的第二次是现在变成选中状态的 RadioButton 控件引发的。

（2）Click。每次单击 RadioButton 时都会引发该事件。

下面创建一个控件的实例，创建一个 Windows 应用程序，在窗体上添加两个 Radio Button 控件，并在其属性窗口设置其 Text 值为“粗体”和“斜体”。然后再添加一个 Label 控件，设置其属性值为“设置 label1 字体样式”，窗体效果如图 4-6 所示。接下来编写控件的 CheckChanged 事件处理程序代码，代码如下：

```
private void radioButton1_CheckedChanged(object sender, EventArgs e)
{
    if(radioButton1.Checked)
    {
        label1.Font=new Font(this.Font, FontStyle.Bold);
    }
    else
    {
        label1 .Font=new Font (this. Font ,FontStyle.Italic );
    }
}
```

2. CheckBox 控件

复选框 Checkbox 控件和单选按钮 RaidButton 控件的相似之处在于，它们都是用于指示用户所选的选项。它们的不同之处在于，在单选按钮组中一次只能选择一个单选按钮，但是对于复选框 CheckBox 控件，则可以选择任意数量的复选框。

Windows 窗体的 CheckBox 控件指示某些特定条件是打开的还是关闭的。它常用于为用户提供是/否或真/假选项。可以成组使用复选框（CheckBox）控件以显示多重选项，可以从中选择一项或多项。CheckBox 控件有很多属性，如表 4-8 所示。

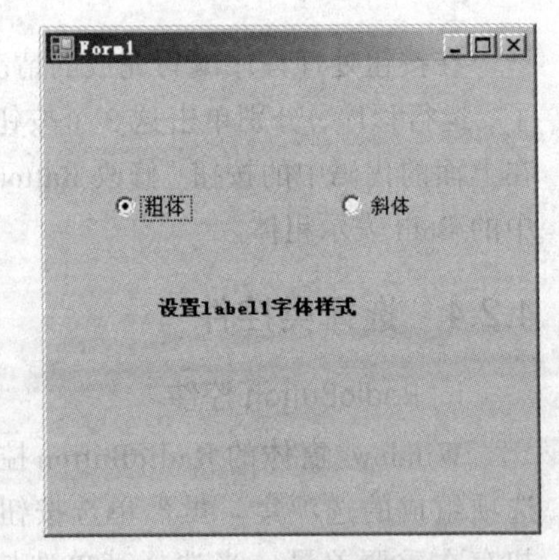

图 4-6 窗体效果

表 4-8 Checkbox 控件属性列表

属 性	说 明
AutoCheck	获取或设置一个值，该值指示当单击某一 CheckBox 时，Checked 或 Check State 的值以及该 CheckBox 的外观是否自动改变

续表

属　性	说　明
CheckAlign	获取或设置 CheckBox 控件上的复选框的水平和垂直对齐方式
Checked	获取或设置一个值，该值指示 CheckBox 是否处于选中状态
CheckState	获取或设置 CheckBox 的状态
Text Align	获取或设置 CheckBox 控件上的文本对方式
ThreeState	获取或设置一个值，该值指示此 CheckBox 是否允许 3 种复选状态而不是两种

提　示

ThreeState 属性确定该控件是支持两种状态还是 3 种状态。使用 Checked 属性可以获取或设置具有两种状态的 CheckBox 控件的值，而使用 CheckState 属性可以获取或设置具有 3 种状态的 CheckBox 控件的值。

【例 4-4】下面创建一个 CheckBox 实例。创建一个 Windows 应用程序，在该窗体上创建 100 个 CheckBox 控件，并设置其值 Text 为空，然后在窗体上添加一个 Button 控件并设置其 Text 值为“提交”，为窗体添加一个 Label 控件并设置其值为“未选中的 CheckBox 数量为：”最后为窗体添加一个 Label 控件并设置其 Text 值为空。在添加完控件的情况下编写 Button 按钮 Click 事件处理程序代码，其代码如下：

```
private void button1_Click(object sender, EventArgs e)
{
    ArrayList aList = new ArrayList();
    for(int i=0; i<this.Controls.Count; i++)
    {
        if(this.Controls[i] is CheckBox)
        {
            aList.Add(this.Controls[i]);
        }
    }
    int count = Convert.ToInt32(aList.Count.ToString());
    for(int lenth = 0; lenth < aList.Count; lenth++)
    {
        if(((CheckBox)aList[lenth]).Checked)
        {
            count--;
        }
    }
    label3.Text = count.ToString();
}
```

在上面的代码中首先定义了一个动态数组 Array List，然后运用循环来遍历窗体上的控件，是 CheckBox 控件的添加到动态数组中，之后得到窗体 CheckBox 的总数量，接下来再定义一个 for 循环遍历所有的 CheckBox 控件，如果选中，总数量就减 1，最后把该值复制给 Label2。运行程序，选中一些 CheckBox 控件，单击“提交”按钮，窗体效果如图 4-7 所示。

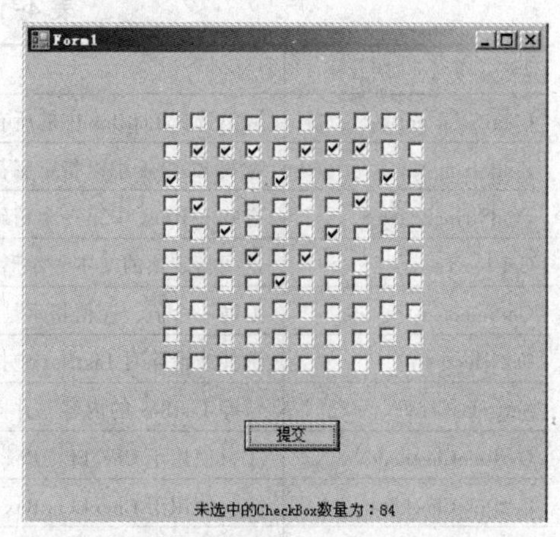

图 4-7　【例 4-4】运行结果

4.2.5 列表类控件

列表类控件主要是显示一组字符串，并一条一条列举出来，在设计应用程序的时候如果不知道要选择的数值个数，就应该选用列表类控件。列表类控件有 ListBox 控件、CheckedListBox 控件、ComboBox 控件和 ListView 控件等。本节将详细讲解这几种常用列表类控件。

1. ListBox 控件和 CheckedListBox 控件

ListBox 控件表示用于显示项列表的 Windows 控件，该控件可以显示一组列表项，可以单击选择这些项，CheckedListBox 控件显示一个 ListBox，其中每项的左边显示一个复选框，一次可以选择一项，也可以选择多项。选择单项和多项的功能是由属性 SelectionMode 提供的，除了此属性外，ListBox 和 CheckListBox 还提供了很多属性，如表 4-9 所示。

表 4-9 常用属性列表

属　　性	说　　明
Allow Selection	获取一个值，该值指示 ListBox 当前是否启用了列表项的选择
BackgroundImageLayout	获取或设置一个值，该值指示 ListBox 是否支持多列
ColumnWidth	获取或设置 ListBox 中当前选定项从零开始的索引
Iems	获取 ListBox 的项
MultiColumn	获取或设置一个值，该值指示 ListBox 是否支持多列
SelectedIndex	获取或设置 ListBox 中当前选定项从零开始的索引
SelectedIndices	获取一个集合，该集合包含 ListBox 中所有当前选定项从零开始的索引
SelectedItem	获取或设置 ListBox 中的当前选定项
SelectedItems	获取包含 ListBox 中当前选定项的集合
SelectedValue	获取或设置由 ValueMember 属性指定的成员属性的值
SelectionMode	获取或设置在 ListBox 中选择项所用的方法。该值为枚举类型，共有 4 个值，它们分别是：None 值表示无法选择项；One 只能选择一个；MultiSimple 简单的多项选择，单击一次鼠标就选中或取消选中列表中的一项；MultiExtended 扩展的多项选择，类似 windows 中的选择操作

除了这些属性外，ListBox 控件和 CheckListBox 控件还有许多的方法，调用这些方法可以更高效地操作这两个控件所列举的列表。表 4-10 中列出了最常用的方法。

表 4-10 控件常用的方法

方　　法	说　　明
ClearSelected()	取消选择 ListBox 中的所有项
FindString()	查找 ListBox 中以指定字符串开头的第一个项
FindStringExact()	查找 ListBox 中第一个精确匹配指定字符串的项
GetItemText()	返回指定项的文本表示形式
GetSelected()	返回一个值，该值指示是否选定了指定的项
SetSelected()	选择或清除对 ListBox 中指定项的选定
SetItemsCore()	清除 ListBox 的内容，并向控件中添加指定项
GetItemChecked()	（只使用于 CheckListBox）返回指示指定项是否选中的值
GetItemCheckState()	（只使用于 CheckListBox）返回指示指定当前项复选状态的值
SetItemChecked()	（只使用于 CheckListBox）将指定索引处的项的 CheckState 设置为 Checked
SetItemCheckState()	（只使用于 CheckListBox）设置指定索引处项的复选状态

一般情况下，在处理和时，使用的事件都与选中的选项有关。表 4-11 中列出了常用的事件。

表 4-11　常用的事件

事　件	说　明
SelectedValueChanged	当 SelectedValue 属性更改时发生
SelectedIndexChanged	在 SelectedIndex 属性更改后发生
ItemCheck	（只使用于 CheckListBox）当某项的选中状态更改时发生

【例 4-5】使用 ListBox 和 CheckListBox 创建一个小实例，可以查看 CheckListBox 中选中的项的值，并且可以全选和取消全选。创建的窗体如图 4-8 所示。

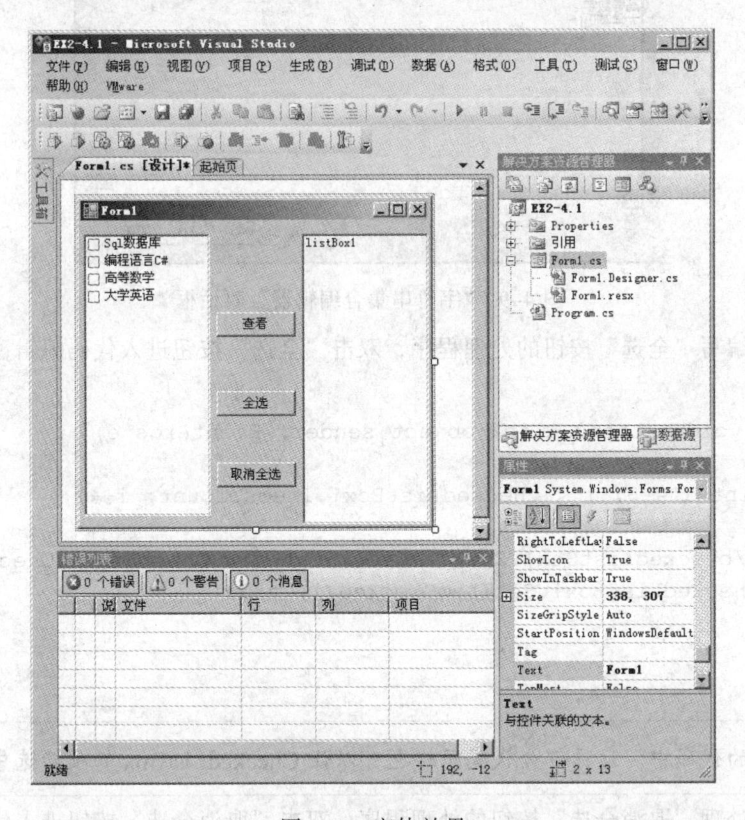

图 4-8　窗体效果

（1）在 Visual Studio 中创建一个新项目，并命名为 DemoListBox，在窗体上添加 3 个按钮控件，分别在属性窗口设置其 Text 值为“查看”“全选”“取消全选”。

（2）在该窗体上在添加一个 CheckedListBox 控件和一个 ListBox 控件，单击 CheckedListBox 控件右上方的智能按钮，选择“编辑项”菜单项，打开“字符串集合编辑器”对话框，如图 4-9 所示，在该对话框中为 CheckedListBox 控件添加项。

（3）现在准备添加一些代码，当单击“查看”按钮时，要查找被选中了的选项，再把它们复制到 List Box 列表中。双击“查看”按钮，输入如下代码：

```
private void button1_Click(object sender, EventArgs e)
{
    if(checkedListBox1.CheckedItems.Count > 0)
```

```
        {
            this.listBox1.Items.Clear();
            for (int i = 0; i < checkedListBox1.CheckedItems.Count; i++)
            {
                listBox1.Items.Add(checkedListBox1.CheckedItems[i]);
            }
        }
    }
```

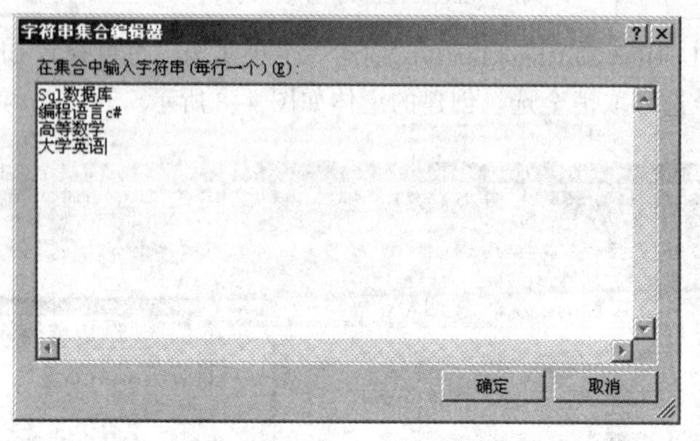

图 4-9 “字符串集合编辑器”对话框

（4）下面编写“全选”按钮的处理程序，双击“全选”按钮进入代码编辑窗口，输入如下代码：

```
private void button2_Click(object sender, EventArgs e)
{
    for(int i = 0; i < checkedListBox1.Items.Count; i++)
    {
        //checkedListBox1.SetItemCheckState(i, CheckState.Checked);
        checkedListBox1.SetItemChecked(i, true);
    }
}
```

提 示

在上面的代码中，注释部分代码同样也可以让 CheckedListBox 的项为选中状态。

（5）下面处理“取消全选”按钮的处理程序。双击“取消全选”按钮进入代码编辑窗口，输入代码如下：

```
private void button3_Click(object sender, EventArgs e)
{
    for(int i = 0; i < checkedListBox1.Items.Count; i++)
    {
        //checkedListBox1.SetItemCheckState(i, CheckState.Unchecked);
        checkedListBox1.SetItemChecked(i, false);
    }
}
```

在编写完上面代码的情况下整个应用程序就完成了，运行程序进行调试，窗体效果如图 4-10 所示。

2. ComboBox 控件

图 4-10　【例 4-5】运行结果

ComboBox 显示与一个 ListBox 组合的文本框编辑字段，可以从列表中选择项，也可以输入新文本。一般情况下 ComboBox 控件可以节省对话框中的空间，因为 ComboBox 控件可见部分只有文本框和按钮部分，可以在其中进行选择。

ComboBox 的 DropDownStyle 属性确定要显示的组合框的样式。该属性有 3 个值，这 3 个值分别是：Simple，简单的下拉列表（始终显示列表）；DropDownList，下拉列表框（文本部分不可编辑，并且必须单击一个箭头才能查看下拉列表框）；DropDown，即默认下拉列表框（文本部分可编辑，并且必须单击箭头才能查看列表）。如果要在运行时向列表添加对象，应用 AddRange() 方法分配一个对象引用数组，然后，列表显示每个对象的默认字符串值，可以用 Add()方法添加单个对象。使用 Text 属性指定编辑字段中显示的字符串，使用 SelectedIndex 属性获取或设置当前项，以及使用 SelectedItem 属性获取或设置对对象的引用。

【例 4-6】 创建一个 ComboBox 控件的实例。首先创建一个 ComboBox 控件前添加两个 Button 控件，分别命名为 Add 和 FindString，在其中一个 ComboBox 控件前添加一个 Label 控件，并设置其 Text 值为 DropDownStyle，该 ComboBox 控件主要是改变另一个 ComboBox 控件的样式。接下来再添加一个 Label，该 Label 控件在本实例的作用是显示按钮控件执行功能后的结果。到此窗体就设计完成了，现在准备为其添加代码。首先为 Add 按钮添加处理程序代码，编写代码如下：

```
private void button1_Click(object sender, EventArgs e)
{
    comboBox1.Items.Add("4");
    comboBox1.Items.Insert(0, comboBox2.Text);
    label2.Text = "";
    label2.Text = "添加项后，ComboBox 中所有的项：\r\n";
    for (int i=0; i<comboBox1.Items.Count; i++)
    {
        if (i<comboBox1.Items.Count - 1)
        {
            label2.Text+=comboBox1.Items[i].ToString() + " * ";
        }
        else
        {
            label2.Text+=comboBox1.Items[i].ToString();
        }
    }
}
```

添加完成 Add 按钮的处理后程序代码后，接下来为 FindStirng 按钮添加 Click 事件处理程序代码，该按钮的功能是查找 ComboBox 控件中的列表项，代码如下：

```
private void button2_Click(object sender, EventArgs e)
{
    comboBox1.SelectedIndex = comboBox1.FindString("3");
}
```

下面处理 ComboBox2 的 SelectedIndexChanged 的事件，当选择的项发生改变的时候更改 ComboBox1 的 DropDownStyle 的样式，在 ComboBox2 的事件窗口双击 SelectedIndexChanged，进入代码编写处，在此编写代码如下：

```
private void comboBox2_SelectedIndexChanged(object sender, EventArgs e)
{
    if(comboBox2.SelectedItem == "DropDown")
    {
        comboBox1.DropDownStyle = ComboBoxStyle.DropDown;
    }
    else if(comboBox2.SelectedItem == "Simple")
    {
        comboBox1.DropDownStyle = ComboBoxStyle.Simple;
    }
    else if(comboBox2.SelectedItem == "DropDownList")
    {
        comboBox1.DropDownStyle = ComboBoxStyle.DropDownList;
    }
}
```

至此，该小实例就成功地完成了，运行程序，在窗体上操作程序，效果如图 4-11 所示。

3. ListView 控件

在 Windows 控件中，可以从一个列表中选择要在标准对话框中打开的文件，这个列表就是 ListView 控件。ListView 控件允许显示项列表，这些项带有项文本和图标（可选）来表示项的类型。例如，Windows 资源管理器的文件列表就与 ListView 控件的外观相似。如图 4-12 所示，它显示树中当前选定的文件和文件夹的列表，每个文件和文件夹都显示一个与之相关的图标，以帮助标识文件或文件夹的类型。

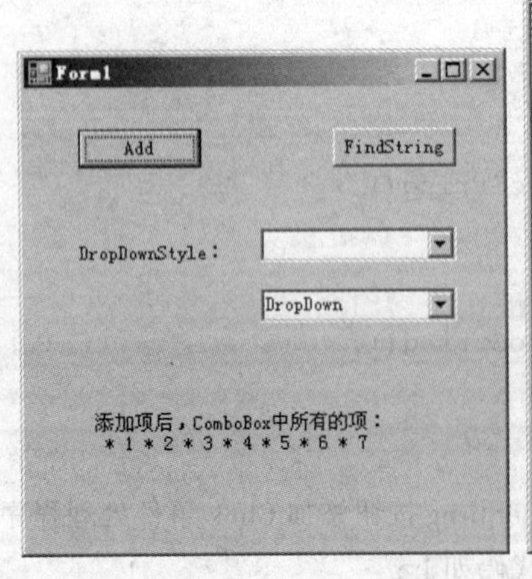

图 4-11 【例 4-6】运行结果

图 4-12 Windows 资源管理器

ListView 控件相当复杂，因此它也有许多的属性、方法、事件，这些属性、方法和事件使得可以更容易的操作该控件。该控件的相关属性如表 4-12 所示。

表 4-12　ListView 控件相关属性

属　　性	说　　明
Activation	获取或设置激活某个项必须要执行的操作的类型
AutoArrage	获取或设置图标是否自动进行排列
CheckBoxes	获取或设置一个值，该值指示控件中各项的旁边是否显示复选框
Alignment	获取或设置控件中项的对齐方式
CheckedItems	获取控件中当前选项中的项
Columns	获取控件中显示的所有列标题的集合
FocusedItem	获取当前具有焦点的控件中的项
FullRowSelect	获取或设置一个值，该值指示单击某项是否选择其所有子项
GridLines	获取或设置一个值，该值指示在包含控件中项及其子项的行和列之间是否显示网格线
Groups	获取分配给控件的 ListViewGroup 对象的集合
LargeImageList	获取或设置当项以大图标在控件中显示时使用的 ImageList
MultiSelect	获取或设置一个值，该值指示是否可以选择多个项
Scrollabel	获取或设置一个值，该值指示在没有足够控件来显示所有项时是否添加滚动条控件
SelectedItems	获取在控件中选定的项
SmallImageList	获取或设置 ImageList，当项在控件中显示为小图标时使用
View	获取或设置项在控件中的显示方式

对于 ListView 控件来说，专用的方法很少，表 4-13 列出了这些方法。

表 4-13　ListView 控件方法列表

方　　法	说　　明
BeginUpdate()	避免在调用 EndUpdate()方法之前描述控件
EndUpdate()	在 BeginUpdate()方法挂起描述后，继续描述列表视图控件
Clear()	从控件中移除所有项和列
EnsureVisible()	确保指定项在控件中是可见的，必要时滚动控件的内容
CetItemAt()	检索位于指定位置的项
RealizeProperties()	基础结构。初始化用于管理控件外观的 ListView 控件属性

下面介绍 ListView 类的重要事件，表 4-14 列出了 ListView 控件常用的事件列表。

表 4-14　ListView 控件常用事件

事　　件	说　　明
AfterLabelEdit	当编辑项的标签时发生
BeforeLabelEdit	当开始编辑项的标签时发生
CacheVirtualItems	当处于虚拟模式下的 ListView 的显示区域的内容发生改变时发生，ListView 决定需要的项的新范围
ColumnClick	当在列表视图控件中单击列标题时发生

续表

事　件	说　明
ColumnReordered	在列标题顺序更改时发生
ItemActivate	当激活项时发生
ItemDrag	当开始拖动项时发生
ItemSelectionChanged	当项的选定状态发生更改时发生

【例 4-7】下面手动创建一个 ListView 控件实例。首先创建一个 Windows 应用程序，在该应用程序的窗体上添加一个 ImageList，为 ImageList 指定图像，接下来在窗体的 Load 事件中编写如下代码：

```
private void Form1_Load(object sender, EventArgs e)
{
    this.Text = "手动创建 ListView";
    ListView newView = new ListView();     //创建一个 ListView 实例
    newView.Dock = DockStyle.Fill;         //设置该控件显示方式
    newView.View = View.Details;           //设置显示数据方式
    newView.LabelEdit = true;              //设置其可以编辑
    newView.AllowColumnReorder = true;     //设置用户可以重新拖动排序
    newView.CheckBoxes = true;             //设置项上有 CheckBox
    newView.FullRowSelect = true;          //设置用户可以选择整个行上的项
    newView.GridLines = true;              //设置控件上显示网格线
    newView.Sorting = SortOrder.Ascending; //设置其排列方式
    //------------------创建一个 ListViewItem 项---------------------
    ListViewItem newItem1 = new ListViewItem("newItem1", 0);
    newItem1.Checked = true;//======该项 CheckBox 为选中状态======
    newItem1.SubItems.Add("子项 1");         //=====为其添加子项=========
    newItem1.SubItems.Add("子项 2");
    ListViewItem newItem2 = new ListViewItem("newItem2", 1);
    newItem2.Checked = false;
    newItem2.SubItems.Add("子项 1");
    newItem2.SubItems.Add("子项 2");
    //----------------添加列的集合-----------------------------------
    newView.Columns.Add("项名称", -1, HorizontalAlignment.Left);
    newView.Columns.Add("子项一", -9, HorizontalAlignment.Left);
    newView.Columns.Add("子项二", -9, HorizontalAlignment.Left);
    //------------------添加项到项集合中-----------------------------
    newView.Items.Add(newItem1);
    newView.Items.Add(newItem2);
    //----------------为其设置 LargeImageList 即显示的图片------------
    newView.LargeImageList = imageList1;
    newView.SmallImageList = imageList1;
    //-------------------把该控件添加到窗体上------------------------
    this.Controls.Add(newView);
}
```

根据上面代码中的注释，不难理解如何创建该 LostView 实例，在这里就不再详细解释。到此，该 ListView 实例就成功创建完成了，运行程序窗体效果如图 4-13 所示。

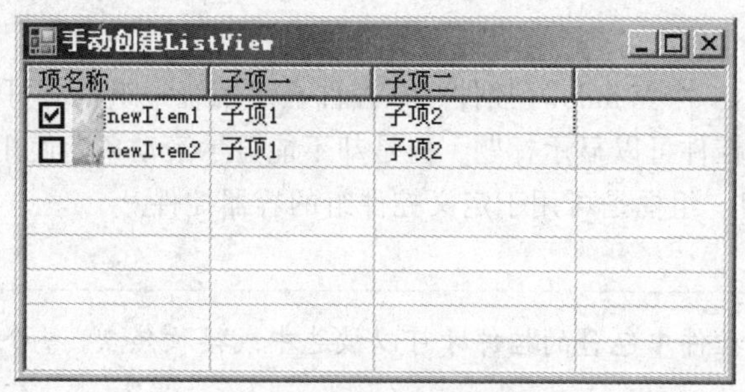

图 4-13　运行结果

4.2.6　容器类控件

容器控件相当于把一些控件进行分组，在.NET 中有许多这样的控件，在本节中将讲解在应用程序中最常用的两个容器控件，即 Panel 和 GroupBox 控件。

1. Panel 控件

Panel 控件是一个能包含其他控件的控件，可以使用 Panel 控件组合控件的集合，主要用于对控件集合进行分组。例如，一组 RadioButton 的组件。

提 示

该控件与其他容器控件（如 GroupBox 控件）一样，如果 Panel 控件的 Enabled 属性设置为 false，则也会禁用包含在 Panel 中的控件。

默认情况下，Panel 控件在显示的时候是没有任何边框的。不过可以设置 BorderStyle 属性，让 Panel 控件显示边框，可以显示标准边框也可以显示三维边框。另外，Panel 控件可以设置其 AutoScroll 属性以启用 Panel 控件的滚动条。

【例 4-8】下面手动创建一个 Panel 控件，首先创建一个 Windows 应用程序，然后双击窗体进入窗体 Load 事件编写程序处，在此处编写代码如下：

```
private void Form1_Load(object sender, EventArgs e)
{
    Panel panel = new Panel();
    panel.Location = new Point(20, 20);
    RadioButton radio1 = new RadioButton();
    RadioButton radio2 = new RadioButton();
    radio1.Text = "男";
    radio2.Text = "女";
    radio2.Location = new Point(0, 20);
    panel.AutoScroll = true;
    panel.BorderStyle = BorderStyle. Fixed3D;
    this.Controls.Add(panel);
    panel.Controls.Add(radio1);
    panel.Controls.Add(radio2);
}
```

在上面的代码中创建一个 Panel 实例，并向该容器中添加了两个 RadiosButton 控件，运行程序，窗体效果如图 4-14 所示。

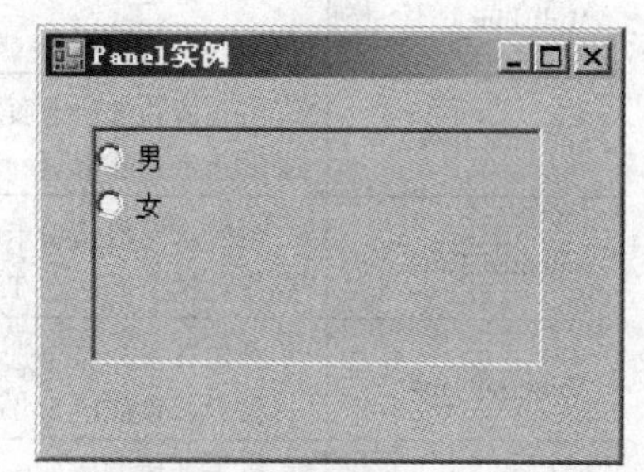

图 4-14　【例 4-8】运行结果

2. GroupBox 控件

GroupBox 控件表示一个 Windows 控件，该控件显示围绕一组具有可选标题的控件的框架，与 Panel 控件相比，该控件可以显示标题，但是却不能显示滚动条。使用 GroupBox 对窗体上的控件集合进行逻辑分组。组框是可用于定义控件组的容器控件。

> **注 意**
>
> 只有 GroupBox 控件中包含的控件才可以被选中或接收焦点。整个 GroupBox 本身不能被选中或者接收焦点。

由于该控件和 Panel 控件非常相似，在这里就不用列举该控件的实例了。为控件进行分组的时候，需要标题的可使用 GroupBox 控件，如果不需要标题但是却需要滚动条那就使用 Panel 控件，当然在这两者都不要求的情况下，运用哪一个控件都可以，都能达到分组的效果。

4.2.7 选项卡控件

在 Windows 应用程序中，选项卡用于将相关的控件集中在一起，放于一个页面中以显示多种综合信息。选项卡控件通常用于显示多个选项卡，其中每个选项卡均可包含图片和其他控件。选项卡相当于多窗体控件，可以通过设置多页面方式容纳其他控件。由于该控件的集约性，使得用户在相同操作面积中可以执行更多页面的信息操作，因此被广泛应用于 Windows 的设计开发中，深受程序员喜爱。一般选项卡在 Windows 操作系统中的表现样式如图 4-15 所示。

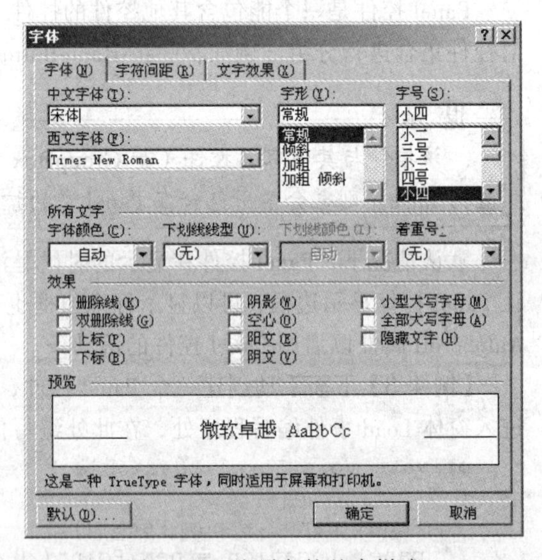

图 4-15 选项卡的基本样式

1. 选项卡控件的基本属性

选项卡控件主要用以在单个窗体上显示多个不同的操作工作区，增加用户操作的便捷性。其基本的属性和方法定义如表 4-15 所示。

表 4-15 选项卡控件的属性

属 性	说 明
MultiLine	指定是否可以显示多行选项卡。如果可以显示多行选项卡，该值应为 True，否则为 False。默认值为 False
Selected Index	当前所选选项卡页的索引值。该属性的值为当前所选选项卡页的基于 0 的索引。默认值为-1，如果未选定选项卡页，则为同一值
Selected Tab	当前选定的选项卡页。如果未选定选项卡页，则值为 NULL 引用，返回或设置选中的标签（读者应注意这个属性在 Tab Pages 的实例上的使用）
ShowToolTips	指定在鼠标移至选项卡时是否应显示该选项卡的工具提示。如果对带有工具提示的选项卡显示工具提示，该值应为 True，否则为 False（同时必须设置某页的 ToolTipText 内容）
Tab Count	检索选项卡控件中选项卡的数目
Alignment	控制标签在标签控件中的显示位置。默认的位置为控件的顶部

续表

属　　性	说　　明
Appearance	控制标签的显示方式。标签可以显示为一般的按钮或平面样式
Hot Track	如果这个属性设置为 True，则鼠标指针经过控件上的标签时，其外观就会改变
Row Count	返回当前显示标签行数
Tab Pages	空间中的 Tab Page 对象集合。使用这个集合可以添加和删除 Tab Page 对象

2. 选项卡控件的实际操作

【例 4-9】设置选项卡控件的属性。

从工具箱中拖动一个 TabControl 控件，通过设置其 Tab Pages 属性打开 Tab Pages 集合编辑器，单击该编辑器添加按钮，连续添加 4 个子页面，同时如图 4-16 所示设置每个子页面的 text 名称属性。最终效果如图 4-17 所示。

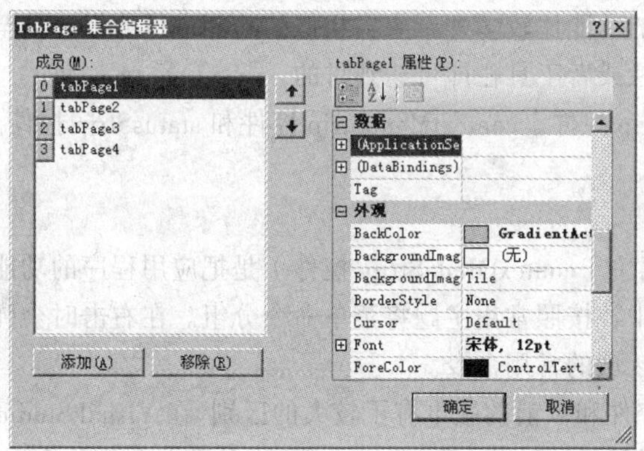

图 4-16　设置 TabControl 控件的属性

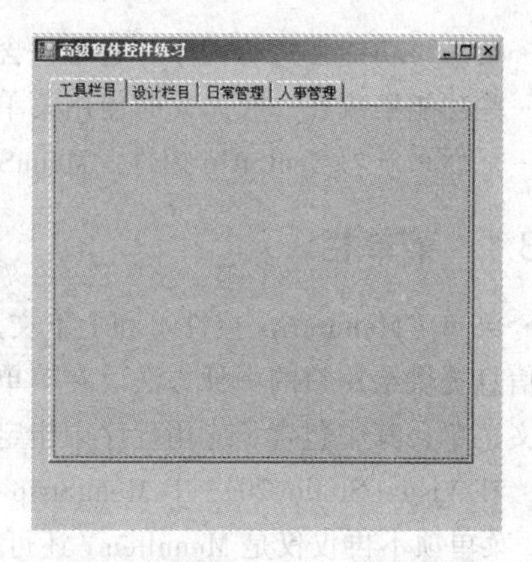

图 4-17　【例 4-9】完成效果

4.2.8　状态条控件

Visual Studio 2013 中的 StatusStrip 控件是位于父窗口底部的一个水平窗口，应用程序可在该区域中显示各种状态信息或者一些操作。StatusStrip 控件可以分成几部分以显示多种类型的信息。

1. StatusStrip 控件的属性

StatusStrip 控件上可以有面板，用于显示指示状态的文本或者图标，或者显示一系列指示进程正在执行的动画图标，例如 Microsoft Word 中指示正在保存文档的状态栏。

StatusStrip 控件由一个 Items 集合组成，StatusStrip 控件的 Item 有 4 种类型。

（1）StatusLabel：用于显示指示状态的文本或图标。

（2）ProgressBar：可以用图形显示进程完成状态。

（3）DropDownButton：下拉按钮菜单。

（4）SplitButton：分隔按钮列表。

通常前面两种类型比较常用。

2. 使用 StatusStrip 控件的步骤

.NET Framework 为状态栏提供 StatusStrip 控件。可以通过使用 Items 集合的 Add()方法在状

态栏中添加项目。必须把 Visible 属性设置为 True 才能显示项目。可以通过设置附加属性来设置每个项目的相应属性。

（1）向窗体添加 StatusStrip 控件。

（2）在“属性”窗口中，单击 Items 属性来选择该属性，然后单击省略号（…）按钮打开项集合编辑器。

（3）在设计时，使用“添加”或“移除”按钮从 StatusStrip 控件中添加或者移除项。在程序运行中，可以使用 Items 集合中的 Add()和 Remove()方法在运行时添加或者移除项。

（4）在“属性”窗口中为每个项目配置属性。

（5）编写所需的事件代码。

4.3 菜单和工具栏

要编写功能强大的程序，通常包含的功能比较多，希望将相似的功能进行分组，甚至希望将一些功能集成在一起，此时使用菜单栏或者工具栏即可达到目的。

下面来学习 ToolStrip 控件、MenuStrip 控件、contextMenuStrip 控件和 statusStrip 控件。

4.3.1 菜单栏

菜单（MenuStrip 控件）和上下文菜单（contextMenuStrip 控件）是把应用程序的功能和重要信息提供给用户的一种方法。在菜单中，按照常用主题将菜单命令分组。在右击时会弹出上下文菜单，其中包含了应用程序中指定区域的常用命令。

在 Visual Studio 2013 中 MenuStrip 控件和以前的版本有了较大的区别。在 Visual Studio 2013 中，菜单项不再仅仅是 MenuItem，还可以是 ComboBox 和 TextBox。所有的菜单项都包含在 Items 集合中，可以使用项集合编辑器很方便地添加所需要的项，如图 4-18 所示。

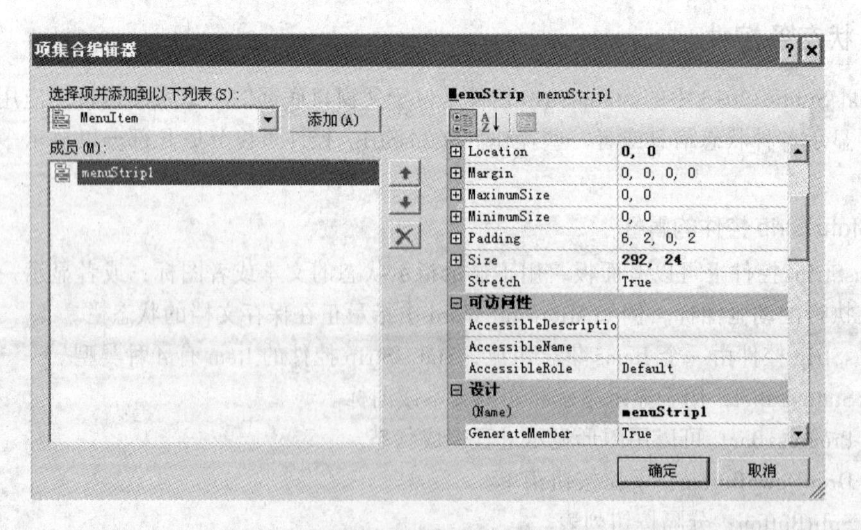

图 4-18　项集合编辑器

1. 菜单项（MenuItem）常用的属性

Text 属性：菜单标题，可以使用“&+字母”键作为访问键，当 Text 设置为“-”（短横线）

时，该菜单项为分割条。

Image 属性：菜单标题左边显示的图标。为了使程序界面美观、直接，可以设置此属性。

ShortCutKeys 属性：快捷组合键，可以加 Ctrl、Alt、Shift 等组合键，当 ShowShortCutKeys 属性为 True 时，才显示快捷组合键。

CheckState 属性：是否显示复选框。

Checked 属性：该菜单项是否被选中。

CheckOnClick 属性：每次单击菜单时，是否改变菜单项的 Checked 属性。

Enabled 属性：有时可能要根据用户的角色、许可权限或者输入来禁用某些菜单项，这时可以使用 Enabled 属性来启用或者禁用菜单项。如果 Enabled 属性的值设置为 True，则启用该菜单项；反之，如果该值设置为 False，则禁用该菜单项。

2. 菜单项（MenuItem）常用的方法和事件

Button 控件没有什么特别的方法，常用的事件为 Click 事件，当单击该控件时触发。其他类型的项的常用方法和事件和普通的 ComboBox、TextBox 类似。

4.3.2 工具栏

Visual Studio 2013 中推荐使用 ToolStrip 控件和 ToolBar 控件有相同的功能，是可以替代菜单的图形用户界面（GUI）元素，而 ToolStrip 控件的功能更加丰富，ToolStrip 主要由一个 Items 集合组成，它更像一个特殊的“容器控件”，其 Items 集合可以包含一些常用的控件，用来代替 ToolBar 的 Buttons 集合。

1. ToolStrip 控件的属性

ToolStrip 控件最重要的属性就是 Items 属性。ToolStripItem 有八种类型：Button 按钮、Label 标签文本、SplitButton 分隔按钮列表、DropDownButtonT 拉按钮菜单、Seprator 分隔栏、ComboBox 组合框、TextBox 文本框、ProgressBar 进度条。

常见的 Office 工具栏就是该类控件。常用工具栏和格式工具栏都大量使用了 Button、SplitButton、ComboBox 和 Separtor 等几种类型的 ToolStripItem。

在 Windows 窗体应用程序中使用 ToolStrip 的步骤如下：

（1）从工具箱向窗体添加 ToolStrip。

（2）向 ToolStrip 的 Items 集合中添加 Item 项，单击属性 Items，在打开的项集合编辑器中添加所需的 Item 即可，如图 4-19 所示。

（3）在设计时，使用“添加”和“移除”按钮从 ToolStrip 控件中添加或者移除 ToolStripItem。在程序运行时,可以使用 Items 集合中的 Add()和 Remove()方法在运行时添加或者移除 ToolStripItem,

（4）通过 ToolStrip 的项集合编辑器设置每个 ToolStripItem 的其他属性。

（5）编写所需要的事件代码。

2. ToolStrip 控件的事件

ToolStrip 控件的事件比较特殊，包括以下两个方面。

1）ToolStrip 控件的事件

ToolStrip 控件常用的事件主要有 ItemClicked，当 ToolStripItem 被用户单击时触发，特别是当 ToolStripItem 为 Button 类型时使用比较方便。

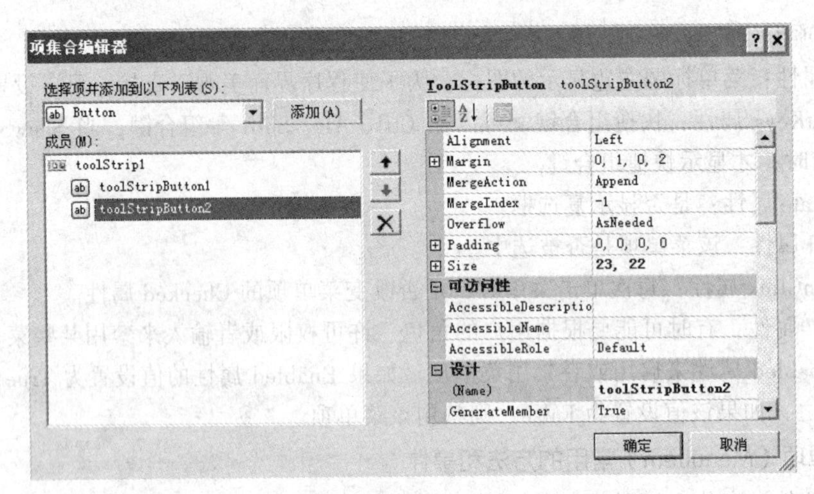

图 4-19 ToolStrip 的项集合编辑器

2）ToolStripltem 对应的事件

Visual Studio 2013 中 ToolStrip 更像一个"容器控件",ToolStrip 中的不同类型的 ToolStripltem 都有对应的事件，例如 TextBox 类型的 ToolStripltem 有 TextChanged 事件，而 ComboBox 类型的 ToolStripltem 有 DropDown 事件。

注 意

每个 ToolStripltem 的 Click 事件都和 ToolStrip 的 ItemClicked 对应，实现的功能一样。

4.3.3 快捷菜单

Visual Studio 2013 中推荐使用 ToolStrip 控件和 ToolBar 控件有相同的功能，是可以替代菜单的图形用户界面（GUI）元素，而 ToolStrip 控件的功能更加丰富，ToolStrip 主要由一个 Items 集合组成，它更像一个特殊的"容器控件"，其 Items 集合可以包含一些常用的控件，用来代替 ToolBar 的 Buttons 集合。

4.4 对 话 框

4.4.1 模式和非模式对话框

对话框可以分为模式对话框和非模式对话框两种。模式对话框是指用户只能在当前的对话框窗体进行操作，在该窗体关闭之前不能切换到其他窗体。例如，许多应用程序的"打开"与"保存"对话框就是一种模式对话框。非模式对话框是指当前所操作的对话框窗体可以与程序的其他窗体切换。例如，在 Word 应用程序中的"查找"与"替换"对话框就是一种非模式对话框。

在 C#中，使用窗体的 Show()方法实现非模式对话框显示。通常情况下，窗体的显示为非模式显示。如显示非模式窗体 Form2，代码如下：

```
Form2  frm = new Form2()
frm.Show();
```

模式窗体的显示是通过窗体的 ShowDialog()方法实现，如在运行程序过程中，以下代码实现窗体 Form2 的模式显示：

```
Form2  frm = new Form2()
frm.ShowDialog();
```

4.4.2　通用对话框

打开和保存文件、设置文本的字体和颜色、查看帮助信息等，都需要用到对话框。对话框有两种类型：一种是通用对话框，由 Visual Studio .NET 预定义，编程时可直接调用；另一种是自定义对话框，需要编程人员自行设计。本节主要讨论通用对话框。

通用对话框不直接在窗体中显示，只有某个通用对话框的 ShowDialog()方法被调用时，它才会弹出。

1.“打开文件”对话框

“打开文件”对话框通过 OpenFileDialog 控件实现。它并不能真正打开一个文件，只是提供一个打开文件的窗口，供用户选择所需文件，然后获取该文件的打开路径。

表 4-16 列出了 OpenFileDialog 控件的重要属性，图 4-20 则说明了这些属性决定了“打开文件”对话框在弹出时的显示效果。

表 4-16　OpenFileDialog 控件的重要属性

属 性 名	描　述
Title	对话框标题，默认值为“打开”
FileName	用户选定或输入的文件名
Filter	“文件类型”列表中显示的文件类型
FilterIndex	对话框弹出时的默认文件类型，默认值为 1，代表选中第一种文件类型
InitialDirectory	对话框弹出时的初始目录

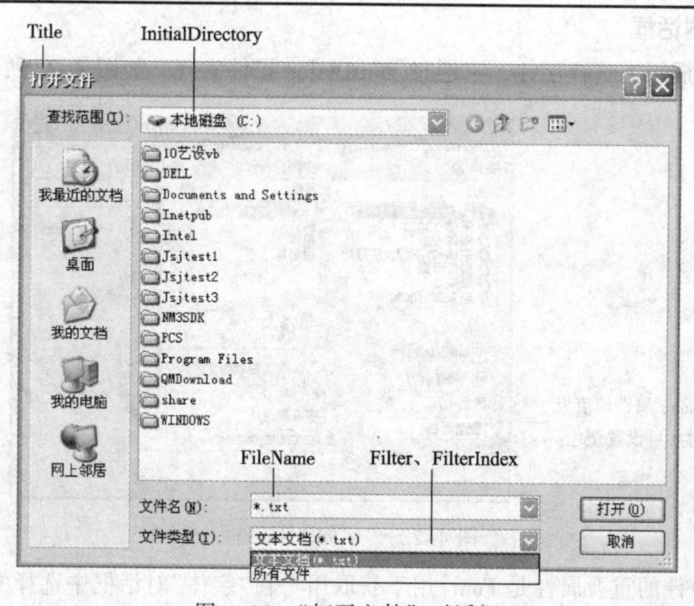

图 4-20　“打开文件”对话框

例如，要在“打开文件”对话框弹出时，显示如图 4-20 所示的“文件类型”列表，并默

认选中第 1 组"文本文档(*.txt)",可使用如下语句:

```
openFileDialog1.Filter = "文本文档(*.txt)|*.txt|所有文件|*.*";
openFileDialog1.FilterIndex = 1;
```

2. "保存文件"对话框

"保存文件"对话框通过 SaveFileDialog 控件实现,外观和"打开文件"对话框相似,如图 4-21 所示。它并不能真正地将文件保存,只是提供一个保存文件的窗口,将该路径保存到 FileName 属性中,为后续的编程工作做准备。

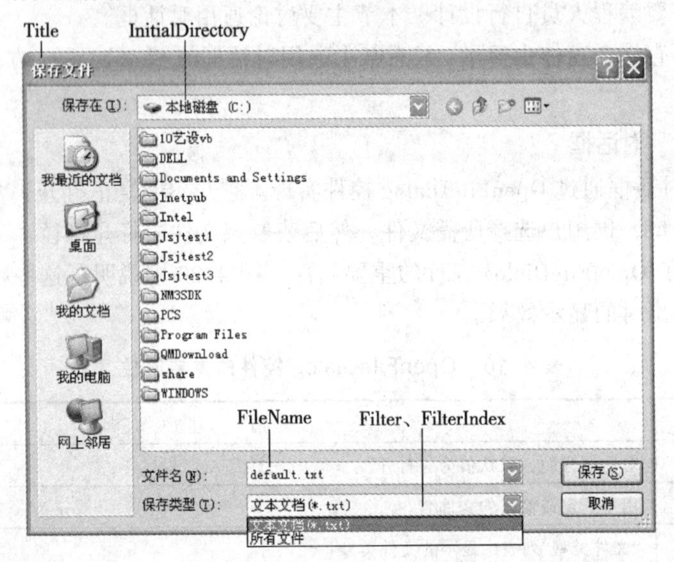

图 4-21 "保存文件"对话框

SaveFileDialog 的 DefaultTxt 属性用于设置保存文件的默认扩展名。

3. "字体"对话框

"字体"对话框用来选择字体,它通过 FontDialog 控件实现,如图 4-22 所示。

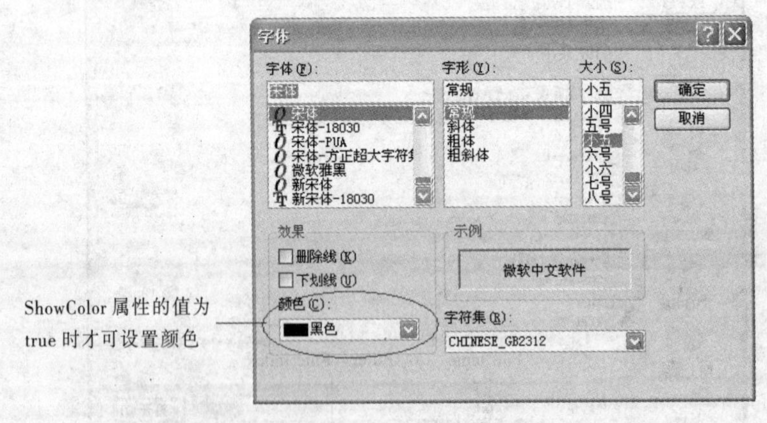

图 4-22 "字体"对话框

FontDialog 控件的重要属性是 Font,用于获取用户在"字体"对话框中选择的字体,ShowColor 属性决定了"字体"对话框弹出时是否显示"颜色"选项,Color 属性用于获取用户在"字体"对话框中选择的字体颜色,但该属性只在 ShowColor 属性值为 True 时才有效。

4．“颜色”对话框

“颜色”对话框通过 ColorDialog 控件实现，它不仅向用户提供了 48 种基本颜色，还允许用户自定义颜色，最多可调制出 256^3 种颜色。如图 4-23 所示，当用户要自定义颜色时，可单击下方的“规定自定义颜色”按钮，展开右侧面板，如图 4-24 所示。

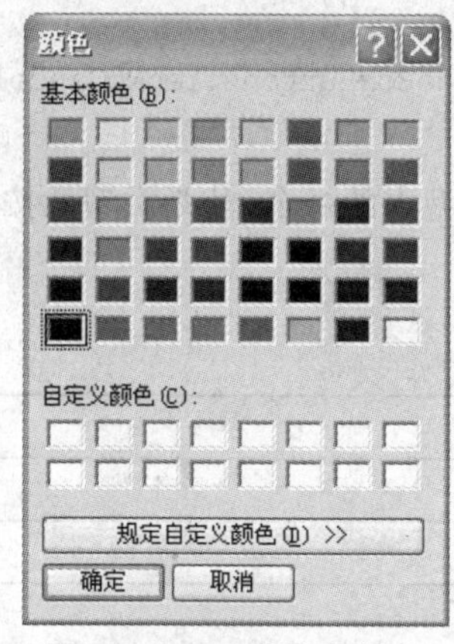

图 4-23　48 种基本颜色

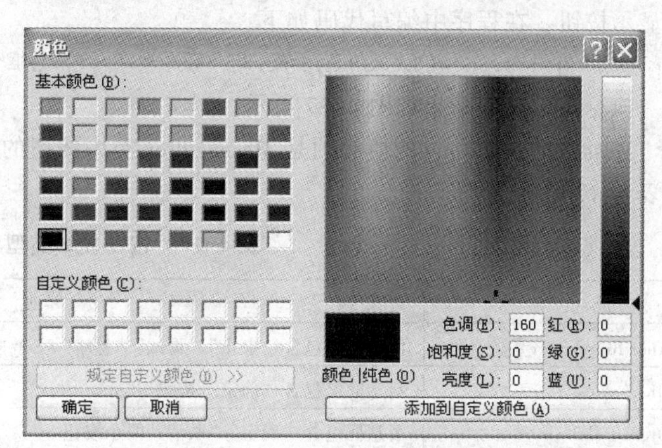

图 4-24　自定义颜色

4.4.3　消息框

消息框一般用于程序运行过程中向用户提供信息。C#中通过 MessageBox 类实现消息框的定义。

MessageBox 类提供了静态方法 Show()显示消息框。注意，消息框的 Show()方法不同于普通窗体的 Show()方法，该方法是消息框以模式对话框的形式显示。Show()方法有多种方法，通过不同的方法，可以产生不同形式的消息框，以满足向用户显示信息的需要。

1．仅定义消息内容

格式如下：

```
MessageBox.Show(字符串类型的消息内容)
```

“字符串类型的消息内容”用于描述要显示的文本。该方法在默认情况下，没有标题，只显示文本信息。

【例 4-10】消息框显示一个“确定”按钮，标题栏中无标题。

在程序中编写代码：

```
MessageBox.Show("仅定义消息");
```

执行该语句的结果如图 4-25 所示。

2．指定消息和标题的消息框

格式如下：

```
MessageBox.Show(字符串类型的消息内容,字符串类型的标题)
```

其中，第一个参数用于显示文本信息，第二个参数用于显示消息框的标题，它们都是 String 类型的参数。在程序中编写代码如下：

```
MessageBox.Show("定义消息，标题","消息框");
```

执行该语句的结果如图 4-26 所示。

3. 显示具有指定消息、标题和按钮的消息框

格式如下：

MessageBox.Show（字符串类型的消息内容,字符串类型的标题,消息框按钮类型）；

其中，第一个参数用于显示文本信息，第二个参数用于显示消息框的标题，第三个参数用于显示按钮。在程序中编写代码如下：

```
MessageBox.Show("定义消息,标题,是//否//取消","消息框",MessageBoxButtons.YesNoCancel);
```

执行该语句的结果如图 4-27 所示。

MessageBoxButtons 的值必须是 MessageBox 类中按钮的枚举类型中的一个，枚举类型的按钮如表 4-17 所示。

表 4-17　按钮枚举类型

成员名称	说　明
AbortRetryIgnore	消息框中包含“中止”“重试”“忽略”三个按钮
OK	消息框仅包含“确定”按钮
OKCancel	消息框包含“确定”“取消”两个按钮
RetryCancel	消息框包含“重试”“取消”两个按钮
YesNo	消息框包含“是”“否”两个按钮
YesNoCancel	消息框包含“是”“否”“取消”三个按钮

4. 添加图标的消息框

格式如下：

MessageBox.Show（字符串类型的消息内容，字符串类型的标题，消息框按钮类型，图标类型）

添加图标的消息框是通过设置 MessageBoxIcon 枚举类型参数来确定的，枚举类型中的成员描述如表 4-18 所示。

表 4-18　MessageBoxIcon 枚举类型

图　标	显示图标	图　标	显示图标
Error	⊗	Question	?
Information	!	Waring	⚠
None	消息框未包含符号		

在程序中编写代码如下：

```
MessageBox.Show（"定义警告图标","消息框",MessageBoxButtons.YesNoCancel,
MessageBoxIcon.Warning）;
```

执行该语句的结果如图 4-28 所示。

图 4-25　定义消息

图 4-26　定义消息和标题

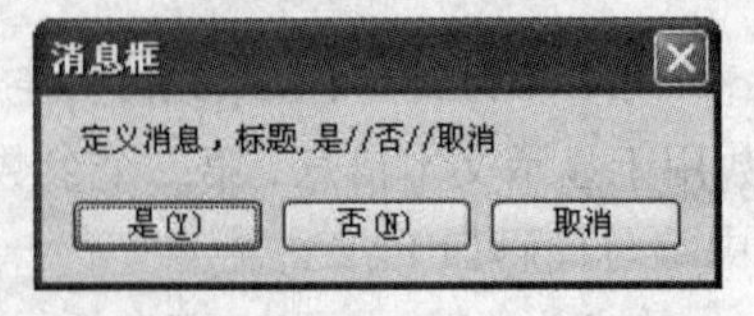

图 4-27　定义消息、标题和按钮

图 4-28　定义图标

4.5 综合应用

【例 4-11】制作一个点菜的程序，如图 4-29 所示，通过主菜单或工具栏可以实现点菜的功能，并将点的菜名显示在窗体右侧的 ListBox 控件中。在窗体中右击，可以点当天的优惠菜。在窗体下方有一个状态栏，显示当前所点菜的总价格。窗体中有两个按钮，单击“点菜完毕”按钮，可以将 ListBox 控件中的菜输出显示；单击“重新点菜”按钮，可以将 ListBox 控件中内容清空，同时将状态栏中的总价格清为零。

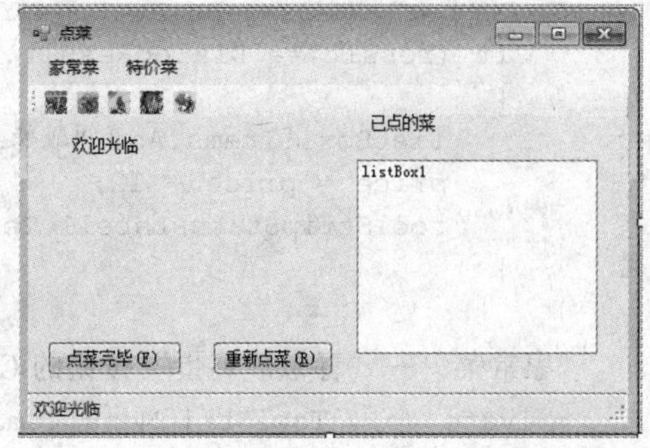

图 4-29　【例 4-11】设计界面

操作步骤如下：

1）设计用户界面

首先创建一个 Windows 应用程序，然后将“工具箱”→“所有 Windows 应用程序”中提供的 TextBox（文本框）、Label（标签）、Button（按钮）、MenuStrip（菜单）、ToolStrip、ListBox 等控件添加到 Form1 窗体中，并布局好这些控件的大小和位置，就完成了用户界面设计的任务。

2）编写代码

首先添加全局变量并初始化为 0：

```
int price=0;
```

“点菜完毕”按钮的 Click 事件代码为：

```
private void button1_Click(object sender, EventArgs e)
{
    DialogResult result = MessageBox.Show("您确定菜单吗", "点菜完毕",
MessageBoxButtons.YesNo);
    if (result == DialogResult.Yes)
    {
        label2.Text = "您本次消费的总价格: " + price.ToString() + "元," + "全体
员工祝您开心用餐!";
        toolStripStatusLabel1.Text = "您本次消费的总价格: " + price.ToString()
+ "元," + "全体员工祝您开心用餐!";
    }
}
```

“重新点菜”按钮的 Click 事件代码为：

```
private void button2_Click(object sender, EventArgs e)
{
    price = 0;
    listBox1.Items.Clear();
    label1.Text = "    欢迎光临";
    toolStripStatusLabel1.Text = "总价格: " + price.ToString() + "元";
}
```

“家常菜”→“酸辣土豆丝”按钮的 Click 事件代码为：

```
private void ToolStripMenuItem1_Click(object sender, EventArgs e)
{
    DialogResult result = MessageBox.Show("酸辣土豆丝货真价实，包您满意。确定吗？
", "请点菜", MessageBoxButtons.YesNoCancel, MessageBoxIcon.Exclamation);
    if (result == DialogResult.Yes)
    {
        listBox1.Items.Add("酸辣土豆丝");
        price = price + 12;
        toolStripStatusLabel1.Text = "总价格: " + price.ToString() + "元";
    }
}
```

"家常菜"→"青椒炒鸡蛋"按钮的 Click 事件代码为：

```
private void ToolStripMenuItem2_Click(object sender, EventArgs e)
{
DialogResult result = MessageBox.Show("青椒炒鸡蛋货真价实，包您满意。确定吗？",
"请点菜", MessageBoxButtons.YesNoCancel, MessageBoxIcon.Exclamation);
    if (result == DialogResult.Yes)
    {
        listBox1.Items.Add("青椒炒鸡蛋");
        price = price + 15;
        toolStripStatusLabel1.Text = "总价格: " + price.ToString() + "元";
    }
}
```

"家常菜"→"醋溜腐竹"按钮的 Click 事件代码为：

```
private void ToolStripMenuItem3_Click(object sender, EventArgs e)
{
    DialogResult result = MessageBox.Show("醋溜腐竹好吃不贵，确定吗？", "请点菜",
MessageBoxButtons.YesNoCancel, MessageBoxIcon.Exclamation);
    if (result == DialogResult.Yes)
    {
        listBox1.Items.Add("醋溜腐竹");
        price = price + 15;
        toolStripStatusLabel1.Text = "总价格: " + price.ToString() + "元";
    }
}
```

"特价菜"→"小鸡炖蘑菇"按钮的 Click 事件代码为：

```
private void ToolStripMenuItem4_Click(object sender, EventArgs e)
{
    DialogResult result = MessageBox.Show("小鸡炖蘑菇好吃不贵，确定吗？", "请点
菜", MessageBoxButtons.YesNoCancel, MessageBoxIcon.Exclamation);
    if (result == DialogResult.Yes)
    {
        listBox1.Items.Add("小鸡炖蘑菇");
        price = price + 25;
        toolStripStatusLabel1.Text = "总价格: " + price.ToString() + "元";
    }
}
```

"特价菜"→"糖醋排骨"按钮的 Click 事件代码为：

```
private void ToolStripMenuItem5_Click(object sender, EventArgs e)
{
    DialogResult result = MessageBox.Show("糖醋排骨好吃不贵，确定吗？", "请点菜",
MessageBoxButtons.YesNoCancel, MessageBoxIcon.Exclamation);
    if (result == DialogResult.Yes)
    {
        listBox1.Items.Add("糖醋排骨");
        price = price + 30;
        toolStripStatusLabel1.Text = "总价格: " + price.ToString() + "元";
    }
}
```

程序运行结果如图 4-30 所示。

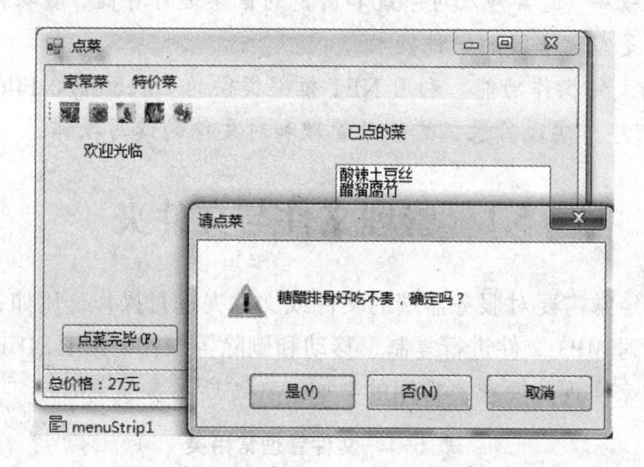

图 4-30　【例 4-10】运行结果

上 机 实 验

1. 创建一个类似于记事本菜单的窗体。

2. 创建一个 Windows 应用程序，单击“说明”按钮打开一个非模式对话框，单击“登录”按钮，打开一个模式对话框。

3. 设计一个选课程序。窗体上放置 2 个列表框，左侧的“待选课程”列表框中提供了所有选课科目，通过窗体载入事件加入课程名。在某个待选课程上双击，可将课程送入右侧的“已选课程”列表框，实现选课。在某个已选课程上双击，可将课程送回“待选课程”列表框，取消选课。当选课总数超过 5 时，不允许再进行选课。

第5章 文件操作

一个完整的应用程序，通常涉及对系统和用户的信息进行存储、读取和修改等操作，因此，有效地实现文件操作是需要掌握的一种技术。

C#提供了强大的文件操作功能，利用.NET 框架提供的 Directory、File、FileStream 等类，可以方便地编写 C#程序，实现目录、文件的管理和对文件的读写操作。

5.1 管理文件与文件夹

在应用程序中，经常需要对服务器端的文件或文件夹进行操作。比如，对于提供 MP3 下载的网站，就经常需要对 MP3 文件进行复制、移动和删除等操作。ASP .NET 在 System.IO 名称空间中提供了大量的类来实现此要求，常用的类如表 5-1 所示。

表 5-1 文件管理常用类

名 称	说 明
FileInfo	显示文件的名称、大小、修改时间等信息
File	完成对文件的新建、复制、移动和删除等操作
DirectoryInfo	显示文件夹的名称、修改时间等信息
Directory	完成对文件夹的新建、复制、移动和删除等操作

以上这些常用类的功能可以满足一般应用程序的要求，使用之前必须引用一下命名空间：

```
using System.IO;
```

注 意

如果要对文件或文件夹进行写操作，必须将其只读属性去掉。

5.1.1 管理文件夹

C#通过 Directory 类和 DirectoryInfo 类进行目录管理，如创建、复制、删除、移动和重命名文件夹等，还可以获取和设置与文件夹的创建、访问及写入操作相关的时间信息。

1. 判断目录是否存在

Directory 类的 Exists()方法用于判断指定路径中的目录是否存在，方法原型为：

```
public static bool Exists(string path)
```

参数 path 指定目录的路径，如果目录存在返回 true，如果目录不存在，或者访问者不具有访问此目录的权限时，返回 false。如判断 C 盘下的 test 文件夹是否存在：

```
if (Directory.Exists(@"c:\test")) {…}
```

注 意

在 C#中"\"是转义字符，使用它时需要用"\\"代替，如路径 c:\test 应该写成 c:\\test，但这种写法不方便，可以在路径字符串前加上@，如@"c:\test"，@表示其后的字符串中不包括转义字符。

2. 创建目录

Directory 类的 CreatedDirectory()方法用于创建指定路径中的所有目录，方法原型为：

```
public static DirectoryInfo CreateDirectory(string path)
```

方法按参数 path 指定的路径创建所有目录及子目录。若目录已存在，或目录格式不正确时，将引发异常。如 test 文件夹下同时创建一级子目录和二级子目录：

```
try\
{
    Directory. CreateDirectory(@"c:\test\t1\t2")
}
Catch
{
    Console.WriteLine("程序异常: {0}",ex.ToString());
}
```

注 意

try 语句用来捕捉在块的执行期间发生的异常。

3. 删除目录

Directory 类的 Delete()方法用于删除指定的目录，该方法有两种重载形式：

（1）`public static void Delete(string path)`

参数 path 为要删除的空目录的名称，如果该目录不为空，则引发异常。

（2）`public static void Delete(string path,bool recursive)`

参数 recursive 为 bool 类型，若为 true 可以删除非空目录；若为 false，则仅当目录为空时才能删除。如删除用户指定的目录：

```
Directory.Delete(@"c:\test\t1",true);
```

4. 移动目录

Directory 类的 Move()方法用于移动目录或者重命名目录，方法原型为：

```
public static void Move(string sourceDirName,string destDirName)
```

参数 sourceDirName 为要移动的文件或目录路径，参数 destDirName 为新的目标路径。如果目标路径已经存在，或路径格式不对，将引发异常。如将 c:\test\t1 目录移动到 c:\t1:

```
Directory.Move(@"c:\test\t1",@"c:\t1");
```

注 意

Directory 类的 Move()方法只能在同一逻辑盘下进行目录移动，若要在不同逻辑盘间移动目录，可用 DirectoryInfo 类的 MoveTo()方法，且必须实例化后使用。

5. 获取所有子目录

Directory 类的 GetDirectorys()方法用于获取指定目录下的所有子目录，方法原型为：

```
public static string[] GetDirectorys(string path)
```

6. 获取所有文件

Directory 类的 GetFiles()方法用于获取指定目录下的所有文件，方法原型为：

```
public static string[] GetFiles(string path)
```

【例 5-1】使用 Directory 类的方法进行目录管理，并查看相关目录的变化，程序运行界面如图 5-1 所示。

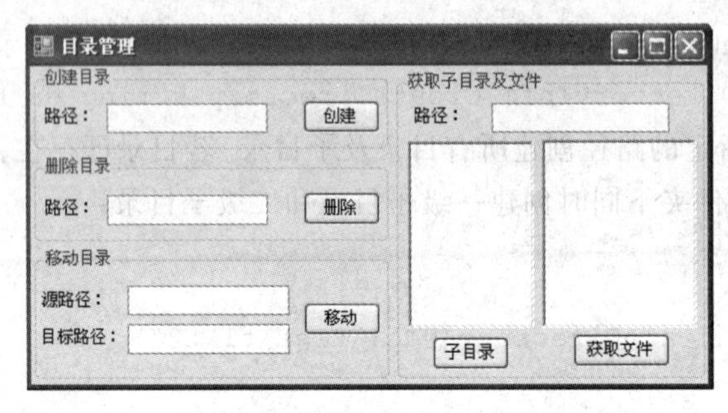

图 5-1 【例 5-1】运行界面

操作步骤如下：

（1）建立 Windows 窗体应用程序，添加 GroupBox(框架)、Label、TextBox、Button、RichTextBox 等控件，并设置属性。

（2）在窗体代码编辑窗口中引入命名空间：

```
using  System.IO;
```

（3）在“创建”按钮的 Click 事件中添加如下代码：

```
string cpath = textBox1.Text;
if(cpath != "")
{
    if(!Directory.Exists(@cpath))
        Directory.CreateDirectory(@cpath);
    else
        MessageBox.Show("目录已存在或非法目录！");
}
else
{
    MessageBox.Show("请输入要创建的目录！");
    this.textBox1.Focus();
}
```

（4）在“删除”按钮的 Click 事件中添加如下代码：

```
string dpath = textBox2.Text;
if(dpath != "")
{
    if(Directory.Exists(@dpath))
        Directory.Delete(@dpath);
    else
```

```
        MessageBox.Show("目录不存在或非法目录！");
}
else
{
    MessageBox.Show("请输入要删除的目录！");
    this.textBox2.Focus();
}
```

（5）在“移动”按钮的 Click 事件中添加如下代码：

```
string srcpath = textBox3.Text;
string destpath = textBox4.Text;
if(srcpath == "" || destpath == "")
    MessageBox.Show("请输入要移动的源目录与目的目录路径！");
else
{
    if(Directory.Exists(@srcpath))
    {
        if(!Directory.Exists(@destpath))
        {
            DirectoryInfo dir = new DirectoryInfo(@srcpath);
            dir.MoveTo(@destpath);
        }
        else
            MessageBox.Show("目的目录已存在！");
    }
    else
        MessageBox.Show("源目录不存在！");
}
```

（6）在“子目录”按钮的 Click 事件中添加如下代码：

```
string detailpath = textBox5.Text;
richTextBox1.Clear();
if(Directory.Exists(@detailpath))
{
    string[] dir = Directory.GetDirectories(@detailpath);
    foreach (string adir in dir)
        richTextBox1.AppendText(adir+"\n");
}
else
    MessageBox.Show("目录不存在！");
```

（7）在“获取文件”的 Click 事件中添加如下代码：

```
string detailpath = textBox5.Text;
richTextBox2.Clear();
if(Directory.Exists(@detailpath))
{
    string[] files = Directory.GetFiles(@detailpath);
    foreach (string afile in files)
        richTextBox2.AppendText(afile + "\n");
}
else
    MessageBox.Show("目录不存在！");
```

5.1.2 管理文件

C#中 File 类和 FileInfo 类为 FileStream 对象的创建和文件的创建、复制、删除、移动、打开等提供了支持，File 类使用静态方法完成上述功能，该类不能建立对象，而 FileInfo 类必须被实例化后才能使用。使用 File 类和 FileInfo 类对文件进行操作时，必须具有相应的权限，如读、写等权限，否则会引发异常。在实际使用中，如果只对文件进行一次操作，使用 File 类效率更高；如果多次重用某个对象，使用 FileInfo 类的实例方法效率更高。

File 类的常用方法如表 5-2 所示。

表 5-2 File 类的常用方法

名 称	说 明
Create(filePath)	创建指定文件
Copy(filePath1,filePath2)	复制指定文件，将 filePath1 复制为 filePath2
Move(filePath1,filePath2)	移动指定文件，将 filePath1 移动到 filePath2
Delete(filePath)	删除指定文件
Exists(filePath)	判断指定文件是否存在
CreateText(filePath)	创建文本文件，返回一个 StreamReader 对象

1. 判断文件是否存在

File 类的 Exists()方法用于判断指定路径中的文件是否存在，方法原型为：

```
public static bool Exists(string path)
```

参数 path 指定文件的路径，如果文件存在返回 true，如果文件不存在，或者访问者不具有访问此文件的权限时，返回 false。如判断 C:\test 下的文件 f1.txt 是否存在：

```
if(File.Exists(@"c:\test\f1.txt")) {…}
```

2. 删除文件

File 类的 Delete()方法用于删除指定的文件，方法原型为：

```
public static void Delete(string path)
```

参数 path 指定的要删除的文件的路径。如果指定文件不存在，不进行任何操作。如删除 c:\test 下的 f1.txt 文件：

```
File.Delete(@"c:\test\f1.txt");
```

3. 复制文件

File 类的 Copy()方法用于将现有文件复制到新文件，该方法有两种重载形式：

（1）`public static void Copy(string sourceFileName,string destFileName)`

参数 sourceFileName 为要复制的文件，destFileName 为目标文件的名称，它不能是一个目录或现有文件。

（2）`public static void Copy(string sourceFileName,string destFileName,bool overwrite)`

参数 overwrite 为 bool 类型，若为 true 表示允许覆盖同名的文件。如将 c:\test 下的 f1.txt 文件复制为同目录下的 f2.txt:

```
File.Copy(@"c:\test\f1.txt", @"c:\test\f2.txt",true);
```

4. 移动文件

File 类的 Move()方法用于将指定文件移到新位置，方法原型为：

```
public static void Move(string sourceFileName,string destFileName)
```

参数 sourceFileName 为要移动的文件，参数 destFileName 为文件的新路径。如果目标文件已经存在，或路径格式不对，将引发异常。如将 c:\test\f1.txt 移动到 D 盘根目录下：

```
Directory.Move(@"c:\test\f1.txt",@"D:\f1.txt");
```

5. 获取文件信息

文件的信息可以使用 FileInfo 对象进行获取，如文件的创建时间、上次修改时间、文件的属性、文件的长度等。

【例 5-2】使用 File 类的方法进行文件管理，并查看相关文件的变化，程序运行界面如图 5-2 所示。

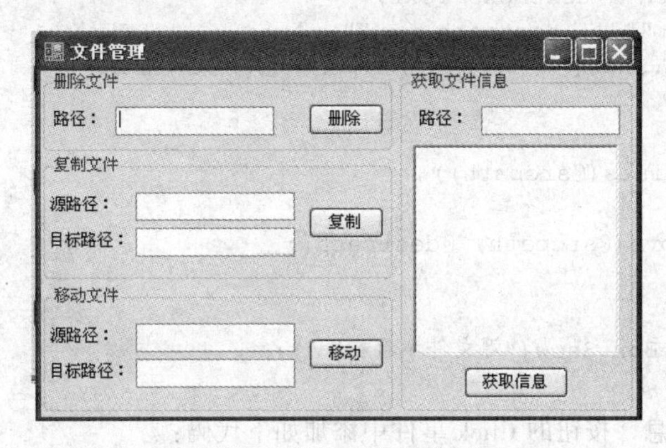

图 5-2 【例 5-2】运行界面

操作步骤如下：

（1）、（2）同例 5-1。

（3）在“删除”按钮的 Click 事件中添加如下代码：

```
string dpath = textBox1.Text;
    if(dpath != "")
    {
        if(File.Exists(@dpath))
        {
            File.Delete(@dpath);
        }
        else
            MessageBox.Show("文件不存在！");
    }
    else
    {
        MessageBox.Show("请输入要删除的文件！");
        textBox1.Focus();
    }
```

（4）在“复制”按钮的 Click 事件中添加如下代码：

```
string srcpath = textBox2.Text;
string destpath = textBox3.Text;
if(srcpath == "" || destpath == "")
    MessageBox.Show("请输入要复制的源文件与目的文件路径！");
else
```

```
{
    if(File.Exists(@srcpath))
    {
        File.Copy(@srcpath,@destpath,true);
}
    else
        MessageBox.Show("源文件不存在！");
}
```

（5）在“移动”按钮的 Click 事件中添加如下代码：

```
string srcpath = textBox4.Text;
string destpath = textBox5.Text;
if(srcpath == "" || destpath == "")
    MessageBox.Show("请输入要移动的源文件与目的文件路径！");
else
{
    if(File.Exists(@srcpath))
    {
        File.Move(@srcpath, @destpath);
    }
else
        MessageBox.Show("源文件不存在！");
}
```

（6）在“获取信息”按钮的 Click 事件中添加如下代码：

```
string detailpath = textBox6.Text;
richTextBox1.Clear();
if(File.Exists(@detailpath))
{
    FileInfo fi = new FileInfo(@detailpath);
    if((fi.Attributes & FileAttributes.Hidden)== FileAttributes.Hidden)
        richTextBox1.AppendText("文件属性: 隐藏文件\n");
    else
        richTextBox1.AppendText("文件属性: 不是隐藏文件\n");
        richTextBox1.AppendText("文件建立时间: "+fi.CreationTime+"\n");
        richTextBox1.AppendText("文件最后修改时间:" + fi.LastWriteTime + "\n");
        richTextBox1.AppendText("文件长度: " + fi.Length + "\n");
}
else
    MessageBox.Show("文件不存在！");
```

5.2 使用流读/写文件

.NET 中提供了多个类用于进行数据文件和数据流的读写操作。

5.2.1 认识流

流是字节序列的抽象概念，如文件、输入/输出设备、内部进程通信管道、TCP/IP 套接字的等。流是进行数据读写操作的基本对象，它提供了连续的字节流存储空间。与流相关的操作包括以下三个基本操作。

（1）读取：读取流中的内容。

（2）写入：将指定的内容写入到流中。

（3）定位：可以查找或设置流的当前位置。

.NET 中提供了五种常见的操作类，用于提供文件的读取、写入等操作，均继承于 Stream 类。其中，FileStream 类以字节为单位读/写文件；BinaryReader 和 BinaryWriter 类以基本数据类型为单位读/写文件，可从文件直接读/写基本数据类型数据（如 bool、string、int 等）；StreamReader 和 StreamWriter 类以字节为单位读/写文件。

5.2.2 读/写文本文件

所谓文本文件，就是通常用记事本建立的扩展名为.txt 的文件，在实际开发中经常需要对文本文件操作，比如用文本文件实现计数器，用文本文件记载日志等。

对文本文件操作，可以使用 FileStream 类，也可以使用 StreamReader 和 StreamWriter 对象。其中，StreamReader 对象用来读取，StreamWriter 对象用来写入。

FileStream 类是公开以文件为主的 Stream，它既支持同步读/写操作，也支持异步读/写操作。使用文件流可以对文件进行读取、写入、打开和关闭操作，以及系统相关操作的标准输入、标准输出等。

【例 5-3】使用 FileStream 类的方法显示和保存 c:\test.txt 文件，程序运行界面如图 5-3 所示。

图 5-3 【例 5-3】运行界面

操作步骤如下：

（1）建立 Windows 窗体应用程序，添加 Label、RichText、Button 等控件，并设置属性。

（2）在窗体代码编辑窗口中引用命名空间：

```
using System.IO;
```

（3）在“显示文件”按钮的 Click 事件中添加如下代码：

```
if(!File.Exists("C:\\test.txt"))
   MessageBox.Show("文件 C:\\test.txt 不存在");
else
{
   int a;
   FileStream fs = new FileStream("C:\\test.txt", FileMode.Open, FileAccess.
Read);
   richTextBox1.Clear();
   a = fs.ReadByte();
   while(a != -1)
      {
         richTextBox1.Text += ((char)a).ToString(); a = fs.ReadByte();
      }
      fs.Close();
}
```

（4）在“保存文件”按钮的 Click 事件中添加如下代码：

```
byte a;
FileStream fs = new FileStream("C:\\test.txt", FileMode.OpenOrCreate,
FileAccess.Write);
for(int i = 0; i < richTextBox1.Text.Length; i++)
```

```
{
    a = (byte)richTextBox1.Text[i];
    fs.WriteByte(a);
}
fs.Flush();
fs.Close();
```

StreamReader 类复制从文件中读数据，StreamWriter 类负责向文件中写入数据。

StreamReader 类的常用方法如表 5-3 所示。

表 5-3　StreamReader 类的常用方法

名　称	说　明
ReadLine()	读取一行
ReadToEnd()	读取全部内容
Read()	读取下一个字符
Peek()	返回下一个字符，但不使用。当到文件尾时，返回-1，由此判断是否到文件尾
Close()	关闭对象

StreamWriter 类的常用方法如表 5-4 所示。

表 5-4　StreamWriter 类的常用方法

名　称	说　明
WriteLine(String)	写入一行，并加一个换行符
Write(String)	写入，不加换行符
Flush()	清理缓冲区，将缓冲数据立即写入文件。如不使用，将在关闭文件时写入
Close()	关闭对象

【例 5-4】使用 StreamReader 和 StreamWriter 类读写 c:\test.txt 文件，程序运行界面如图 5-4 所示。

图 5-4 【例 5-4】运行界面

操作步骤如下：

（1）建立 Windows 窗体应用程序，添加 Label、RichText、Button 等控件，并设置属性。

（2）在窗体代码编辑窗口中引用命名空间：

```
using System.IO;
```

（3）在“读取”按钮的 Click 事件中添加如下代码：

```
if(!File.Exists(@"C:\test.txt"))
    MessageBox.Show(@"文件 C:\test.txt 不存在");
else
{
    richTextBox1.Clear();
    FileStream fs = new FileStream(@"C:\test.txt", FileMode.Open, FileAccess.
Read);
StreamReader sr = new StreamReader(fs, Encoding.GetEncoding("gb2312"));
    sr.BaseStream.Seek(0, SeekOrigin.Begin);
    string strLine = sr.ReadLine();
    while(strLine != null)
```

```
        {
            richTextBox1.Text += strLine+"\n";
            strLine = sr.ReadLine();
        }
        sr.Close();
    }
```

（4）在“写入”按钮的 Click 事件中添加如下代码：

```
FileStream fs = new FileStream(@"C:\test.txt", FileMode.Create, FileAccess.
Write);
StreamWriter sw = new StreamWriter(fs, Encoding.GetEncoding("gb2312"));
sw.BaseStream.Seek(0, SeekOrigin.Begin);
for (int i = 0; i < richTextBox1.Lines.Length; i++)
  {
  sw.WriteLine(richTextBox1.Lines[i]);     //将文本框的一行写到文件中
  }
  sw.Flush();
  sw.Close();
```

5.2.3　读/写二进制文件

对二进制文件的读/写操作可以用 BinaryReader 和 BinaryWriter 类。

BinaryReader 类把原始数据类型（如 bool、int、int16 等）的数据读取为具有特定编码格式的二进制数据，其构造函数原型为：

```
public BinaryReader(Stream input)
```

参数 input 为 FileStream 类对象。

BinaryReader 类的常用方法 ReadBoolean()、ReadByte()、ReadChar()等返回指定类型的数据。

BinaryWriter 类把原始数据类型的数据写入到流中，其构造函数原型为：

```
public BinaryWriter(Stream output)
```

BinaryWriter 类的 Write(数据类型 Value)方法写入参数指定的数据类型的数据。

【例 5-5】使用 BinaryWriter 类建立一个通讯录，程序运行界面如图 5-5 所示。

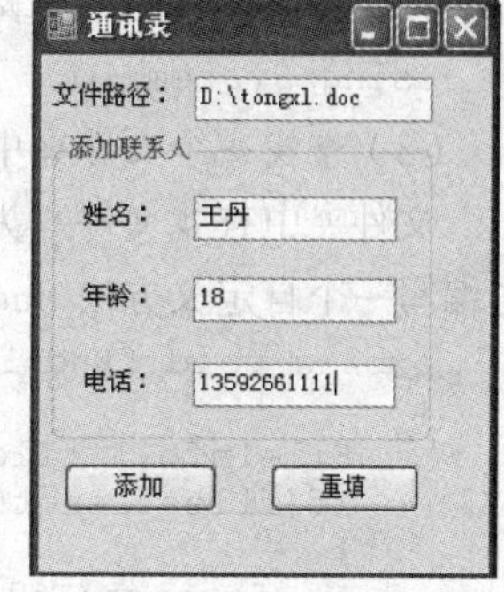

图 5-5　【例 5-5】运行界面

操作步骤如下：

（1）建立 Windows 窗体应用程序，添加 GroupBox、Label、TextBox、Button 等控件，并设置属性。

（2）在窗体代码编辑窗口中引用命名空间：

```
using System.IO;
```

（3）在“添加”按钮的 Click 事件中添加如下代码：

```
FileStream  fs  =  new  FileStream(textBox1.Text,
FileMode.OpenOrCreate, FileAccess.Write);
BinaryWriter bw = new BinaryWriter(fs,Encoding. GetEncoding("gb2312"));
bw.Seek(0, SeekOrigin.End);
bw.Write(textBox2.Text);
bw.Write(textBox3.Text);
bw.Write(textBox4.Text);
bw.Write("\r\n");
bw.Flush();
```

```
bw.Close();
fs.Close();
```

（4）在“重填”按钮的 Click 事件中添加如下代码：

```
textBox2.Text = "";
textBox3.Text = "";
textBox4.Text = "";
```

5.3 综 合 应 用

.NET 框架结构在 System.IO 命名空间中提供了多种类型，用于进行文件和流的读/写操作。本章详细介绍了使用 Directory 类和 File 类进行目录和文件管理，包括创建、复制、删除、移动等操作，接着介绍了.NET 的流操作类 FileStream，采用 StreamReader 和 StreamWriter 类对文本文件进行读/写，采用 BinaryReader 和 BinaryWriter 类对二进制文件进行读写。通过本节学习，读者可以编写应用程序对文件进行操作。

【例 5-6】利用 ListView、RichTextBox、FolderBrowserDialog 控件创建一个查找文件的程序，并可显示文本文件的内容。要求：

（1）单击“开始搜索”按钮，在 ListView 中显示所有查找到的文件。

（2）选择“ListView 中的某一文件，在 RichTextBox 中显示该文件的内容。

程序运行界面如图 5-6 所示。

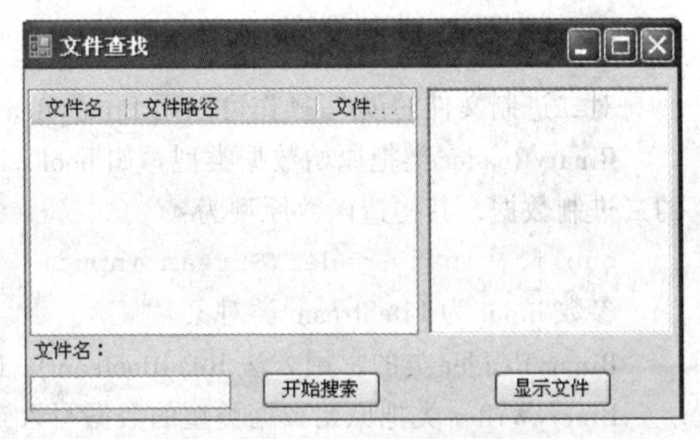

图 5-6 【例 5-6】运行界面

操作步骤如下：

（1）建立 Windows 窗体应用程序，添加 ListView、RichTextBox、FolderBrowserDialog、Label、TextBox、Button 等控件，并设置属性。

（2）在窗体代码编辑窗口中引用命名空间：

```
using System.IO;
```

（3）查找一个文件夹中的文件，考虑文件夹中存在子文件夹，因此需要在文件夹及其子文件夹中查找文件。为了实现查找所有文件夹中的同名文件，需要采用递归调用方法。首先编写一个自定义方法 find_Files()，实现文件查找。

```
public void find_Files(DirectoryInfo dir, string filename)
{
    FileInfo[] files = dir.GetFiles(filename);   //获取目录下的文件
    if(files.Length != 0)
    {
        foreach(FileInfo aFile in files)
        {
            ListViewItem lvi = new ListViewItem();
            lvi.Text = aFile.Name ;
            lvi.SubItems.Add(aFile.Directory.FullName);
            lvi.SubItems.Add(aFile.Length.ToString());
            listView1.Items.Add(lvi);
        }
        DirectoryInfo[] dirs = dir.GetDirectories();
        if(dirs.Length != 0)
```

```
        {
            foreach (DirectoryInfo adir in dirs)
                find_Files(adir, filename);
        }
    }
}
```

（4）在“开始搜索”按钮的 Click 事件中添加如下代码：

```
string s = textBox1.Text;
if(s == "")
{
    MessageBox.Show("请输入文件名！");
    textBox1.Focus();
}
else
{
    int n = s.IndexOf(".");
    if (n == -1)
    s += ".*";
    if(folderBrowserDialog1.ShowDialog() == DialogResult.OK)
    {
        string path = folderBrowserDialog1.SelectedPath.ToString();
        DirectoryInfo dir = new DirectoryInfo(@path);
        find_Files(dir,s);
    }
}
```

（5）在“显示文件”按钮的 Click 事件中添加如下代码：

```
richTextBox1.Clear();
string s = listView1.SelectedItems[0].SubItems[1].Text +@"\"+ listView1.
SelectedItems[0].Text;
FileStream fs = new FileStream(@s, FileMode.Open, FileAccess.Read);
StreamReader sr = new StreamReader(fs, Encoding.GetEncoding("gb2312"));
string strLine = sr.ReadLine();
while (strLine != null)
{
    richTextBox1.Text += strLine + "\n";
    strLine = sr.ReadLine();
}
sr.Close();
```

上 机 实 验

1. 编写一个 Windows 窗体应用程序，要求在文本框中输入路径，单击命令按钮后，在列表框显示该路径下的所有文件。程序运行界面如图 5-7 所示。

提 示

使用 Directory 类的 Exists()方法和 GetFiles()方法。

2. 参考记事本程序，编写一个 Windows 窗体应用程序，实现文本文件的打开、编辑和保存功能。

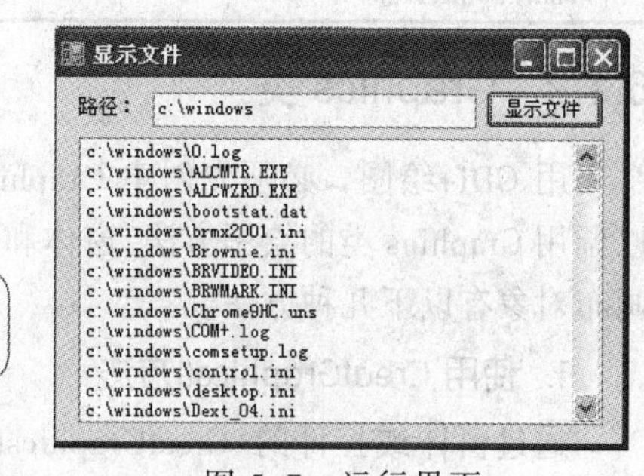

图 5-7　运行界面

第6章 图形图像编程

GDI+完全替代了 Windows 早期版本中的 GDI（Graphics Device Interface），优化了原有的功能，添加了很多新功能，同时它提供了二维矢量图形的显示、图像处理等功能。本章将由简单的画圆作图案例，引入 GDI+绘图知识，进而轻松上手绘制几何图形与图像。

6.1 GDI+绘图基础

GDI+以图形图像作为对象，可在 Windows 窗体应用程序中以编程方式绘制或操作图形图像。处理图形图像的范畴包括创建 Graphics 对象，使用 Graphics 对象绘制线条和形状，利用 Graphics 对象呈现文本或显示与操作图像。

6.1.1 GDI+基类的主要命名空间

程序员使用 GDI+时不需要考虑 GDI+内部是如何实现的，直接使用其提供的类进行编程即可。GDI+在 System.Drawing.DLL 动态链接库中定义，与其相关的命名空间如表 6-1 所示。

其中最常用的命名空间是 System.Drawing，主要有 Graphics 类、Pen 类、Brush 类、Image 类、Bitmap 类等。

表 6-1 GDI+相关命名空间

命名空间	功能
System.Drawing	提供了对 GDI+基本图形功能的访问
System.Drawing.Drawing2D	提供高级的二维和矢量图形功能
System.Drawing.Imaging	提供高级 GDI+图像处理功能
System.Drawing.Text	允许用户创建和使用多种字体

6.1.2 Graphics 类

用 GDI+绘图，必须先创建 Graphics 类的画布对象实例。创建了 Graphics 的实例后，才可以调用 Graphics 类的绘图方法。窗体和所有具有 Text 属性的控件都可以构成画布。创建 Graphics 画布对象有以下几种方法。

1. 使用 CreatGraphics()方法

通过窗体或控件的 CreatGraphics()方法来获取对 Graphics 对象的引用，需要先定义一个 Graphics 类的对象，再调用 CreatGraphics()方法。这种方法一般应用于对象已经存在的情况，语法格式如下：

```
Graphics   画布对象;
画布对象 = 窗体名或控件名.CreatGraphics()方法;
```

上述语句可以合成一条命令：

```
Graphics   画布对象=窗体名或控件名.CreatGraphics()方法;
```

2. 利用 PaintEventArgs 参数传递 Graphics 对象

窗体或控件的 Paint 事件可以直接完成图形绘制。在编写 Paint 事件处理程序时，参数 PaintEventArgs 就提供了图形对象。格式如下：

```
Private  void  Form1_Paint(Object sender, PaintEventArgs e)
{
  Graphics g = e.Graphics;
}
```

3. 使用 Graphics.FromImage()方法从 Image 对象创建

该方法适用于需要处理已经存在的图像的场合。例如，利用图像文件 mypic.bmp 创建 Graphics 对象：

```
Bitmap b = new Bitmap(@"d:\mypic.bmp");
Graphics g = Graphics.FromImage(b);
```

Graphics 类的常用属性和方法如表 6-2 和表 6-3 所示。

表 6-2　Graphics 类的常用属性

属　性	说　　明
DpiX	获取此 Graphics 的水平分辨率
DpiY	获取此 Graphics 的垂直分辨率
Pagescale	获取或设置此 Graphics 的全局单位和页单位之间的比例
Pageunit	获取或设置用于此 Graphics 中的页坐标的度量单位
RendeningOrigin	为底色处理和阴影画笔获取或设置此 Graphics 的呈现原点

表 6-3　Graphics 类的常用方法

方 法 名	说　　明
Clear()	清楚整个绘图面并以指定背景色填充
Refresh()	将画布清理为原控件的底色
DrawEllipse()	绘制一个由边框定义的椭圆
DrawImage()	在指定位置并且按原始大小绘制指定的 Image
DrawLine()	绘制一条连接由坐标对指定的两个点的线段
Dispose()	释放绘图对象
Flush()	强制执行所有挂起的图形操作并立即返回而不等操作完成

6.2 笔、画笔与颜色

6.2.1 笔

笔（Pen）可用于绘制线条、曲线及勾勒形状轮廓。下面的代码创建了一支基本的红色笔：

```
Pen  myPen = new Pen(Color.Red);          //创建一个默认宽度为 1 的红笔
Pen  myPen = new Pen(Color.Red,5);        //创建一个宽度为 5 的红笔
```

也可以通过已存在的画笔对象创建笔。下面的代码创建了基于已存在画笔(myBrush)的笔。

```
Pen  myPen = new Pen(myBursh);//创建一个画笔，与 myBrush 有相同的属性，默认宽度为 1
 Pen  myPen = new Pen(myBursh,8);//创建一个画笔，与 myBrush 有相同的属性，宽度为 8
```

6.2.2 画笔

画笔是与 Graphics 对象一起用来创建实心形状和呈现文本的对象。几种不同类型的画笔如表 6-4 所示。

表 6-4 几种不同类型的画笔

Brrush 类的子类	说　明
SolidBrush	画笔的最简单形式，它用纯色进行绘制
HatchBrush	类似于 SolidBrush，但是该类允许从大量预设的图案中选择绘制时要使用的图案，而不是纯色
TextureBrush	使用纹理进行绘制
inearGraphicsBrush	使用渐变混合的两种颜色进行绘制
PathGradientBrush	基于开发人员定义的唯一途径，便于复杂的混合色渐变进行绘制

6.2.3 颜色

1. 系统定义的颜色

可以通过 Color 结构访问若干系统定义的颜色。示例如下：

```
Color myColor = Color.Red;
```

上面的语句将 myColor 分配给所指定名称的系统定义的红色。

2. 用户定义的颜色

可以使用 Color.FromArgb()方法创建用户定义的颜色。定义时可以指定红色、蓝色和绿色每种颜色的强度。

```
Color  myColor = Color.FromArgb(23,56,78);
```

此示例生成的是用户定义的颜色，该颜色大致为略带蓝色的灰色。每个数字均必须是 0~255 之间的一个整数，其中“0”表示没有该颜色，而“255”则为所指定颜色的完整饱和度。因此，Color.FromArgb(0,0,0)呈现为黑色，而 Color.FromArgb(255,255,255)呈现为白色。

3. Alpha 混合处理（透明度）

Alpha 表示所呈现图形后面的对象透明度。Alpha 混合处理的颜色对于各种底纹和透明效果很有用。如果需要指定 Alpha 部分，则它应为 Color.FromArgb()方法中 4 个参数的第一个参数，并且是 0~255 之间的一个整数。例如：

```
Color  my Color = Color.FromArgb(127,23,56,78);
```

此示例表示创建一种颜色，该颜色为略带蓝色的灰色且大致为 50%的透明度。

也可以通过指定 Alpha 部分和以前定义的颜色来创建 Alpha 混合处理的颜色。例如：

```
Color  my Color = Color.FromArgb(127,Color.Tomato);
```

此示例创建一种颜色，该颜色大约为 50%的透明度，颜色为系统定义的 Tomato 颜色。

【例 6-1】设计一 Windows 窗体应用程序，分别使用笔和画笔画出以坐标(30,30)和(130,30)为起点的长为 70、高为 50 的矩形。

其设计步骤如下：

（1）设计窗体，添加控件并设置属性。

在Form1的设计视图中将此窗体调整到适当大小并将Text属性值设置为“笔与画笔”。从工具箱中拖放2个Button控件到窗体中，将Text属性设置为“笔”和“画笔”。设计界面如图6-1所示。

（2）设计代码。

“笔”按钮的事件代码为：

```
private void button1_Click(object sender, EventArgs e)
{
    Pen pen = new Pen(Color.Blue);
    Graphics g = this.CreateGraphics();
    g.DrawRectangle(pen,30,30,70,50);
}
```

“画笔”按钮的事件代码为：

```
private void button2_Click(object sender, EventArgs e)
{
    Graphics g = this.CreateGraphics();
    SolidBrush sbrush = new SolidBrush(Color.Red );
    g.FillRectangle(sbrush,130,30,70,50);
}
```

（3）运行程序，界面如图6-2所示。

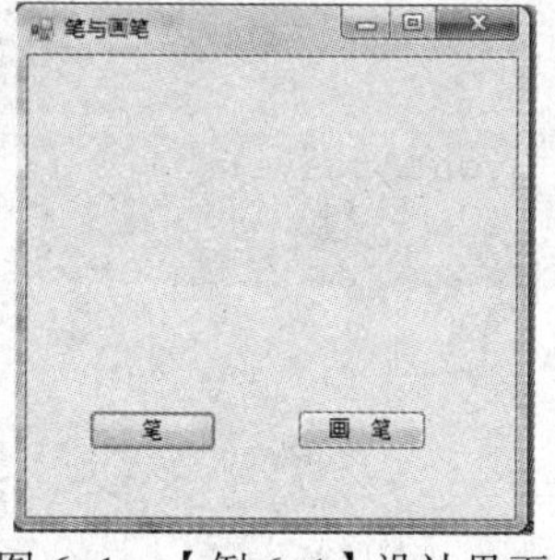

图6-1 【例6-1】设计界面

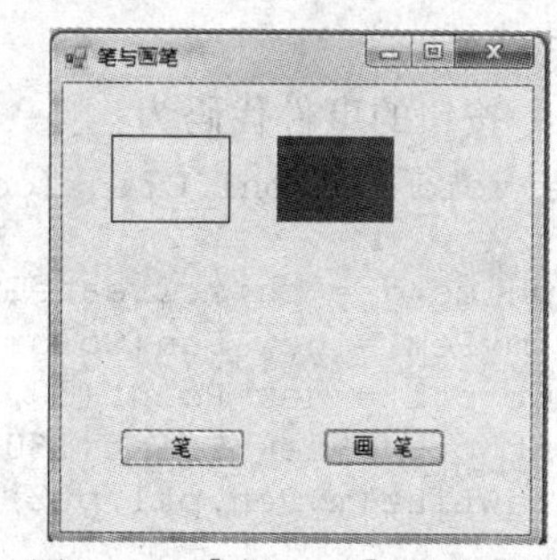

图6-2 【例6-1】运行界面

6.3 绘制几何图形

对于基本图形的绘制，可以从图形类型提供的方法中找到解决方案，比如三角形即为三条相互连接的直线，心形则为依次画几个半圆形的组合，关键是找准其中的连接点位置。下面介绍一些常用几何图形的绘制方法。

6.3.1 绘制直线

绘制直线时，可以调用Graphics类中的DrawLine()方法，该方法为可重载函数，它主要用来绘制一条连接由坐标对指定的两个点的线条，其常用格式有以下两种：

（1）绘制一条连接两个Point结构的线。

```
Graphics  g = this.CreatGraphics();
g.DrawLine(Pen mypen,Point pt1,Point pt2);
```

其中，笔对象mypen确定线条的颜色、宽度和样式；Pt1是Point结构，它表示要连接的一个点；Pt2也是Point结构，它表示要连接的另一个点。

（2）绘制一条连接由两个坐标对指定的两个点的线。

```
Graphics  g = this.CreatGraphics();
g.DrawLine(Pen mypen,int x1,int y1,int x2,int y2);
```

DrawLine()方法中各参数及说明如表 6-5 所示。

表 6-5　DrawLine()方法中各参数及说明

参　数	说　明
pen	确定线条的颜色、宽度和样式
x1	第一个点的 x 坐标
y1	第一个点的 y 坐标
x2	第二个点的 x 坐标
y2	第二个点的 y 坐标

【例 6-2】设计 Windows 窗体应用程序，分别使用上述方法绘制直线。

其设计步骤如下：

（1）设计窗体，添加控件并设置属性。

在 Form1 的设计视图中将此窗体调整到适当大小并将 Text 属性设置为“绘制直线”。

从工具箱中拖放两个 Button 空间到窗体中，将 Text 属性分别设置为“方法一”和“方法二”。界面如图 6-3 所示。

（2）设计代码。

“方法一”按钮的事件代码为：

```
private void button1_Click(object sender, EventArgs e)
{
    Graphics g = this.CreateGraphics();
    Pen myPen = new Pen(Color.Black,5);
    Point pt1 = new Point(30,30);
    Point pt2 = new Point(160,30);
    g.DrawLine(myPen,pt1,pt2);
}
```

“方法二”按钮的事件代码为：

```
private void button2_Click(object sender, EventArgs e)
{
    Graphics g = this.CreateGraphics();
    Pen myPen = new Pen(Color.Red, 4);
    g.DrawLine(myPen,30,60,160,60);
}
```

（3）运行程序，其运行结果如图 6-4 所示。

图 6-3　【例 6-2】设计界面

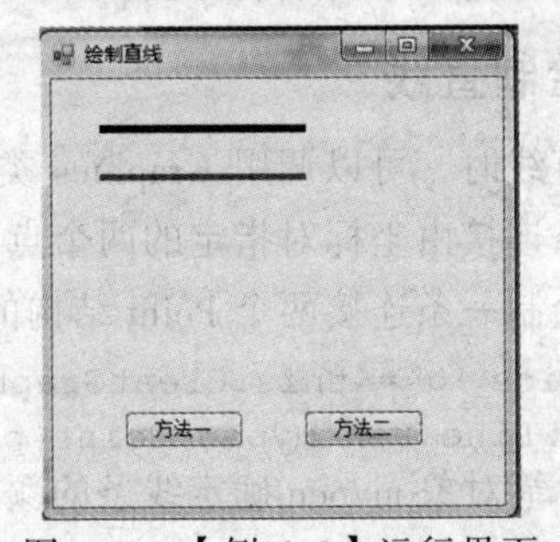

图 6-4　【例 6-2】运行界面

6.3.2　绘制矩形

要想绘制矩形，可以调用 Graphics 类中的 DrawRectangle()方法，该方法为重载方法，主要用来绘制由坐标对、宽度和高度指定的矩形，其常用格式有以下两种。

（1）绘制由 Rectangle 结构指定的矩形。

```
Graphics g = this.CreatGraphics();
g.DrawRectangle(Pen myPen,Rectangle rect);
```

其中，myPen 为笔 Pen 的对象，它确定矩形的颜色、宽度和样式；Rect 表示要绘制矩形的 Rectangle 结构。例如，声明一个 Rectangle 结构，代码如下：

```
Rectangle rect=new Rectangle(30,30,100,80);  //以（30,30）为起点的长为 100,
                                             //高为 80 的矩形
```

（2）绘制由坐标对 Rectangle、宽度和高度指定的矩形

```
Graphics g = this.CreatGraphics();
g.DrawRectangle(Pen myPen,int x,int y,int width,int height);
```

DrawRectangle()方法中各参数及说明如表 6-6 所示。

表 6-6　DrawRectangle()方法中各参数及说明

参　数	说　明
myPen	笔 Pen 的对象，确定矩形的颜色、宽度和样式
x	要绘制矩形的左上角 x 坐标
y	要绘制矩形的左上角 y 坐标
width	要绘制矩形的宽度
height	要绘制矩形的高度

【例 6-3】设计 Windows 窗体应用程序，分别使用以上介绍的方法绘制矩形。

其设计步骤如下：

（1）设计窗体，添加控件并设置属性。

在 Form1 的设计视图中将此窗体调整到适当大小并将 Text 属性设置为“绘制矩形”。

从工具箱中拖放两个 Button 空间到窗体中，将 Text 属性分别设置为“方法一”和“方法二”。界面如图 6-5 所示。

（2）设计代码

“方法一”按钮的事件代码为：

```
private void button1_Click(object sender, EventArgs e)
{
    Graphics g = this.CreateGraphics();
    Pen myPen=new Pen(Color.Black,4);
    Rectangle rect = new Rectangle(30,30,100,80);
    g.DrawRectangle(myPen,rect);
}
```

“方法二”按钮的事件代码为：

```
private void button2_Click(object sender, EventArgs e)
{
    Graphics g = this.CreateGraphics();
    Pen myPen = new Pen(Color.Black, 4);
```

```
    g.DrawRectangle(myPen,140,30,100,80);
}
```

（3）运行程序，其运行结果如图 6-6 所示。

图 6-5 【例 6-3】设计界面

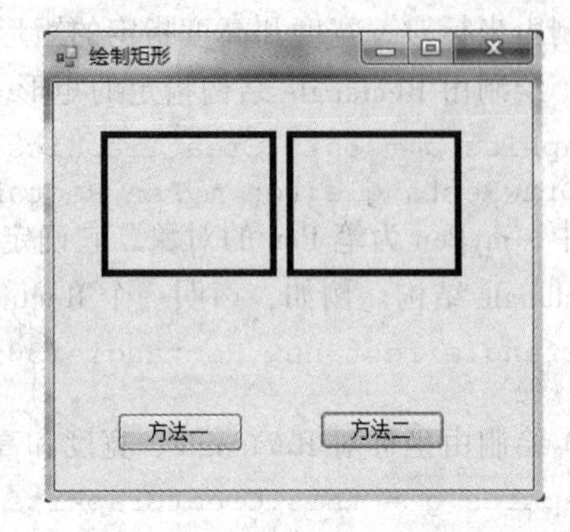

图 6-6 【例 6-3】运行界面

6.3.3 绘制椭圆

绘制椭圆时，可以调用 Graphics 类中的 DrawEllipse()方法，该方法为可重载方法，它主要用来绘制边界有 Rectangle 结构指定的椭圆，其常用格式有以下两种。

（1）绘制边界由 Rectangle 结构指定的椭圆。

```
Graphics g = this.CreatGraphics();
g.DrawEllipse(Pen myPen,Rectangle rect);
```

其中，myPen 为笔 Pen 的对象，它确定矩形的颜色、宽度和样式；Rect 表示要绘制矩形的 Rectangle 结构，它定义椭圆的边界。

（2）绘制一个由边框（该边框由一对坐标、高度和宽度指定）指定的椭圆。

```
Graphics g = this.CreatGraphics();
g.DrawEllipse(Pen myPen,int x,int y,int width,int height);
```

DrawEllipse()方法中各参数及说明如表 6-7 所示。

表 6-7 DrawEllipse()方法中各参数及说明

参　数	说　明
myPen	笔 Pen 的对象，确定椭圆的颜色、宽度和样式
x	要绘制椭圆的左上角 x 坐标
y	要绘制椭圆的左上角 y 坐标
width	要绘制椭圆的宽度
height	要绘制椭圆的高度

【例 6-4】设计 Windows 窗体应用程序，分别使用以上介绍的方法绘制椭圆。

其设计步骤如下：

（1）设计窗体，添加控件并设置属性。

在 Form1 的设计视图中将此窗体调整到适当大小并将 Text 属性设置为“绘制椭圆”。

从工具箱中拖放两个 Button 空间到窗体中，将 Text 属性分别设置为“方法一”和“方法二”。界面如图 6-7 所示。

（2）设计代码

“方法一”按钮的事件代码为：

```
private void button1_Click(object sender, EventArgs e)
{
    Graphics g = this.CreateGraphics();
    Pen myPen=new Pen(Color.Black,4);
    Rectangle rect = new Rectangle(30,30,100,80);
    g.DrawEllipse(myPen,rect);
}
```

“方法二”按钮的事件代码为：

```
private void button2_Click(object sender, EventArgs e)
{
    Graphics g = this.CreateGraphics();
    Pen myPen = new Pen(Color.Red, 4);
    g.DrawEllipse(myPen,140,30,100,80);
}
```

（3）运行程序，其运行结果如图 6-8 所示。

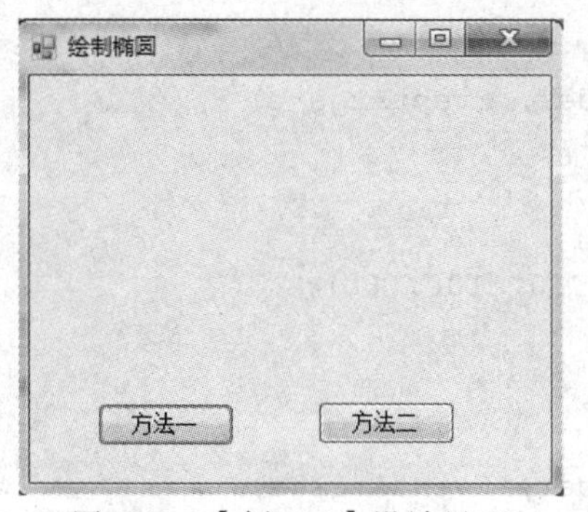

图 6-7　【例 6-4】设计界面

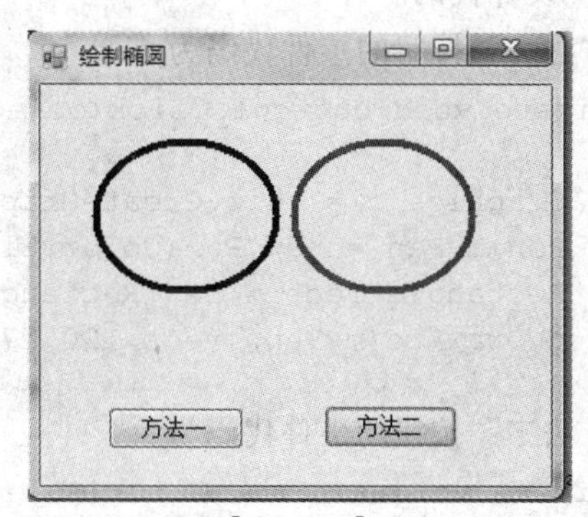

图 6-8　【例 6-4】运行界面

6.3.4　绘制圆弧

绘制圆弧时，可以调用 Graphics 类中的 DrawArc()方法，该方法为可重载方法，它主要用来绘制一段弧线，其常用格式有以下两种。

（1）绘制一段圆弧，它表示有 Rectangle 结构指定的椭圆的一部分。

```
Graphics g = this.CreatGraphics();
g.DrawArc(Pen myPen,Rectangle rect,startAngle,sweepAngle);
```

（2）绘制一段弧线，它表示由一对坐标、宽度和高度指定的椭圆部分。

```
Graphics g = this.CreatGraphics();
g.DrawArc(Pen myPen, int x,int y,int width,int height,startAngle,sweepAngle);
```

DrawArc()方法中各参数及说明如表 6-8 所示。

表 6-8　DrawArc()方法中各参数及说明

参　数	说　明
myPen	笔 Pen 的对象，确定弧线的颜色、宽度和样式
x	定义椭圆边框的左上角 x 坐标

续表

参　数	说　明
y	定义椭圆边框的左上角 y 坐标
width	定义椭圆边框的宽度
height	定义椭圆边框的高度
startAngle	从 x 轴到弧线的起始点沿顺时针方向度量的角
sweepAngle	从 startAngle 参数到弧线的结束点沿顺时针方向度量的角

【例 6-5】设计 Windows 窗体应用程序，分别使用以上介绍的方法绘制圆弧。

其设计步骤如下：

（1）设计窗体，添加控件并设置属性。

在 Form1 的设计视图中将此窗体调整到适当大小并将 Text 属性设置为“绘制圆弧”。

从工具箱中拖放两个 Button 空间到窗体中，将 Text 属性分别设置为“方法一”和“方法二”。设计界面如图 6-9 所示。

（2）设计代码。

“方法一”按钮的事件代码为：

```
private void button1_Click(object sender, EventArgs e)
{
    Graphics g = this.CreateGraphics();
    Pen myPen = new Pen(Color.Black, 4);
    Rectangle rect = new Rectangle(30, 30, 100, 60);
    g.DrawArc(myPen, rect,120,170);
}
```

“方法二”按钮的事件代码为：

```
private void button2_Click(object sender, EventArgs e)
{
    Graphics g = this.CreateGraphics();
    Pen myPen = new Pen(Color.Red, 4);
    g.DrawArc(myPen, 140, 30, 100, 80,120,170);
}
```

（3）运行程序，其运行结果如图 6-10 所示。

图 6-9 【例 6-5】设计界面

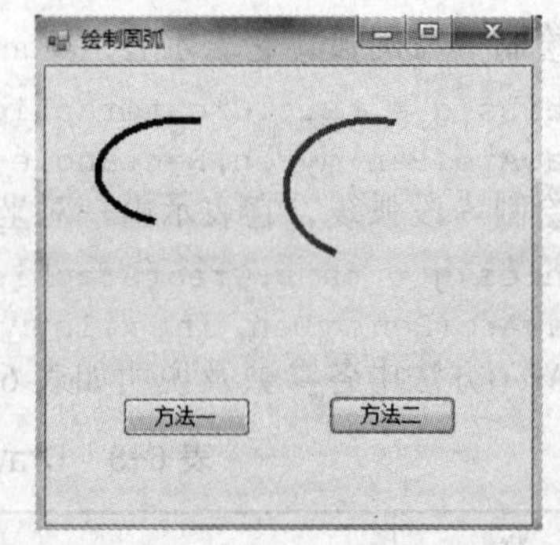

图 6-10 【例 6-5】运行界面

6.3.5 绘制多边形

绘制多边形时，可以调用 Graphics 类中的 DrawPolygon()方法，该方法为可重载方法，它主要用来绘制多边形，其常用格式有以下两种。

（1）绘制由一组 Point 结构定义的多边形。

```
Graphics g = this.CreatGraphics();
g. DrawPolygon (Pen myPen,Point[] points );
```

其中，myPen 为 Pen 对象用来确定多边形的颜色、宽度和样式；points 为 Point 结构数组，这些结构表示多边形的顶点。

（2）绘制由一组 PointF 结构定义的多边形。

```
Graphics g = this.CreatGraphics();
g.DrawPolygon(Pen myPen,PointF[] points);
```

其中，myPen 为 Pen 对象用来确定多边形的颜色、宽度和样式，points 为 PointF 结构数组，这些结构表示多边形的顶点。

【例 6-6】设计 Windows 窗体应用程序，分别使用以上介绍的方法绘制多边形。

其设计步骤如下：

（1）设计窗体，添加控件并设置属性。

在 Form1 的设计视图中将此窗体调整到适当大小并将 Text 属性设置为“绘制多边形”。

从工具箱中拖放两个 Button 空间到窗体中，将 Text 属性分别设置为“方法一”和“方法二”。设计界面如图 6-11 所示。

（2）设计代码。

“方法一”按钮的事件代码为：

```
private void button1_Click(object sender, EventArgs e)
{
    Graphics g = this.CreateGraphics();
     Pen myPen = new Pen(Color.Black, 4);
     Point p1 = new Point(30,30);
     Point p2 = new Point(60, 10);
     Point p3 = new Point(100, 60);
     Point p4 = new Point(60, 120);
     Point[] points = { p1,p2,p3 ,p4 };
     g.DrawPolygon(myPen, points);
}
```

“方法二”按钮的事件代码为：

```
private void button2_Click(object sender, EventArgs e)
{
    Graphics g = this.CreateGraphics();
    Pen myPen = new Pen(Color.Black, 4);
    PointF p1 = new PointF(130.0F, 30.0F);
    PointF p2 = new PointF(160.0F, 10.0F);
    PointF p3 = new PointF(200.0F, 60.0F);
    PointF p4 = new PointF(160.0F, 120.0F);
    PointF[] points = { p1, p2, p3, p4 };
    g.DrawPolygon(myPen, points);
}
```

（3）运行程序，其运行结果如图 6-12 所示。

说明：PointF 与 Point 完全相同，但 x 和 y 属性的类型是 float，而不是 int。PointF 用于坐标不是整数值的情况。

图 6-11 【例 6-6】设计界面

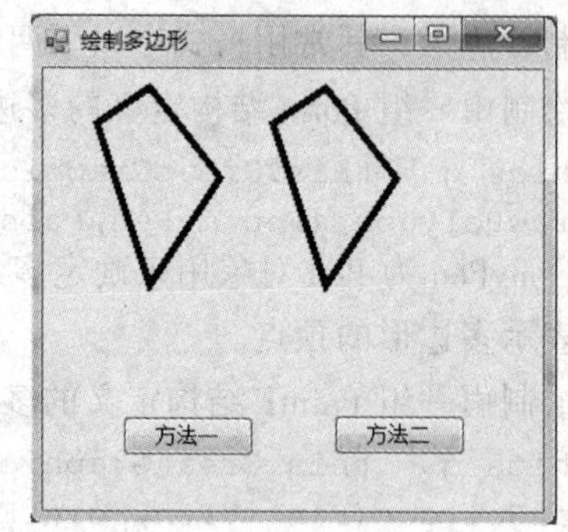

图 6-12 【例 6-6】运行界面

6.3.6 图形填充

1. 画刷

画刷 Brush 主要用于创建封闭的图形和呈现文本。不能直接将 Brush 类实例化，而只能实例化它的子类对象。常用的 Brush 的子类有：SolidBrush、TextureBrush、LinearGradientBrush 和 HatchBrush，它们包含在 System.Drawing.Drawing2D 命名空间中。

（1）单色刷。单色刷只能用一种颜色填充矩形、椭圆形、饼行、多边形以及路径等图形区域。通过 SolidBrush 类定义单色刷，只有一个 Color 属性。例如，声明了一个蓝色的单色刷：

```
SolidBrush 单色刷对象=new SolidBrush(Color.Blue);
```

（2）纹理刷。纹理刷可以使用如.bmp、.jpg 和.png 等格式的图像来填充图形，它由 TextureBrush 类定义。在创建纹理刷时，需要使用一张图片，创建纹理刷的格式为：

```
TextureBrush 纹理刷对象 = new TextureBrush(new Bitmap("图片文件名"));
```

（3）渐变刷。渐变刷用线性渐变色来填充图形，它由 LinearGradientBrush 类定义，需要 4 个参数。创建渐变刷的格式为：

```
LinearGradientBrush 渐变刷对象 = new
LinearGradientBrush(Point1,Point2,Color1,Color2);
```

其中，Point1，Point2 构成一个矩形区域，控制渐变的起点和终点；Color1、Color2 分别设置渐变的起始点颜色和终点颜色。

（4）网格刷。网格刷根据条纹模式来设置填充类型，为了使填充区域更生动，还需要说明使用的颜色。它由 HatchBrush 类定义，创建网格刷的格式为：

```
HatchBrush 网格刷对象 = new HatchBrush(条纹类型,Color.前景色,Color.背景色);
```

2. 常用绘图填充方法

封闭图形的填充通过各种 Fill 绘图方法来完成。表 6-9 列出了常用封闭图形的填充方法。

表 6-9 常用封闭图形的填充方法

绘图方法	说明
FillRectangle()	功能：填充矩形 格式：FillRectangle(b,rect)
FillEllipse()	功能：填充椭圆 格式：FillEllipse(b,rect)
FillPie()	功能：绘制扇形轮廓 格式：FillPie(b,rect,startangle,sweepangle)

续表

绘图方法	说　明
FillPolygon()	功能：填充多边形 格式：FillPolygon (b,point 数组)
FillClosedCurve()	功能：填充由 Point 数组中的点构成的封闭图形 格式：FillClosedCurve(b,point 数组)

表 6-9 中的参数 b 为画刷；rect 为 Rectangle 结构；startangle 和 sweepangle 为弧线起始角度和扫过的角度。

【例 6-7】设计 Windows 窗体应用程序，分别使用以上介绍的方法填充图形。

其设计步骤如下：

（1）创建一 Windows 窗体应用程序，在 Form1 的设计视图中将此窗体调整到适当大小并将 Text 属性设置为"图像填充"。

（2）在窗体的代码编辑窗中引用命名空间：

```
using  System.Drawing.Drawing2D;
```

（3）在窗体的 Paint 事件中添加如下代码：

```
Graphics g = e.Graphics;
Point pt1 = new Point(50,0);
Point pt2 = new Point(100,100);
TextureBrush tb = new TextureBrush(new Bitmap("33.jpg"));
Rectangle rect1 = new Rectangle(5,5,100,100);
g.FillRectangle(tb,rect1);
LinearGradientBrush  lb  =  new  LinearGradientBrush(pt1,pt2,Color.Blue,
Color.White);
Rectangle rect2 = new Rectangle(110,5,100,100);
g.FillRectangle(lb,rect2);
HatchBrush    hb    =    new    HatchBrush
(HatchStyle.DarkHorizontal,Color.Blue,
Color.Yellow);
Rectangle    rect3    =    new    Rectangle
(230,5,100,100);
g.FillRectangle(hb,rect3);
```

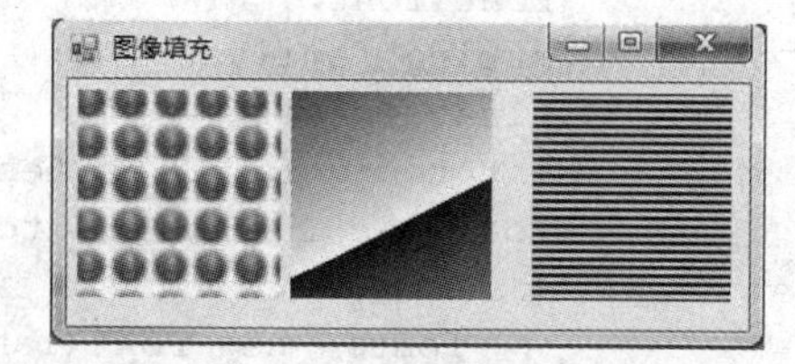

图 6-13　【例 6-7】运行结果

（4）运行程序，结果如图 6-13 所示。

6.4　GDI+绘制字符串

1. 字体 Font 对象

在使用 GDI+绘制文本之前，必须构造 Font 对象。Font 类决定了文本的字体格式，如字体类型、大小和风格等。用 Font 类的构造函数建立一种字体，需要 3 个参数：

```
Font  字体对象 = new Font("字体名",字体大小,字体样式);
```

表 6-10 列出了字体的样式。

表 6-10 字体的样式

成 员 名	说 明
Bold	粗体文本
Italic	斜体文本
Regular	正常文本
Strikeout	有删除线的文本
UnderLine	有下画线的文本

例如，Font f=new Font("仿宋",20，FontStyle. Bold)构建了字体对象 f，可书写大小为 20 像素的仿宋粗体字。

2. 绘制文字

文字绘制需要使用 Graphics 类的 DrawString()方法，绘制时至少需要说明所要绘制的文本内容、使用的 Font 对象、画刷以及开始绘制的坐标点，必要时还可以指定绘制字符串的样式。其格式如下：

```
DrawString(要绘制的内容,字体对象,画刷,起点坐标)
```

【例 6-8】利用 DrawString()方法，绘制不同字体的字符串。

其设计步骤如下：

(1) 设计窗体，添加控件并设置属性。

在 Form1 的设计视图中将此窗体调整到适当大小并将 Text 属性设置为“绘制不同字体字符串”。

(2) 设计代码。

添加窗体的 Paint 事件，其事件代码如下：

```
private void Form1_Paint(object sender, PaintEventArgs e)
{
    Graphics g = this.CreateGraphics();
    FontFamily[] families = FontFamily.GetFamilies(e.Graphics);
    Font font;
    string familystring;
    float spacing = 0f;
    int top = families.Length > 10 ? 10 : families.Length;
    for (int i = 0; i < top; i++)
    {
        font = new Font(families[i], 16, FontStyle.Bold);
        familystring = "This is the" + families[i].Name + "family.";
        g.DrawString(familystring,font,Brushes.Black,0,spacing);
        spacing += font.Height + 3;
    }
}
```

(3) 运行程序。运行结果如图 6-14 所示。

【例 6-9】在窗体上输出阴影文字。

阴影效果是字体显示中时常使用的效果，其实质是将同一文本内容显示两遍，利用位置的相错和颜色的变化来实现。阴影的淡化可用 Alpha 通道设置画刷的颜色。

其设计步骤如下：

(1) 设计窗体，添加控件并设置属性。

在 Form1 的设计视图中将此窗体调整到适当大小并将 Text 属性设置为 “阴影效果”。

（2）设计代码。

添加窗体的 Paint 事件，其事件代码如下：

```
private void Form1_Paint(object sender, PaintEventArgs e)
{
   Graphics g = this.CreateGraphics();
   Font f = new Font("宋体", 26, FontStyle.Bold);
   SolidBrush sl1 = new SolidBrush(Color. Black );
   SolidBrush sl2= new SolidBrush(Color. FromArgb(50,Color.Black));
   g.DrawString("阴影效果", f, sl1, 10, 30);
   g.DrawString("阴影效果",f,sl2,16,36);
}
```

（3）运行程序。运行结果如图 6-15 所示。

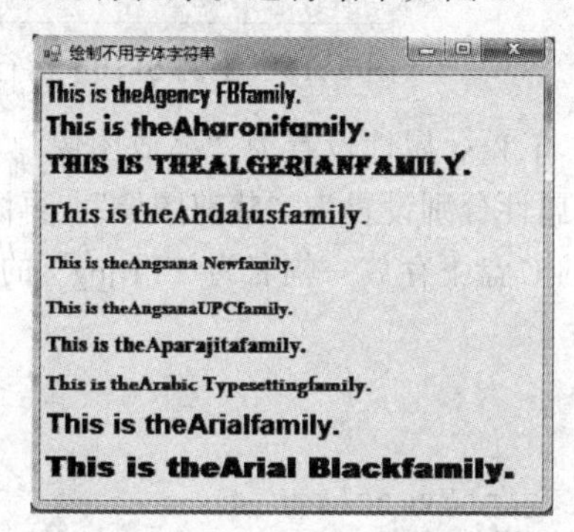

图 6-14 【例 6-8】运行结果

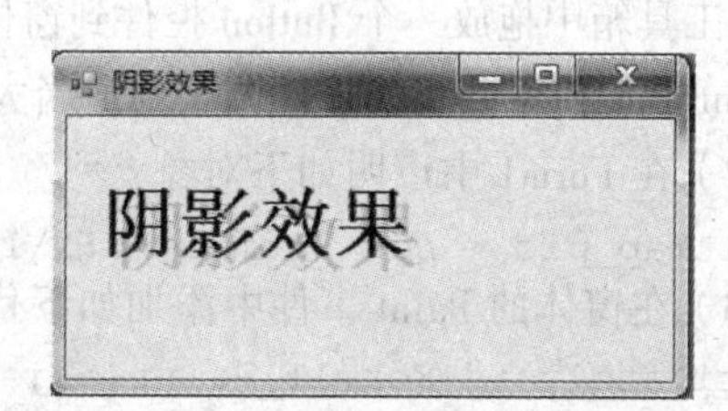

图 6-15 【例 6-9】运行结果

6.5 图 像 处 理

如果想要加载和显示已有的光栅图像，可以使用 Bitmap 来完成，还可以使用 Metafile 类来加载和显示矢量图像。Bitmap 和 Metafile 类都是从 Image 类中继承而来的。

在创建 Bitmap 对象后，使用 Graphics 对象的 DrawImage()方法，就可以显示图像文件中的图像。

设置 DrawImage()方法的不同参数，可实现缩放图像。其格式为：

```
DrawImage(图像对象,起始点X,Y[,宽度,高度])
```

图片的宽度和高度可控制图片的放大与缩小。当宽度与高度为负值时，可实现图像在水平或垂直方向翻转。

【例 6-10】在窗体上绘制图像。

其设计步骤如下：

（1）设计窗体，添加控件并设置属性。

在 Form1 的设计视图中将此窗体调整到适当大小并将 Text 属性设置为“绘制图像”。

从工具箱中拖放一个 Button 控件到窗体中，将 Text 属性分别设置为“绘制”，再添加一个 PictureBox 控件并将此控件调整到适当大小。在本机的 C 盘下存放一幅名为“toux.gif”的图片。

（2）添加事件及其事件代码。

“绘制”按钮的事件代码如下：

```
private void button1_Click(object sender, EventArgs e)
{
    Bitmap mybitmap = new Bitmap("c:\\toux.gif");
    Graphics g=pictureBox1.CreateGraphics();
```

```
    g.DrawImage(mybitmap,30,50);
}
```

（3）运行程序。运行结果如图 6-16 所示。

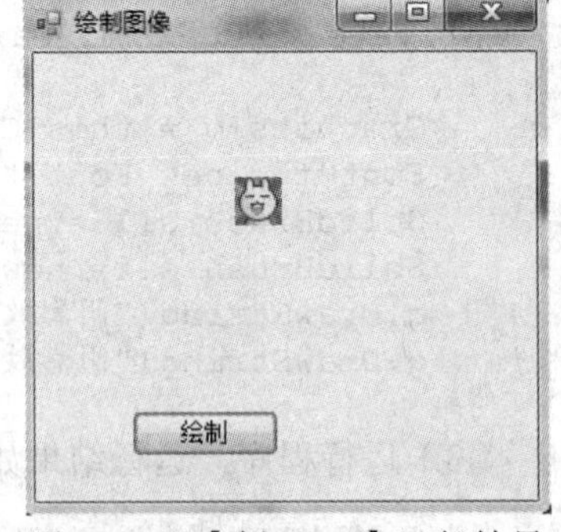

图 6-16 【例 6-10】运行结果

除了缩放图像，还可以对图像进行裁切。

设置 DrawImage()方法的不同参数，可实现裁切图像。其格式为：

```
DrawImage(图像对象,目标矩形,源矩形,GraphicsUnit.Pixel)
```

【例 6-11】从文件创建一个 Bitmap 对象，按照图像原始宽度和高度绘制图像，然后读取该图像位于（120,100,200,400）矩形区域的数据，在 pictureBox 控件上对裁切的图像进行缩放。

其设计步骤如下：

（1）设计窗体，添加控件并设置属性。

在 Form1 的设计视图中将此窗体调整到适当大小并将 Text 属性设置为"缩放图像"。

从工具箱中拖放一个 Button 控件到窗体中，将 Text 属性分别设置为"裁剪图像"，再添加一个 PictureBox 控件并将此控件调整到适当大小。在本机的 C 盘下存放一幅名为"11.jpg"的图片。

（2）在 Form1 中声明如下对象：

```
Bitmap pic = new Bitmap("c:\\11.jpg");
```

（3）在窗体的 Paint 事件中添加如下代码：

```
private void Form11_Paint(object sender, PaintEventArgs e)
{
    Graphics g = this.CreateGraphics();
    g.DrawImage(pic,5,5);
}
```

（4）在"裁剪图像"按钮的 Click 事件中添加如下代码：

```
private void button1_Click(object sender, EventArgs e)
{
    Rectangle xrect = new Rectangle(120,100,200,500);
    Graphics gp = pictureBox1.CreateGraphics();
    int w = pictureBox1.Width;
    int h = pictureBox1.Height;
    Rectangle mrect = new Rectangle(0, 0, w, h);
    gp.DrawImage(pic,mrect,xrect,GraphicsUnit.Pixel);
}
```

（5）运行程序，结果如图 6-17 和图 6-18 所示。

图 6-17 【例 6-11】运行界面 1

图 6-18　【例 6-11】运行界面 2

6.6 综合应用

【例 6-12】根据参数方程 x=50(1+Sin(4*a))*Cos(a)，y=50(1+Sin(4*a))*Sin(a)绘制立体四瓣花形图案，程序运行界面如图 6-19 所示。

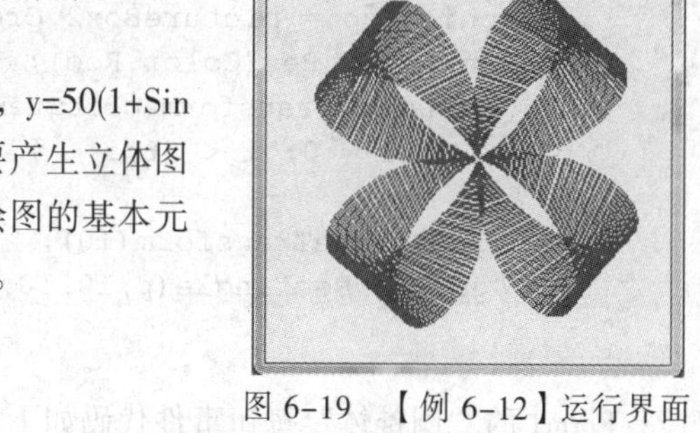

图 6-19　【例 6-12】运行界面

分析：直接按参数方程 x=50(1+Sin(4*a))*Cos(a)，y=50(1+Sin(4*a)) *Sin(a)的坐标（x,y）绘制的曲线是平面的。要产生立体图案，可以按方程产生两个点的坐标，用此线段作为绘图的基本元素，将这些线段组合起来，就可得到所希望的结果。

其设计步骤如下：

1）设计窗体

窗体 Form1 的 Text 属性设置为“花形图案”。

2）编写代码

Form1 的 Paint 事件代码如下：

```
private void Form1_Paint(object sender, PaintEventArgs e)
{
    Graphics g = this.CreateGraphics();
    Pen p = new Pen(Color.Red);
    float pi = 3.14F;
    float a, r;
    int x1, x2, y1, y2;
    for(a = 0; a <= 2*pi; a += pi / 360)
    {
      r = 50 * (float)(1 + Math.Sin(4 * a));
      x1 = 120 + (int)(r * Math.Cos(a));
      //120 和 100 决定图案中心在窗体上的位置
      y1 = 100 + (int)(r * Math.Sin(a));
      x2 = 120 + (int)(r * Math.Cos(a + pi / 5));
      // 在临近的位置产生第二点，这里为 pi / 5
  y2 = 100 + (int)(r * Math.Sin(a + pi / 5));
```

```
    g.DrawLine(p, x1, y1, x2, y2);
  }
}
```

【例 6-13】分别在 PictureBox 上绘制圆锥体和用矩形框叠加的艺术图，程序运行界面如图 6-20 所示。

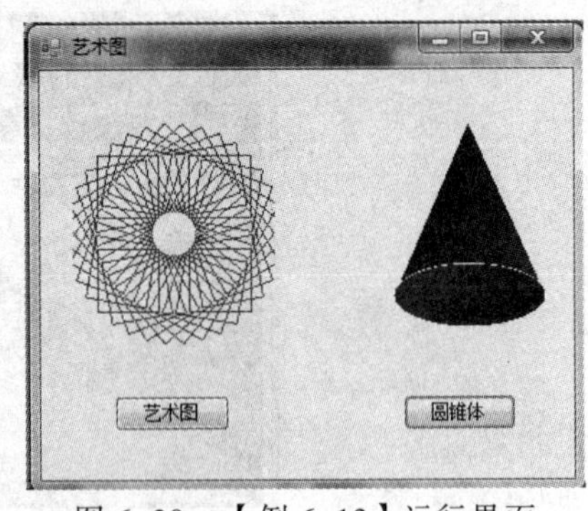

图 6-20 【例 6-13】运行界面

分析：圆锥体可由三角形和椭圆组合而成，使用不同的渐变刷对三角形和椭圆进行填充，可产生立体效果。

其设计步骤如下：

1）设计窗体

窗体 Form1 的 Text 属性设置为“艺术图”，从“工具箱”中添加两个 Button 按钮控件及两个 PictureBox 控件。

2）编写代码

首先导入命名空间：

```
using System.Drawing.Drawing2D;
```

Form1 的“艺术图”按钮事件代码如下：

```
private void button2_Click(object sender, EventArgs e)
{
    Graphics gp = pictureBox2.CreateGraphics();
    Pen p = new Pen(Color.Red);
    gp.TranslateTransform(pictureBox2.Width/2,pictureBox2.Height/2);
    for(int i = 0; i < 36;i++ )
    {
        gp.RotateTransform(10);
        gp.DrawRectangle(p,10,10,40,40);
    }
}
```

Form1 的“圆锥体”按钮事件代码如下：

```
private void button1_Click(object sender, EventArgs e)
{
    Graphics gp = pictureBox1.CreateGraphics();
    Point pt1 = new Point(0,0);
    Point pt2 = new Point(180,180);
    LinearGradientBrush lb1 = new LinearGradientBrush(pt1,pt2,Color.Black,
Color.Green);
    Point[] pts = { new Point(75,10),new Point(25,120),new Point(125,120)};
    gp.FillPolygon(lb1,pts);
    Pen p = new Pen(Color.White );
    gp.DrawEllipse(p,25,100,100,40);
    LinearGradientBrush lb2 = new LinearGradientBrush(pt1, pt2, Color.Green,
Color.Black);
    gp.FillEllipse(lb2,25,100,100,40);
}
```

上机实验

1. 编写一 Windows 窗体应用程序，要求利用 DrawEcllipse()方法在图形框上绘制艺术图案。

2. 编写一 Windows 窗体应用程序，根据输入在图形框中显示旋转文字。

3. 编写一 Windows 窗体应用程序，当单击“绘图”按钮时在窗体上绘制正方形、圆形、多边形与扇形。

4. 编写一 Windows 窗体应用程序，使用“文件打开”对话框加载图片文件，提供对图像缩放。

5. 编写一 Windows 窗体应用程序，在窗体上绘制随机点并设置点的颜色。

第7章 键盘和鼠标事件

在Windows应用程序中，用户主要依靠鼠标和键盘事件下达命令和输入各种数据，C#应用程序可以响应多种键盘及鼠标事件。

利用键盘事件可以编程响应多种键盘操作。

许多控件都可以检测鼠标的位置，并可以检测是否按下了鼠标键及按下了哪个键（左、右键），也能响应鼠标与按钮的配合使用。

C#提供了很多与用户操作鼠标和键盘相关的事件。这些事件中的每一个都有一个事件处理程序。这些事件包括MouseDown、MouseUp、MouseMove、MouseEnter、MouseLeave、MouseHover、KeyPress、KeyDown、KeyUp。

7.1 键盘事件

C#主要为用户提供了三种键盘事件，按下某ASCII字符键时发生KeyPress事件，按下任意键时发生KeyDown事件和释放键盘上任意键时发生KeyUp事件。

只有获得焦点的对象才能够接收键盘事件。只有当窗体为活动窗体且其上所有控件均未获得焦点时，窗口才获得焦点。键盘事件彼此之间并不相互排斥。按下一键时产生KeyPress和KeyDown事件，放开该键时产生一个KeyUp事件。

在按下Tab键时，除非窗体上每个控件都无效或每个控件的TabStop属性均为False，否则将产生焦点转移事件，而不会触发键盘事件。

7.1.1 处理KeyPress事件

当用户按下又放开某个ASCII字符键时，会引发当前拥有焦点对象的KeyPress事件。

1. 判断、处理用户按键

该事件通过KeyPressEventArgs类的返回参数可以判断用户按下的是哪个键，会把用户所按下键的值送入e.KeyChar中。该事件最常用的情况是：判断用户按下的键是否为回车（Enter）键，以此来结束输入并执行下一步。当e.KeyChar的值为13时表示按下回车键。

但是KeyPress事件只能识别Enter、Tab、Backspace等键。下列情况是KeyPress事件不能识别的：

（1）不能识别Shift、Ctrl、Alt键的特殊组合。

（2）不能识别箭头（方向）键。

（3）不能识别PageUp、PageDown键。

（4）不能区分数字小键盘与主键盘数字键。

（5）不能识别与菜单命令无联系的功能键。

2. KeyPress 事件应用举例

【例 7-1】设计一个 ASCII 码查询程序，用户在窗体上按下某一键后屏幕显示该键名及对应的 ASCII 码，如图 7-1 所示。

（1）建立 Windows 窗体应用程序，添加 1 个标签控件 Label1，适当调整标签的大小和位置。

（2）在窗体的 KeyPress 事件中添加如下代码：

```
switch(e.KeyChar)
{
    case (char)Keys.Back:
        label1.Text = "退格键: " + (int)Keys.Back + label1.Text;
        break;
    case (char)Keys.Tab:
        label1.Text = "Tab: " + (int)Keys.Tab + label1.Text;
        break;
    case (char)Keys.Enter:
        label1.Text = "回车键: " + (int)Keys.Enter + label1.Text;
        break;
    case (char)Keys.Space:
        label1.Text = "空格键: " + (int)Keys.Space + label1.Text;
        break;
    case (char)Keys.Escape:
        label1.Text = "Esc键: " + (int)Keys.Escape + label1.Text;
        break;
    default:
        label1.Text = e.KeyChar + ":" + (int)e.KeyChar + "\n" + label1.Text;
        break;
}
```

【例 7-2】比较 KeyChanged 事件和 KeyPress 事件的方法，要求：

（1）用户在左侧文本框中输入内容，每输入一个字符，把当前步骤显示在上方的标签里；

（2）用户在右侧文本框中输入内容，只有在按下回车（Enter）键时，才把当前步骤显示在上方的标签里。

程序运行界面如图 7-2 所示。

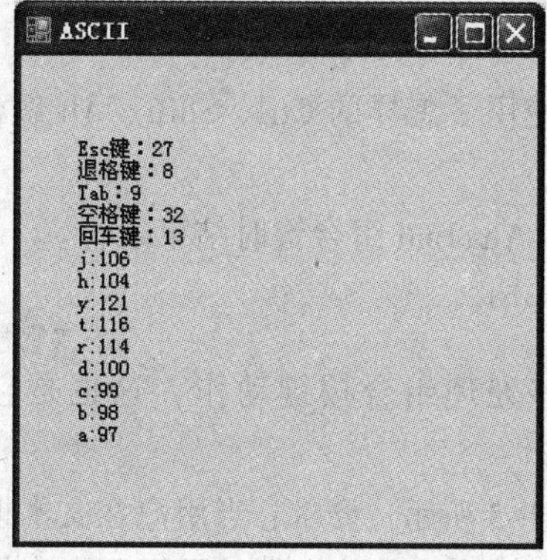

图 7-1 【例 7-1】运行界面

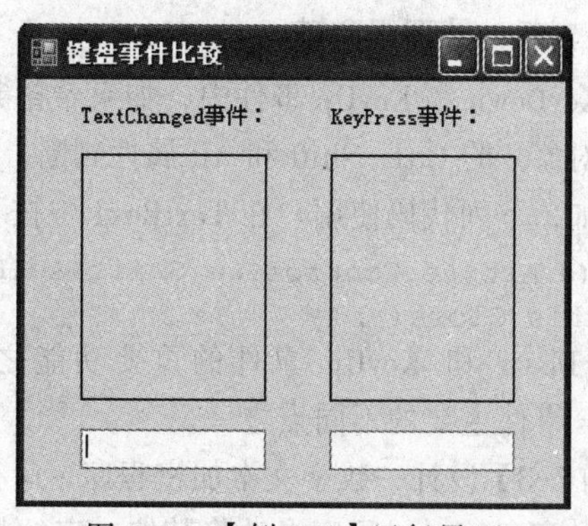

图 7-2 【例 7-2】运行界面

程序原代码如下：

```
private void textBox1_TextChanged(object sender, EventArgs e)
{
    Label3.Text+=textBox1.Text + Environment.NewLine ;
    }
private void textBox2_KeyPress(object sender, KeyPressEventArgs e)
{
    if(e.KeyChar==13)
    {
        Label4.Text+=textBox2.Text + Environment.NewLine ;
    }
}
```

7.1.2 处理 KeyDown 和 KeyUp 事件

KeyDown 和 KeyUp 事件发生在用户按下键盘上某键时，通常可编写其事件代码以判断用户按键的情况。

1. 判断、处理用户按键

当用户按下键盘上的任意键时，会引发当前拥有焦点对象的 KeyDown 事件。用户放开键盘上任意键时，会引发 KeyUp 事件。KeyDown 和 KeyUp 事件通过 e.KeyCode 或 e.KeyValue 返回用户按键对应的 ASCII 码，常用非字符键的 KeyCode 值如表 7-1 所示。

表 7-1 常用非字符键的 KeyCode 值

功 能 键	KeyCode	功 能 键	KeyCode
F1~F10	112~121	End	35
BackSpace	8	Insert	45
Tab	9	Delete	46
Enter	13	Caps Lock	20
Esc	27	←	37
PageUp	33	↑	38
PageDown	34	→	39
Home	36	↓	40

2. 判断、处理组合键

在 KeyDown 和 KeyUp 事件中，如果希望判断用户曾使用了怎样的 Ctrl、Shift、Alt 组合键，可通过对象 e 的 Ctrl、Shift 和 Alt 属性判断。

例如，下列代码使用户在 TextBox1 中按下 Ctrl+Shift+Alt+End 组合键时结束运行。

```
if(e.Alt&&e.Control&&e.Shift&&e.KeyValue==35)
  this.Close();
```

KeyDown 和 KeyUp 事件的重要功能之一就是能够处理组合按键动作，这也是它们与 KeyPress 事件主要的不同点之一。

【例 7-3】设计一数字文本加密程序，运行结果如图 7-3 所示。要求：当用户在文本框中输入一个数字字符时，程序自动将其按一定的规律（算法）转换成其他字符并显示到文本框中，在标签控件中显示原始字符。按 Backspace 键即可删除光标前一个字符，标签中的内容随之变化。按 Enter 键时显示如图 7-4 所示的信息框，单击“确定”按钮结束程序运行。若用户按下 Ctrl+Shift+End 组合键，则直接结束程序运行。本例中数字字符转换规则如表 7-2 所示（可以根据实际情况自行定制转换规则）。

图 7-3　【例 7-3】运行结果

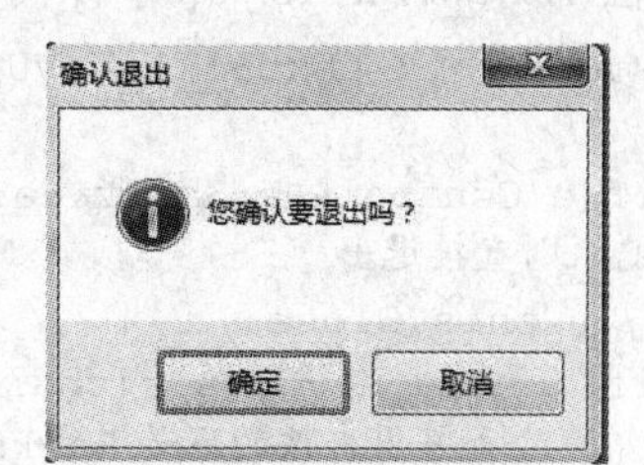

图 7-4　【例 7-3】退出界面

表 7-2　数字字符转换规则

原 始 字 符	转换后字符	原 始 字 符	转换后字符
1	#	6	@
2	!	7	%
3	&	8	*
4	+	9	~
5	$	0	?

（1）建立 Windows 窗体应用程序，添加 1 个标签控件 Label1 和 1 个文本框控件，适当调整各控件的大小和位置，并设置控件对象的属性。

（2）编写代码。

首先在 Form1 类定义的类体中声明字符串型字段 x：

```
string x;
```

文本框 TextBox1 的 KeyDown 事件代码为：

```
private void textBox1_KeyDown(object sender, KeyEventArgs e)
{
    if(textBox1.Text == "")
        x = "";
    else
        x = textBox1.Text;
if((int)e.KeyCode!=(int)Keys.
Back&&(e.KeyValue>=48&&e.KeyValue<=57||e.KeyValue>=96&&e.KeyValue<=105))
//如果用户按下的不是BackSpace键，而是数字键
{ //将输入的数字存入标签Label1的Text属性中
    if(e.KeyValue < 96)
        label1.Text += (char)e.KeyValue;
    else
        label1.Text += (char)(e.KeyValue-48);
```

```
    }
        else if((int)e.KeyCode==(int)Keys.Back) //如果用户按下的是<BackSpace>
键，则删除标签中最后一个字符
    {
        if (label1.Text[label1.Text.Length - 1] == ':')
            return;
        label1.Text = label1.Text.Remove(label1.Text .Length -1);
    }
}
```

文本框 TextBox1 的 KeyUp 事件代码为：

```
 private void textBox1_KeyUp(object sender, KeyEventArgs e)
{
    if(e.Control&&e.Shift&&e.KeyValue==35)      //如果用户按下了Ctrl+ Shift+End
组合键，则直接退出
        this.Close();
    if((int)e.KeyCode!=(char)Keys.Back&&(int)e.KeyCode!=(char)Keys. Enter)
     {  //如果用户按的不是Backspace或Enter键
        switch((int)e.KeyCode)
        {
            case (char)Keys.D1:        //录入键区的"1"与数字键区的"1"
            case (char)Keys.NumPad1: textBox1.Text = x + "#"; break;
            case (char)Keys.D2:
            case (char)Keys.NumPad2: textBox1.Text = x + "!"; break;
            case (char)Keys.D3:
            case (char)Keys.NumPad3: textBox1.Text = x + "&"; break;
            case (char)Keys.D4:
            case (char)Keys.NumPad4: textBox1.Text = x + "+"; break;
            case (char)Keys.D5:
            case (char)Keys.NumPad5: textBox1.Text = x + "$"; break;
            case (char)Keys.D6:
            case (char)Keys.NumPad6: textBox1.Text = x + "@"; break;
            case (char)Keys.D7:
            case (char)Keys.NumPad7: textBox1.Text = x + "%"; break;
            case (char)Keys.D8:
            case (char)Keys.NumPad8: textBox1.Text = x + "*"; break;
            case (char)Keys.D9:
            case (char)Keys.NumPad9: textBox1.Text = x + "~"; break;
            case (char)Keys.D0:
            case (char)Keys.NumPad0: textBox1.Text = x +"?"; break;
        }
        textBox1.SelectionStart = textBox1.TextLength;   //文本框中的光标移
到最后
     }
     if((int)e.KeyCode==(int)Keys.Enter)  //如果用户按下的是Enter键
     {
         if(MessageBox.Show("您确认要退出吗？","确认退出",MessageBox
Buttons.OKCancel,MessageBoxIcon.Information) == DialogResult.OK)
             this.Close();
     }
}
```

说明：

本例结合 KeyDown 和 KeyUp 事件，介绍了数据加密的基本方法，在实际应用中通常是将用户的输入转换（加密）后存入数据库中，读取时还需要一个反向转换（解密）程序将数据还原。

7.2 鼠标事件

所谓鼠标事件，是指用户操作鼠标时触发的事件，如单击鼠标左键、单击鼠标右键、用鼠标指向某个对象等。C#支持的鼠标事件有许多，本节重点介绍 MouseDown、MouseUp 和 MouseMove 三种鼠标事件。可通过这三种事件使应用程序对鼠标位置及状态的变化作出响应。大多数控件都能够识别这些鼠标事件。

系统是通过 MouseEventArgs 类为 MouseDown、MouseUp 和 MouseMove 事件提供数据的，使用该类的成员可以有效地判断用户按下了哪个鼠标键、按下并放开几次鼠标键、鼠标轮转动情况及当前鼠标指针所在的位置（X,Y）坐标。

当鼠标指针位于窗体上无控件的区域时，窗体将识别鼠标事件。当鼠标指针在控件上时，控件将识别鼠标事件。如果按下鼠标按键不放，则对象将继续识别后面的鼠标事件，直到用户释放鼠标按键。即使此时指针已移离对象，情况也是如此。例如，在 Word 工具栏中选择字体时，鼠标左键在"楷体"选项上按下，但在"宋体"选项上放开，选择的结果将是"宋体"。

7.2.1 鼠标事件发生的顺序

当用户操作鼠标时，将触发一些事件。这些事件的发生顺序如下：

（1）MouseEnter：当鼠标指针进入控件时触发的事件。

（2）MouseMove：当鼠标指针在控件上移动时触发的事件。

（3）MouseHover/MouseDown/MouseWheel：其中 MouseHover 事件当鼠标指针悬停在控件上时被触发；MouseDown 事件在用户按下鼠标键被触发；MouseWheel 事件在拨动鼠标滚轮并且控件有焦点时被触发。

（4）MouseUp：当用户在控件上按下的鼠标键释放时触发。

（5）MouseLeave：当鼠标指针离开控件时触发。

掌握各种鼠标事件的触发顺序对合理响应用户的鼠标操作，编写出正确、高效的应用程序有十分重要的意义。

7.2.2 MouseDown 和 MouseUp 事件

当鼠标指针在某个控件上。用户按下鼠标键时，将发生 MouseDown 事件。当指针保持在控件上，用户释放鼠标键时，释放 MouseUp 事件。当用户移动鼠标指针到控件上时，将发生 MouseMove 事件。程序员可通过编写 MouseDown、MouseUp 和 MouseMove 事件代码来判断和处理用户对鼠标的操作。

MouseEventArgs 类的常用属性如表 7-3 所示。

表 7-3　MouseEventArgs 类的常用属性

属　性	说　明
Button	获取按下的是哪个鼠标按钮，其取值可使用 MouseButtons 枚举成员，如表 7-2 所示
Clicks	获取按下并释放鼠标按钮的次数。1 表示单击，2 表示双击
Delta	获取鼠标滚轮已转动的制动器数的有符合技术
X 或 Y	获取当前鼠标所在位置的 X 或 Y 坐标

MouseButtons 枚举成员的常用值如表 7-4 所示。

表 7-4　MouseButtons 枚举成员的常用值

成　员	值	说　明
Left	1048576	按下鼠标左键
Middle	4194304	按下鼠标中键
Right	2097152	按下鼠标右键
None	0	没有按键

例如，下列语句判断用户是否右键双击了窗体，若是则退出程序。请注意代码中带有下画线的部分。

```
private  void  Form1_MouseDown(object sender,MouseEventArgs e)
{
    if(e.Button==MouseButtons.Right&&e.Clicks==2)
    this.Close();
}
```

【例 7-4】设计一个 MouseDown 事件的示例程序。程序启动后，当用户在窗体上单击或双击右键或左键时，屏幕上显示用户的操作，程序运行界面如图 7-5 所示。

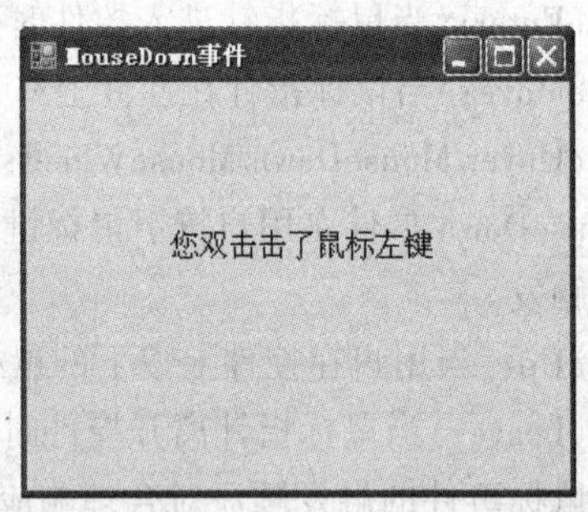

图 7-5　【例 7-4】运行界面

（1）建立 Windows 窗体应用程序，添加 Label 控件。

（2）编写事件代码：

```
private void Form2_MouseDown(object sender, MouseEventArgs e)
{
    string str1 = "", str2 = "";
    switch(e.Button)
    {
        case MouseButtons.Right :
            str1 = "右";
            break;
```

```
            case MouseButtons .Left :
                str1 = "左";
                break;
        }
        switch(e.Clicks)
        {
            case 1:
                str2 = "单击";
                break;
            case 2:
                str2 = "双击";
                break;
        }
        label1.Text = "您" + str2 + "击了鼠标" + str1 + "键";
        label1.Left =(this.Width -label1.Width)/2;
    }
```

说 明

在窗体上选择标签控件 Label1，在属性窗口单击事件按钮，选择 Label1 的 MouseDown 事件，单击该事件右侧的下拉按钮，在列表框中选择 Form1_MouseDown。这样使窗体与标签共享同一事件代码，不论在哪上面操作鼠标的按键，都将执行相同的操作。

7.2.3　MouseMove 事件

当用户在移动鼠标指针到控件上时触发 MouseMoves 事件，与该事件相关的事件还有 MouseEnter 和 MouseLeave 事件，分别在鼠标指针进入控件和离开控件时发生。

MouseMove 事件与前面介绍的 MouseDown 事件一样，通过 MouseEventArgs 类的属性为事件提供数据，对于 MouseMove 事件，应用最多的是 MouseEventArgs 类的 X 属性和 Y 属性，这两个用于返回当前鼠标位置的坐标值。

【例 7-5】设计程序，要求将鼠标指针指向和离开按钮 Button 时，按钮上显示的图片不同。当鼠标在窗体上移动时，标签中实时显示当前指针的坐标值（X,Y），运行界面如图 7-6 所示。

图 7-6　【例 7-5】运行界面

（1）建立 Windows 窗体应用程序，添加 1 个标签 Label，适当调整控件的大小及位置。设置 Label 的 Text 属性为空，窗体 Form1 的 Text 属性为“MouseMove 事件”。

（2）在窗体 Form1 的 Load 事件和 MouseMove 事件中添加如下代码：

```
private void Form1_Load(object sender, EventArgs e)
{
    label1.Text = "当前鼠标的位置为: ";
    label2.Text = "Hello!";
}
private void Form1_MouseMove(object sender, MouseEventArgs e)
{
    label1.Text = "当前鼠标的位置为: " + "" + e.X + ", " + e.Y;
}
```

（3）按钮 Button1 的事件代码为：

```
private void button1_MouseEnter(object sender, EventArgs e)
{
    label2.Text = "Thank you!";
}
private void button1_MouseLeave(object sender, EventArgs e)
{
    label2.Text = "Bye!";
}
```

（4）运行程序，结果如图 7-6 所示。

7.3 综合应用

【例 7-6】设计一个小游戏，程序启动后窗体上显示图 7-7 所示的界面，当用户试图用鼠标捕捉图标时总不能成功。但右键双击窗体后，图标不再移动，用户指向图标后显示图 7-8 所示界面，双击鼠标游戏重新开始。

图 7-7 【例 7-6】程序运行时界面

图 7-8 【例 7-6】游戏结束界面

（1）设计程序界面。添加 2 个标签 Label，适当调整控件的大小及位置。设置 Label1 和 Label2 的 Text 属性为“能抓住我吗？”，ImageAlign 属性为“ToCenter”；窗体 Form1 的 Text 属性为“小游戏”。

（2）添加一全局变量并初始化为 0。

```
int num=0;
```

（3）编写事件代码。窗体 Form1 的 Load 事件代码如下：

```
private void Form1_Load(object sender, EventArgs e)
{
    label1.Image = Image.FromFile("FACE05.ICO");
```

```
    label2.Image = Image.FromFile("FACE05.ICO");
    label1.Visible = false;
}
```

窗体 Form1 的 MouseDown 事件代码如下：

```
private void Form1_MouseDown(object sender, MouseEventArgs e)
{
    if(e.Button == MouseButtons.Right && e.Clicks == 2)
        num = 1;
    if(e.Button == MouseButtons.Left && e.Clicks == 2)
    {
        num = 0;
        label1.Image = Image.FromFile("FACE05.ICO");
        label2.Image = Image.FromFile("FACE05.ICO");
        label1.Visible = false;
        label2.Visible = true;
}
```

Label1 的 MouseEnter 事件代码如下：

```
private void label1_MouseEnter(object sender, EventArgs e)
{
    if(num == 0)
    {
        label1.Visible = false;
        label2.Visible = true;
    }
        else
    {
        label1.Visible = true;
        label2.Visible = false;
        label1.Text = "恭喜你";
        label1.Image = Image.FromFile("FACE04.ICO");
    }
}
```

Label2 的 MouseEnter 事件代码如下：

```
private void label1_MouseEnter(object sender, EventArgs e)
{
    if(num == 0)
    {
        Label2.Visible = false;
        Label1.Visible = true;
    }
    else
    {
        Label2.Visible = true;
        Label1.Visible = false;
        Label2.Text = "恭喜你";
        Label2.Image = Image.FromFile("FACE04.ICO");
    }
}
```

（4）运行程序，结果如图 7-7 和图 7-8 所示。

上机实验

1. 设计一个键盘事件处理程序。运行程序后，当用户按下 Ctrl+Shift+F3 组合键时屏幕显示如图 7-9 所示界面。

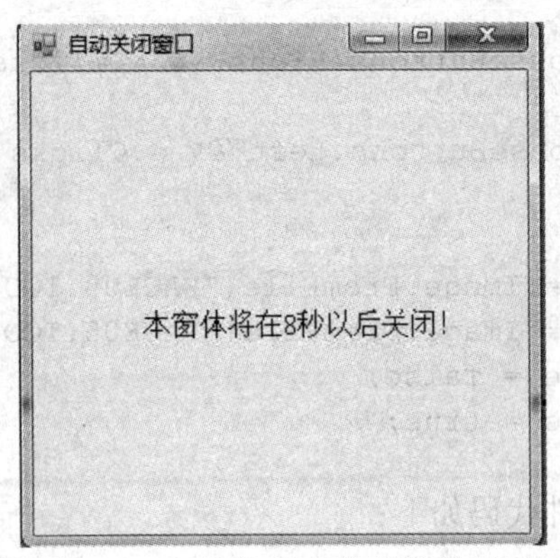

图 7-9 上机实验 1 程序运行界面

2. 编写一个小游戏，当鼠标靠近图标时，图标会自动躲避鼠标，另外底部还有状态条，显示鼠标当前位置。

第8章 创建数据库应用程序

数据库是存放数据的一种介质，数据以一种特定的形式存储在数据库管理软件中，并通过该软件进行数据的管理。通过应用程序与数据库接口进行交换，从而实现应用程序对数据的操作。本章首先介绍数据库的基础知识，然后分别介绍 Microsoft Access 和 Microsoft SQL Server 两个数据库系统，第三步介绍 SQL 结构化查询语言，最后利用 C#编写程序访问数据库。

8.1 数据库基础知识

8.1.1 有关数据库的概念

对于应用程序来讲需要一个保存数据的地方。应用程序可以采取两种方式存储数据：一是自定义格式的文件；二是数据库。采用何种方式取决于应用程序的具体情况。一般的自定义格式数据文件的格式是应用程序特定的，不具备通用性，而且要自己定义访问数据的全部方法。所以，通常使用文件保存少量的数据，要保存海量或大量的数据就需要用到数据库。采用数据库主要有三方面的优点：一是数据库将数据管理从应用程序设计中清晰地分离出来，应用程序设计者可以只考虑数据的逻辑关系而不必考虑数据存储与管理的细节；二是采用数据库可以有效地对数据进行访问量控制管理；三是可以保证数据之间的数据一致性。由于上述优点，目前除特殊数据管理要求外，大部分应用程序都采用数据库方式管理数据。

8.1.2 关系型数据库

不同类型数据库中采取不同的数据模型来存储数据。目前，应用最广泛的是关系模型，即二维表格模型。采用关系模型存储数据的数据库称为关系型数据库。现在流行的关系型数据库管理软件有 Microsoft Access、SQL Server 和 Oracle 等。

关系型数据库的主要概念包括：

表：数据库是一个表或多个表的集合。表是由记录的集合构成。每一个记录又由若干个字段组成。简单地说，表就是既有行又有列的二维表格，其中行称为记录，列称为字段。

记录：一条记录就是表的一行，同一个数据表中不能出现完全相同的两条记录。

字段：表的每一列称为一个字段，描述记录所具有的一个属性。字段可以包含数字、字符串、图像等。

键：键是表中某个或多个字段，键可以是唯一的，也可以是不唯一的。唯一键可以被指定为主键，用来唯一标识记录。

关系：关系是表与表之间的联系。数据库可以由多个表组成，表与表之间以不同的方式相互关联。

以学生信息表为例，理解以上概念，如图 8-1 所示。

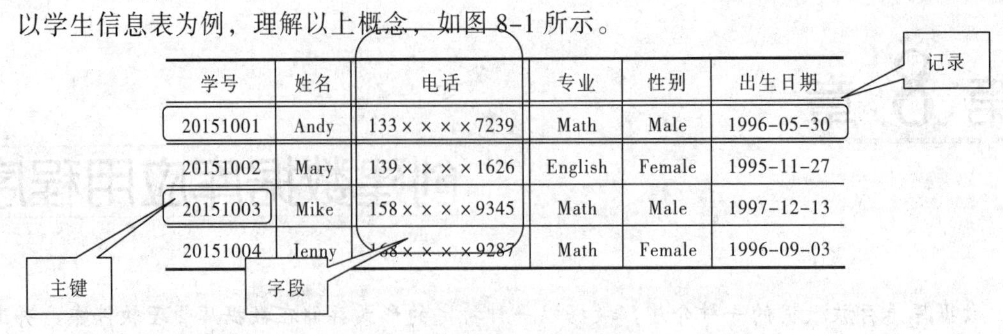

图 8-1　关系数据库的主要概念

8.2　数据库系统

本节介绍现在流行的关系型数据库管理软件 Microsoft Office Access 和 SQL Server，并分别使用它们创建数据库 student 用于记录学生信息。其中包含两个数据表：

（1）名为 Info 的基本信息表，其表结构如表 8-1 所示。

（2）名为 Score 的成绩表，其表结构如表 8-2 所示。

表 8-1　Info 表的结构

字 段 名	数 据 类 型	长 度	主 键	含 义
ID	文本/nvarchar	10	是	学号
StuName	文本/nvarchar	10	否	姓名
Tel	文本/nvarchar	20	否	电话
Major	文本/nvarchar	20	否	专业
Sex	文本/nvarchar	10	否	性别
Birth	日期/时间/date		否	出生日期

表 8-2　Score 表的结构

字 段 名	数 据 类 型	长 度	主 键	含 义
ID	文本/nvarchar	10	是	学号
MathScore	文本/nvarchar	10	否	数学成绩

8.2.1　Microsoft Office Access

Microsoft Office Access 是由微软发布的关系数据库管理系统，是 Microsoft Office 的系列程序之一。它结合了 Microsoft Jet Database Engine 和图形用户界面两项特点。

【例 8-1】 利用 Microsoft Office Access 创建数据库 student.accdb。

（1）建立数据库。运行 Access，打开如图 8-2 所示窗口。单击“新建空白数据库”，输入文件名 student.accdb，并指定文件的存储位置在“E:”，然后单击“创建”按钮。

（2）建立数据表。在如图 8-3 所示窗口中，依次输入 Info 数据表的各个字段名，并设置各字段的类型，然后输入所有记录数据，单击“保存”按钮，根据提示输入数据表的名字“Info”即可。

数据表“Score”的建立同上，请读者自行完成。

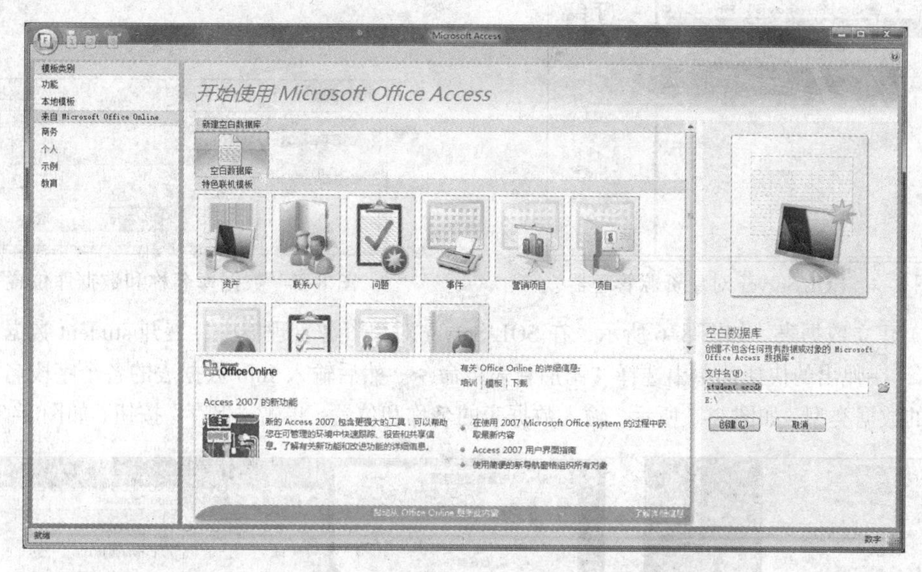

图 8-2　建立 Access 数据库

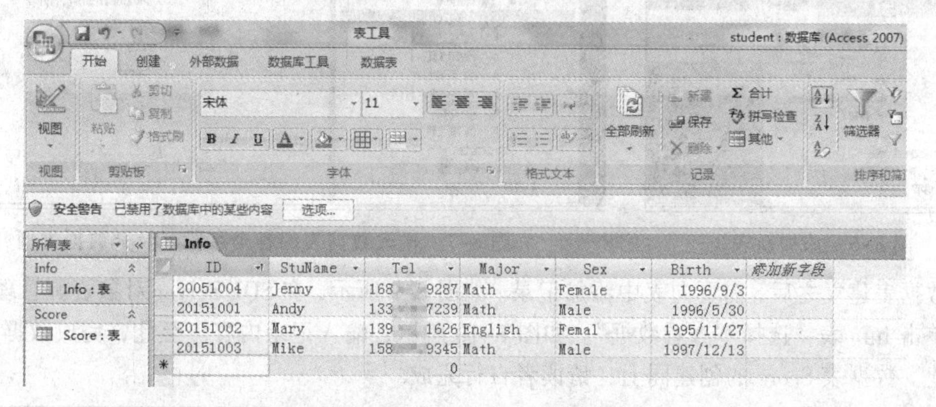

图 8-3　建立 Access 数据表

8.2.2　Microsoft SQL Server

Microsoft SQL Server 是微软推出的一个全面的数据库平台，使用集成的商业智能（BI）工具提供了企业级的数据管理。Microsoft SQL Server 数据库引擎为关系型数据和结构化数据提供了更安全可靠的存储功能，可以构建和管理高性能的数据应用程序。

【例 8-2】利用 Visual Studio 自带的 SQL Server 创建数据库 student.mdb。

（1）建立数据库。首先，从“视图”菜单中单击“SQL Server 对象资源管理器”，将之打开。右击“数据库”，在弹出的快捷菜单中选择“添加新数据库”命令，如图 8-4 所示。然后，弹出如图 8-5 所示窗口，输入数据库名称“student”，并指定存储位置为“F:”。

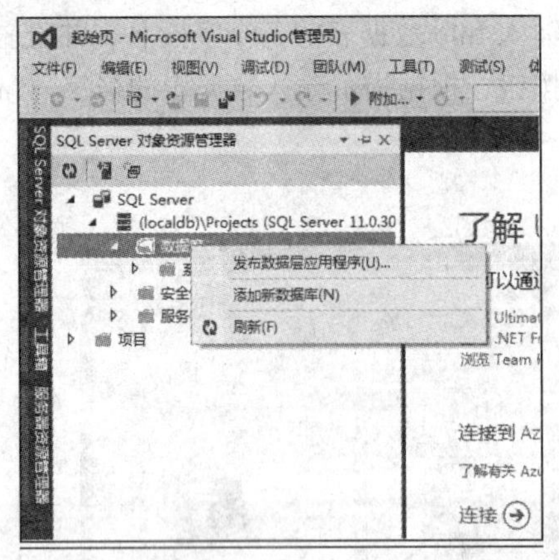

图 8-4 SQL Server 对象资源管理器

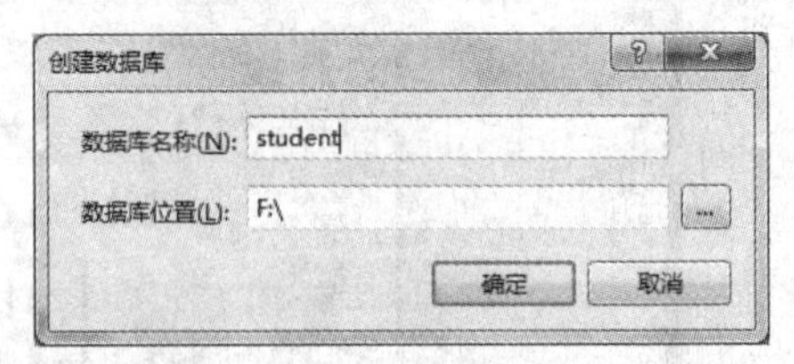

图 8-5 数据库名称和数据库位置

（2）建立数据表。如图 8-6 所示，在 SQL Server 对象资源管理器中，展开 student 数据库，右击“表”，在弹出的快捷菜单中选择“添加新表”命令。然后输入 Info 数据表的各个字段名，并设置字段的数据类型，如图 8-7 所示。输入数据表的名称和位置，单击“保存”按钮，如图 8-8 所示。

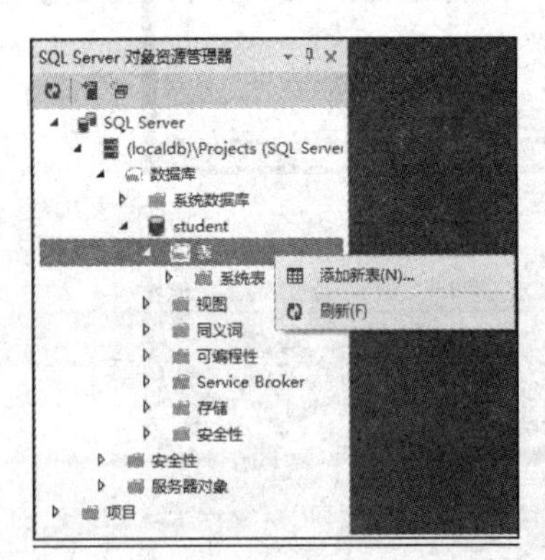

图 8-6 添加新表

图 8-7 输入数据表的各个字段名及其数据类型

数据表建立之后，需要向表中添加记录。如图 8-9 所示，在 SQL Server 对象资源管理器中，右键单击 Info 表，选择“查看数据”。如图 8-10 所示，输入记录内容。至此，完成数据表 Info 的创建。数据表 Score 的创建同上，请读者自行完成。

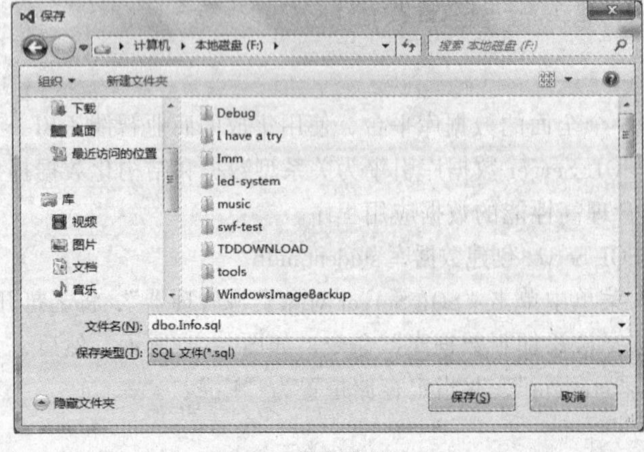

图 8-8 保存数据表

图 8-9 打开数据表

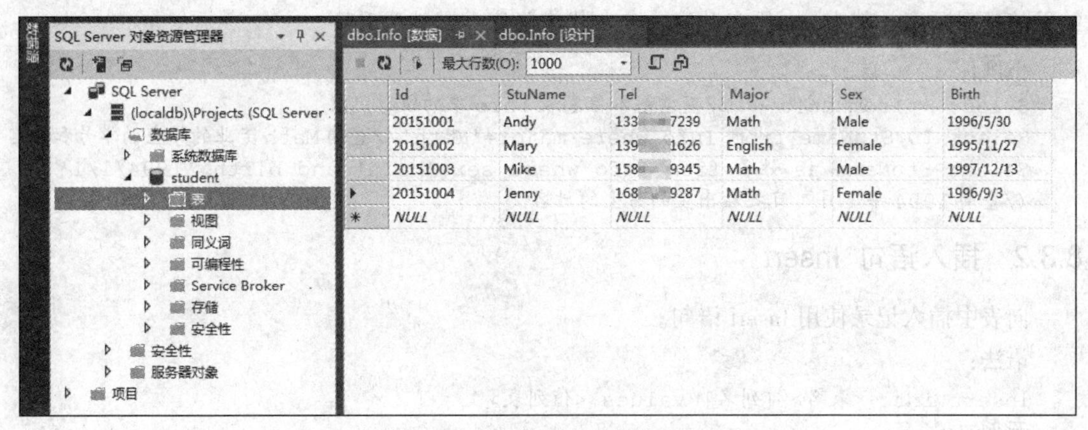

图 8-10　向数据表中添加记录

8.3　SQL 查询基础

SQL（Structured Query Language，中文名结构化查询语言）是和 C、C#、Java 等相似的编程语言，只是用于数据库操作方面，实现创建数据库、从数据库中获取数据、更新数据库中的数据等。常见的数据库管理系统，如 Access、SQL Server 和 Oracle 等都使用 SQL 作为数据库操作语言。SQL 的主要语句如表 8-3 所示。

表 8-3　SQL 的主要语句

语　句	功　能	描　述
Select	查找记录	在数据库中查找满足特定条件的记录
Insert	插入记录	向数据表中插入一条记录
Delete	删除记录	从数据表中删除记录
Update	更新记录	改变指定记录或字段的值
Create	建表	在数据库中建立一个新表
Drop	删表	从数据库中删除一个表

下面以数据库 student 为例，介绍 SQL 的主要语句。

8.3.1　查询语句 Select

查询是数据库操作中最重要的，实现对数据库查询并返回查询结果。

说明：查询命令是一个双向操作，既有查询条件传输，又有查询结果返回。而插入命令、删除命令和更新命令都是单向命令，只需传输命令，不用返回结果。

Select 语句的基本形式由 Select-From-Where 组成，语法格式如下：

```
Select   <列名>
From    <表名>
[Where   <查询条件表达式>]
[Order by  <排序的列名>  [ asc 或 desc ] ]
```

其中，Select 子句指明查询后显示哪些数据列，可以使用“*”号，表示查询该表所有列。From 子句指明要从哪些表中查询数据。Where 子句指明查询的条件。Order by 子句决定了查询结果的排列顺序，其中 asc 代表升序，desc 代表降序，默认为升序。

示例：

```
Select * from info    //查询基本信息表 info 中的所有记录
Select ID,StuName from Info where major='Math'//查询 Math 专业的学生的学号和姓名
Select StuName as 姓名 from Info where sex='Male' and birth>'1994/1/1'
//查询 1994 年 1 月 1 日之后出生的男生的姓名
```

8.3.2 插入语句 Insert

向表中插入记录使用 Insert 语句。

语法：

```
Insert into <表名> [列名] values <值列表>
```

示例：

```
Insert into info (ID,StuName,sex,major,birth) values ('142001123','Jake',
'Male','English','1995-9-15')
//向 info 表中插入一个新的记录
Insert into info values ('142001124','Steve','13839557489','Math','Male',
'1995-9-15')
//向 info 表中插入一个新的记录，没有写 values 前的列，表示按顺序插入所有列的数据。
Insert into info (ID,StuName) values ('142001125','John')
//按照 values 前指明的列的顺序插入列对应的值
```

8.3.3 删除语句 Delete

删除记录使用 Delete 语句。

语法：

```
Delete  <表名>  [where <删除条件>]
```

示例：

```
Delete info where ID='142001123'  //删除 info 表中学号为“142001123”的记录
```

8.3.4 更新语句 Update

修改表中的记录使用 Update 语句。

语法：

```
Update <表名> set 列名=更新值 [ ,列名=更新值 ] [ where <更新条件> ]
```

示例：

```
Update info set sex='Male',major='Math',birth='1993-9-27' where ID='142001125'
//将 142001125 号学生的信息补充完整
```

8.4 访问数据库

8.4.1 手动操作实现数据库的连接和增删改操作

在 C#中可以连接数据库并浏览数据表的信息，方法有两种：方法一，通过可视化操作界面，手动连接数据库；方法二，采用代码方式，编程实现数据库的连接、浏览等操作。

首先介绍方法一，通过可视化操作界面，手动连接数据库。

【例 8-3】手动连接 SQL Server 数据库，浏览数据表中的信息。说明：本例中将连接 SQL Server 数据库 student，并显示其中 Info 数据表的信息。Access 数据库的连接方法相似，请大家自行完成。

（1）新建 Windows 窗体应用程序，项目命名为 studentApp。在 Form1 上添加 DataGridView 控件，如图 8-11 所示。在“选择数据源”下拉列表框中单击“添加项目数据源”，将会打开“数据源配置向导”对话框，如图 8-12 所示。

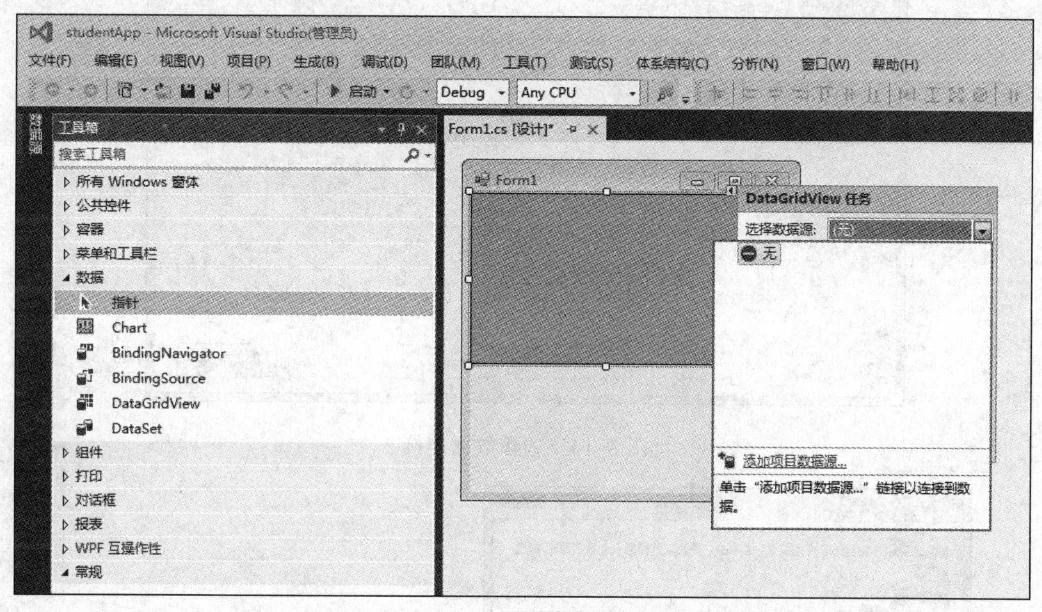

图 8-11　向窗体 Form1 添加 DataGridView 控件

（2）根据“数据源配置向导”的指示，逐步完成选择数据源类型（见图 8-12）、选择数据库模型（见图 8-13）、选择数据连接（见图 8-14～图 8-17）、选择数据库对象，最后单击“完成”按钮，如图 8-18 所示。

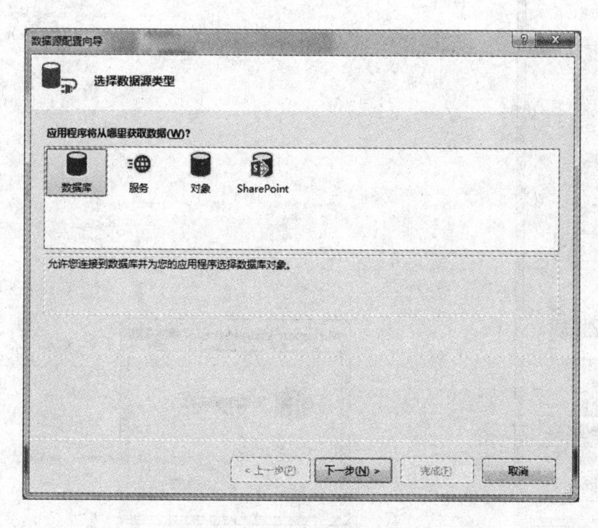

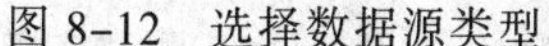
图 8-12　选择数据源类型

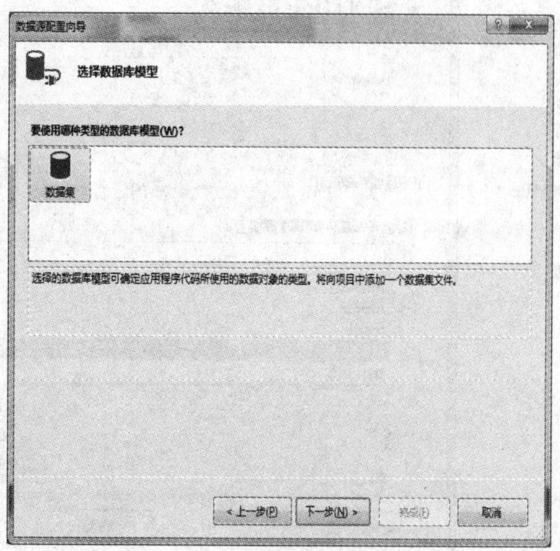

图 8-13　选择数据库模型为“数据集”

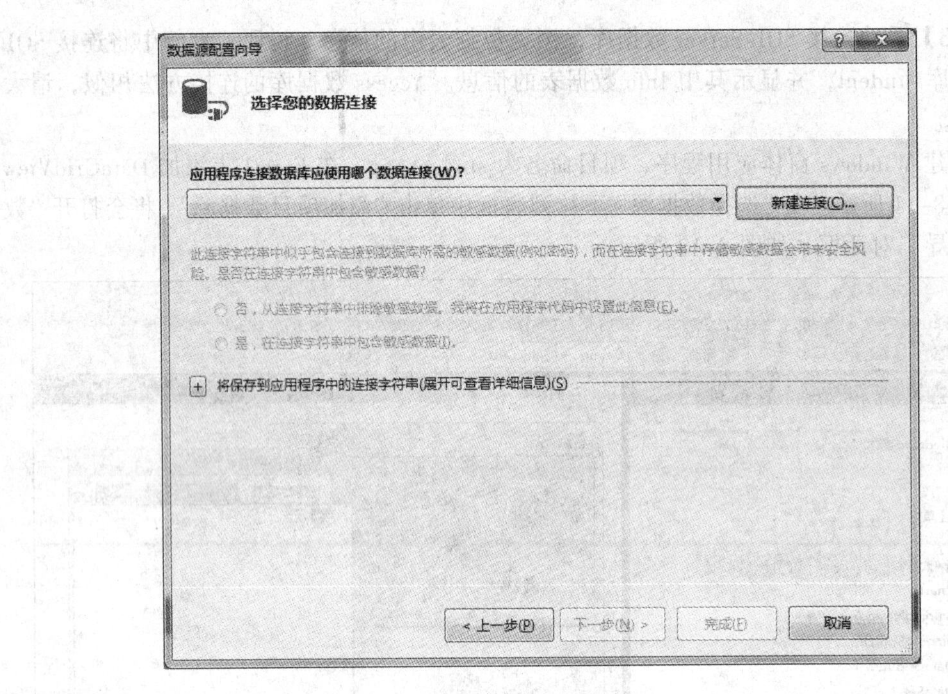

图 8-14　选择数据连接

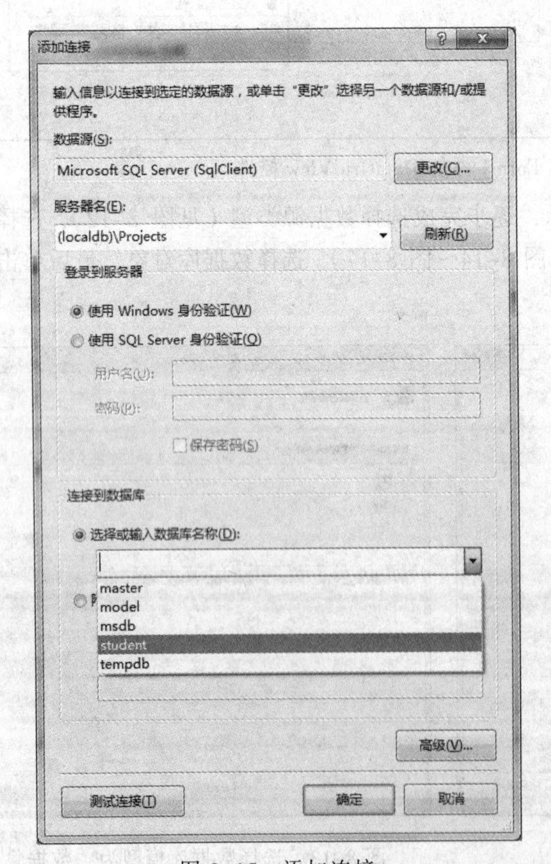

图 8-15　添加连接

图 8-16　测试连接成功

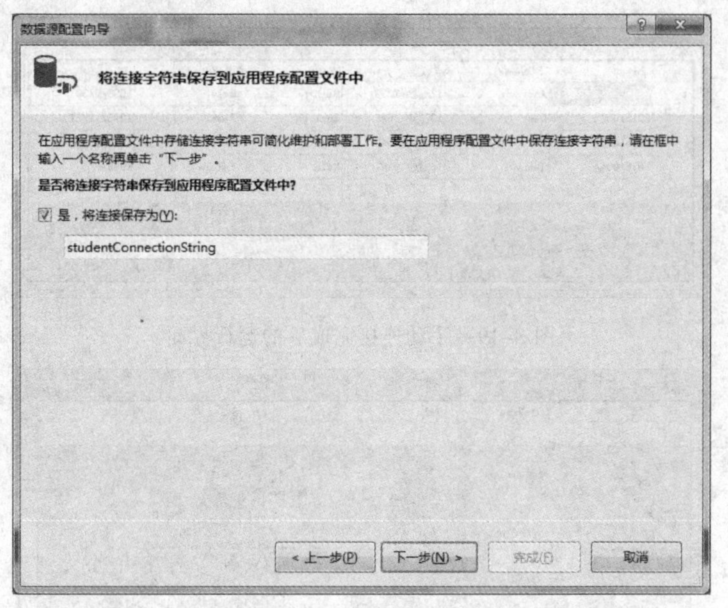

图 8-17　将连接字符串保存到应用程序配置文件中

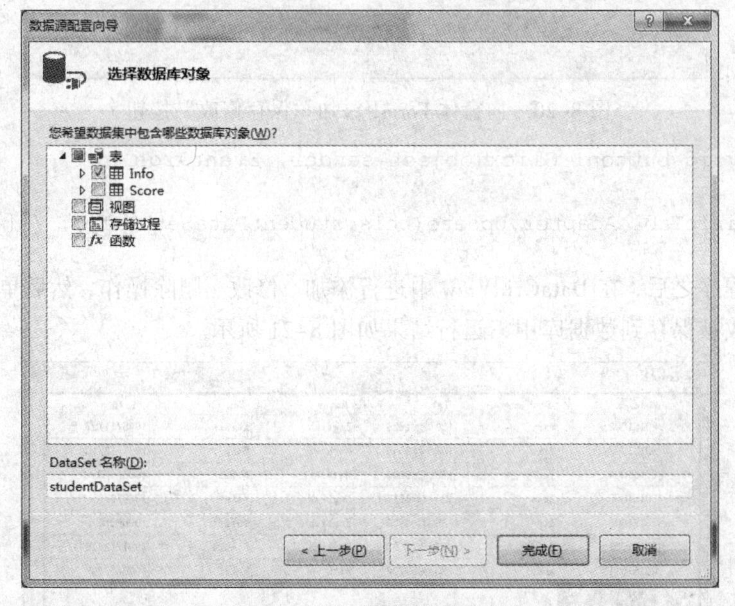

图 8-18　选择数据库对象

（3）DataGridView 控件的数据源配置完成之后，启动运行该项目，即可看到运行结果如图 8-19 所示。数据表 Info 的所有记录内容显示在 DataGridView 控件。

实现了数据库浏览，如何实现对数据的添加、删除和修改呢？DataGridView 控件本身支持添加、删除、修改功能，只需在完成所有的操作之后，将所有的更新保存到数据库中即可。

（4）利用 DataGridView 控件实现添加、删除、修改功能。

在 StudentApp 项目中，向窗体 Form1 上添加一个 button，其 Text 属性为"保存修改"，Name 属性为"button1"，如图 8-20 所示。双击该按钮，在其 Click 事件中编写如下代码。

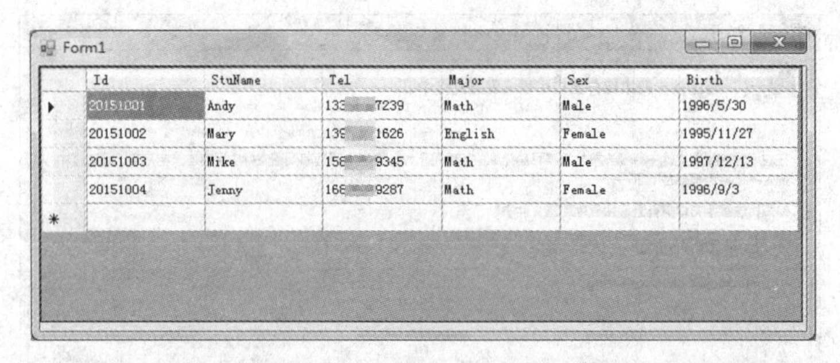

图 8-19　手动连接完成后的运行界面

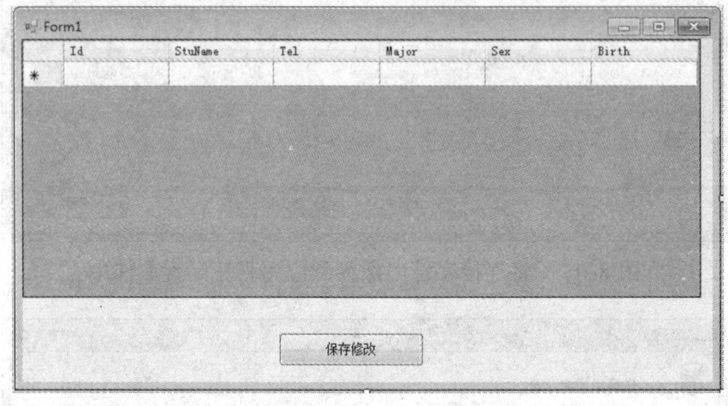

图 8-20　向窗体 Form1 添加“保存修改”按钮

```
private void button1_Click(object sender, EventArgs e)
{
   this.infoTableAdapter.Update(this.studentDataSet.Info); //保存修改
}
```

启动运行程序之后，在 DataGridView 中进行添加、修改、删除操作，然后单击“保存修改”按钮，所有修改被保存到数据库中，运行结果如图 8-21 所示。

Id	StuName	Tel	Major	Sex	Birth
20151002	Mary	139 1626	English	Female	1995/11/27
20151003	Mike	158 9345	Math	Male	1997/12/13
20151004	Jenny	168 9287	Math	Female	1996/9/3
20151005	Zoom	138 6917	English	Male	1999/9/9
20151006	Zip	135 4900	English	Male	1998/8/8
20151007	Mandy	137 5569	English	Female	1997/12/15
20151011	Andy	133 7239	Math	Male	1996/5/30

保存修改

图 8-21　通过 DataGridView 控件对数据库作添加、修改或删除操作

8.4.2　编程实现数据库的连接和增删改操作

在 C#中，除了可以采用上节所述的手动连接数据库的方法之外，还可以采用代码方式实现数据库操作。

【例 8-4】编写代码，连接 SQL Server 数据库并实现增、删、改操作。

在 C#中新建 Windows 窗体应用程序，项目名为 stuApp2，向 Form1 窗体中添加控件，窗体界面如图 8-22 所示。按 Tab 顺序，主要控件的属性描述如表 8-4 所示。

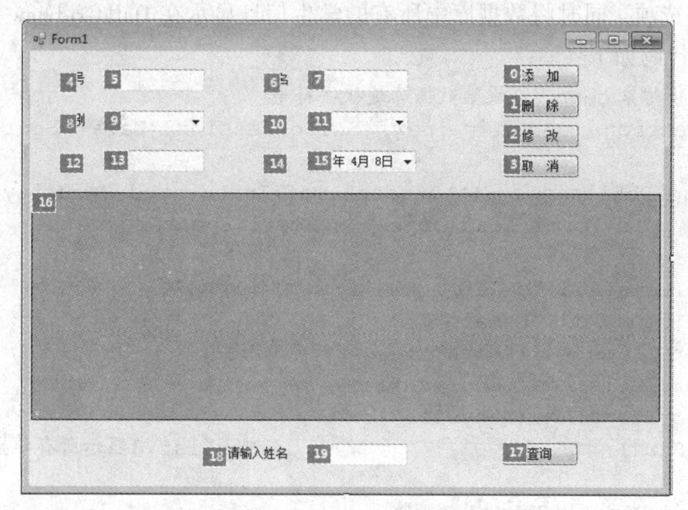

图 8-22　窗体的界面设计

表 8-4　窗体中的控件设置

Tab 顺序	控 件 类 型	属性名=属性值
1	Button	Name=btnAdd Text=添加
2	Button	Name=btnDel Text=删除
3	Button	Name=btnUpdate Text=修改
4	Button	Name=btnCancle Text=取消
5	TextBox	Name=TxtID
7	TextBox	Name=txtStuName
9	ComboBox	Name=cmbSex Text=Male
11	ComboBox	Name=cmbMajor Text=Math
13	TextBox	Name=txtTel Text=电话
15	DateTimePicker	Name= dtpBirth Text=出生日期
16	DataGridview	Name=dgvStuList
17	Button	Name=btnSearch Text=查询
19	TextBox	Name=txtSearch

1）在 DataGridView 控件中显示所有学生信息

编写 Form1 窗体的 Load 事件。加载 Form1 窗体时，首先给界面上“专业”和“性别”两个 ComboBox 添加选项，同时将数据库中所有的学生信息显示在 DataGridview 控件中。MainFrm 窗体的 Load 事件代码如下：

```
    //定义连接对象 conn，并设置数据库连接字符串
    SqlConnection  conn  =  new  SqlConnection("Data  Source=(localdb)\\
Projects;
       AttachDbFilename=F:\\student.mdf;Integrated Security=True");
    private void Form1_Load(object sender, EventArgs e)
    {
    cmbSex.Items.Add("Male");      //添加"性别"选项
    cmbSex.Items.Add("Female");
    cmbMajor.Items.Add("Math"); //添加"专业"选项
    cmbMajor.Items.Add("English");
    cmbMajor.Items.Add("Physics");
    DispAllStu();                  //在 dgvStuList 中显示所有学生信息
 }
 private void DispAllStu()
 {  //显示所有学生信息
    string sql = "select * from Info";
    SqlDataAdapter da = new SqlDataAdapter(sql, conn);
                                //创建 SqlDataAdapter 对象
    DataSet ds = new DataSet(); //创建数据集对象
    da.Fill(ds);                //将查询结果填充到数据集
    dgvStuList.DataSource = ds.Tables[0].DefaultView;
                                //将结果显示到 DataGridView 中
 }
```

2）在文本框中显示单个学生的信息

所有的学生信息显示在 DataGridview 控件中时，当单击某记录行，可以将当前选中的学生信息逐项填写在文本框中，方便后面进行删除或者更新操作。编写 DataGridview 控件的 CellClick 事件，代码如下。

```
 private void dgvStuList_CellClick(object sender, DataGridViewCellEventArgs e)
 {  //将用户选中行的信息显示到文本框中
    int RowIndex = e.RowIndex;      //获得当前选中行的行号
    //将当前选中的学生信息填写到相应文本框中
    txtID.Text=dgvStuList.Rows[RowIndex].Cells[0].Value.ToString();
    txtStuName.Text = dgvStuList.Rows[RowIndex].Cells[1].Value.ToString();
    txtTel.Text = dgvStuList.Rows[RowIndex].Cells[2].Value.ToString();
    cmbMajor.Text = dgvStuList.Rows[RowIndex].Cells[3].Value.ToString();
    cmbSex.Text = dgvStuList.Rows[RowIndex].Cells[4].Value.ToString();
    dtpBirth.Text = dgvStuList.Rows[RowIndex].Cells[5].Value.ToString();
 }
```

3）添加新学生

添加新学生的过程是：首先将新学生的各项信息填写至文本框中（学号必填），然后单击“添加”按钮，程序执行时先验证学号是否填写，若已填写则执行添加命令，否则弹出错误提示。双击“添加”按钮，编写其 Click 事件，代码如下：

```
private void btnAdd_Click(object sender, EventArgs e)
{   //添加新的学生信息
    if(txtID.Text != "") //判断学号字段是否填写，填写则执行添加命令，反之弹出提示
    {
        insert();                                   //执行插入命令
        DispAllStu();                               //更新 DataGridview 中的学生信息
        MessageBox.Show("添加成功！");
    }
    else
        MessageBox.Show("必须填写学号！");
}
private void insert()
{
    SqlCommand cmd = new SqlCommand();  //创建 SqlCommand 命令对象
    cmd.Connection = conn;                          //设置命令执行时所使用的连接通道
    //设置命令内容
    cmd.CommandText = @"insert into Info(Id,stuName,Tel,Sex,Major,Birth)
                values (@Id, @stuName, @Tel, @Sex, @Major, @Birth)";
cmd.Parameters.Add(new SqlParameter("@Id", txtID.Text));
                                                    //设置命令中各个参数的值
    cmd.Parameters.Add(new SqlParameter("@stuName", txtStuName.Text));
    cmd.Parameters.Add(new SqlParameter("@Tel", txtTel.Text));
    cmd.Parameters.Add(new SqlParameter("@Sex", cmbSex.Text));
    cmd.Parameters.Add(new SqlParameter("@Major", cmbMajor.Text));
    cmd.Parameters.Add(new SqlParameter("@Birth",dtpBirth.Value.ToString()));
    conn.Open();                                    //打开连接
    cmd.ExecuteNonQuery();                          //执行命令
    conn.Close();                                   //关闭连接
}
```

4）删除选定的学生

当用户需要删除某个学生记录时，首先在 DataGridview 控件中选中需要删除的学生记录，此时程序提醒用户是否确定删除，如果用户单击“是”，则执行删除操作。双击“删除”按钮，编写其 Click 事件，代码如下：

```
private void delete()
{
    string sql = string.Format("delete from Info where ID='{0}'", txtID.Text);
//设置语句内容
    SqlCommand cmd = new SqlCommand();
    cmd.CommandText = sql;          //设置命令内容
    cmd.Connection = conn;          //设置命令执行时所使用的连接通道
    conn.Open();                    //打开连接
    cmd.ExecuteNonQuery();          //执行命令
    conn.Close();                   //关闭连接
}
```

5）修改选定的学生信息

当用户需要修改某个学生记录时，首先在 DataGridview 控件中单击需要修改的学生记录，

此时该生的信息会显示在各个对应的控件中，用户根据需要修改后，单击“修改”按钮执行更新操作。双击“修改”按钮，编写其Click事件，代码如下：

```
private void update()
{
    SqlCommand cmd = new SqlCommand();
    cmd.Connection = conn;
    cmd.CommandText = "update Info set ID=@Id,stuName=@stuName,Tel=@Tel,
            Major=@Major,Sex=@Sex,Birth=@Birth where ID=@oldId";
    cmd.Parameters.Add(new SqlParameter("@Id", txtID.Text));
    cmd.Parameters.Add(new SqlParameter("@stuName", txtStuName.Text));
    cmd.Parameters.Add(new SqlParameter("@Sex", cmbSex.Text));
    cmd.Parameters.Add(new SqlParameter("@Major", cmbMajor.Text));
    cmd.Parameters.Add(new SqlParameter("@Tel", txtTel.Text));
    cmd.Parameters.Add(new SqlParameter("@Birth", dtpBirth.Value.
ToString()));
    cmd.Parameters.Add(new SqlParameter("@oldId",
            dgvStuList.CurrentRow.Cells["ID"].Value.ToString()));
    conn.Open();                    //打开连接
    cmd.ExecuteNonQuery();          //执行命令
    conn.Close();                   //关闭连接
}
```

6）技术要点

（1）连接式访问。本例中使用连接式的访问方式实现数据的添加、删除和修改，即首先使用SqlConnection类进行连接，然后使用SqlCommand类执行增、删、改命令，过程相似，不同的是命令内容和Execute()方法。

（2）数据库连接。C#应用程序通过ADO.NET提供的SqlConnection类与SQL Server数据库建立连接。如本例中的代码：

```
SqlConnection conn = new SqlConnection();      //新建连接
conn.ConnectionString="Data Source=(localdb)\\Projects;
            AttachDbFilename=F:\\student.mdf; Integrated Security=True ";
```

“数据库连接字符串”中，Data Source 指定要连接的 SQL Server 实例的名称、AttachDbFilename指定数据库名称、Integrated Security=True表示使用Windows身份验证。

SqlConnection类的重要属性和方法如表8-5所示。

表8-5 SqlConnection类的重要属性和方法

属　性	说　明
ConnectionString	获取或设置用于打开SQL Server数据库的字符串
Database	获取连接打开的数据库名称
State	获取连接对象的状态
方　法	说　明
Open()	打开数据库连接
Close()	关闭数据库连接

建立数据库连接后，则需要打开该连接。如本例中的代码：

```
conn.Open();
```

数据库连接使用完毕，则可以调用Close()方法关闭该连接。如本例中的代码：

```
conn.Close();
```

（3）参数化SQL命令。本例中，插入新记录和修改记录时，由于SQL命令中变量较多，因此使用参数化SQL命令。插入命令如下：

```
cmd.CommandText = @"insert into Info(Id,stuName,Tel,Sex,Major,Birth)
   values (@Id, @stuName, @Tel, @Sex, @Major, @Birth)";
```

修改命令如下：

```
cmd.CommandText = "update Info set ID=@Id,stuName=@stuName,Tel=@Tel,
   Major=@Major,Sex=@Sex,Birth=@Birth where ID=@oldId";
```

其中以@开头的，如@Id、@stuName等都是参数，然后调用Command对象中Parameters属性的Add()方法，对各个参数进行赋值。如：

```
cmd.Parameters.Add(new SqlParameter("@Id", txtID.Text));
cmd.Parameters.Add(new SqlParameter("@stuName", txtStuName.Text));
```

（4）SqlCommand类的命令执行方法。本例中，增、删、改命令均采用如下代码实现：

```
cmd.ExecuteNonQuery();    //执行命令
```

对于数据库的四大操作来讲，增、删、改这三大操作都是单向的，因为这些操作只是修改数据库而不返回数据，所有单向操作使用SqlCommand对象的ExecuteNonQuery()方法来执行。

（5）断开式数据库访问。本例中，DispAllStu()用于显示所有学生信息，该方法采用断开式数据库访问方式，主要通过SqlDataAdapter类和DataSet类来完成。过程如下：

首先创建SqlDataAdapter对象和DataSet对象，代码如下：

```
SqlDataAdapter da = new SqlDataAdapter(sql, conn);//创建 SqlDataAdapter 对象，sql 参数包含命令的内容
DataSet ds = new DataSet();                        //创建数据集对象
```

然后，使用SqlDataAdapter对象的Fill()方法来填充并初始化DataSet对象：

```
da.Fill(ds);                                       //将查询结果填充到数据集
```

最后，将DataSet对象绑定到界面上，即可显示。如：

```
dgvStuList.DataSource = ds.Tables[0].DefaultView; //将结果显示到DataGridView中
```

断开式操作数据库主要由DataAdapte对象和DataSet对象实现。其工作原理是：首先DataAdapte对象按照客户需求查询数据库，将查询到的记录集填充到DataSet数据集中，完成这个过程后数据集里就有了数据库数据的一个副本。然后用户就可以对DataSet数据集里面的记录进行增、删、改、查等操作。操作完后再通过数据适配器将数据集里面的记录同步更新到数据库里。这个过程不需要一直连接连接数据，只在需要时由数据适配器自行打开连接。SqlDataAdapter类的重要属性如表8-6所示。

表8-6 SqlDataAdapter类的重要属性

属　性	说　明
InsertCommand	获取或设置一个命令对象，用于将数据集中的插入行同步到数据库中
DeleteCommand	获取或设置一个命令对象，用于将数据集中的删除行同步到数据库中
UpdateCommand	获取或设置一个命令对象，用于将数据集中的更新行同步到数据库中
SelectCommand	获取或设置一个命令对象，用于从数据库中查询要填充到数据集中的数据

续表

方　法	说　明
Fill()	该方法负责将数据库中的记录填充到数据集中
Update()	该方法负责将数据集中修改的记录同步到数据库中

(6)连接 Access 数据库的说明。C#应用程序连接 Access 数据库并进行增删改操作的过程，与连接 SQL Server 的过程相似，不同之处在于使用的类不同。C#通过 OleDbConnection 类与 Access 数据库建立连接，通过 OledbCommand 类执行命令。注意，这些类所在的命名空间需要手动添加：

```
using System.Data.OleDb;
```

下面给出 C#连接 Microsoft Office Access 2007 数据库的连接示例。本例将连接 8.2.1 节中建立的 student 数据库。代码如下：

```
OleDbConnection conn = new OleDbConnection();  //新建连接
conn.ConnectionString="Provider=Microsoft.ACE.OLEDB.12.0;
Data Source=E: \\student.accdb";       //设置连接字符串，本例连接 Access 数据库
```

“数据库连接字符串”中，Provider 指定数据库服务器名称（本例中使用 Microsoft Office Access 2007）、Data Source 指定数据库名称（本例中数据库是 E:\\student.accdb）。

连接 Access 数据库之后的显示、增删改等操作的实现，请大家仿照例题自行完成。

8.4.3 理解多表查询应用实例

多表查询也叫连接查询，通过各个表之间共同列的关联性来查询数据。多表连接查询的 SQL 语句基本格式如下：

```
select 表1.字段名1,表2.字段名2,...
from 表1,表2
where 连接条件
```

【例 8-5】对学生信息表 Info 和成绩表 Score 进行连接查询，实现输入姓名之后，显示该生的学号、姓名、数学成绩。

双击图 8-22 中的“添加”按钮，编写其 Click 事件，代码如下：

```
    private void btnSearch_Click(object sender, EventArgs e)
    {
        //显示所有学生信息
        string s=txtSearch.Text;
        //如果没有输入待查找的姓名，则显示所有人的信息
        string sql = "select a.ID,a.StuName,b.MathScore from Info a,Score b
  where a.ID=b.ID ";
        if(s!="")                          //如果查找框不空 ，则按条件查找并显示
           sql += " and a.StuName='"+s+"'";
        SqlDataAdapter da = new SqlDataAdapter(sql, conn);
                                           //创建 SqlDataAdapter 对象
        DataSet ds = new DataSet();  //创建数据集对象
        da.Fill(ds);                 //将查询结果填充到数据集
        dgvStuList.DataSource = ds.Tables[0].DefaultView;
                                           //将结果显示到 DataGridView 中
    }
```

8.5　综 合 应 用

【例 8-6】为【例 8-4】编写的 StuApp2 项目添加用户登录窗口，对数据库中的用户表进行查询，模拟用户登录过程。程序运行界面如图 8-23 所示。

图 8-23　【例 8-6】运行结果

（1）向数据库中添加用户信息表。在 student 数据库中添加一张名为 UserInfo 的数据表，该数据表的结构如表 8-7 所示。

表 8-7　UserInfo 表的结构

字 段 名	数 据 类 型	长 度	主 键	备 注
Id	int		是	用户编号
UserName	nvarchar	20	否	用户名
UserPwd	nvarchar	20	否	用户密码
IsAdmin	int		否	是否管理员，1，是；0，否

在 student 数据库中添加 UserInfo 数据表时，设置的各字段的界面如图 8-24 所示。添加部分初始用户数据之后的界面如图 8-25 所示。

图 8-24　在 student 数据库中添加 UserInfo 数据表并设置表结构

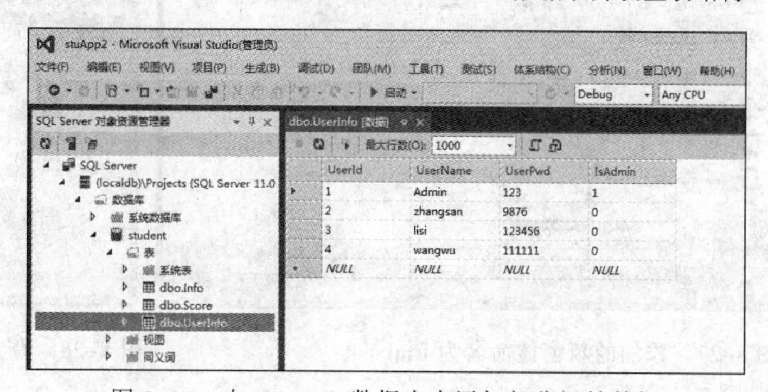

图 8-25　向 UserInfo 数据表中添加部分初始数据

（2）在项目中添加登录窗体。数据表添加完毕之后，向 stuApp2 项目中添加登录窗体。过程如下：首先，在解决方案资源管理器中，右击项目名 stuApp2，在弹出的快捷菜单中选择“添加”→“Windows 窗体”命令，如图 8-26 所示。在打开的“添加新项”对话框中，输入新建窗体的名字“FrmLoad”，如图 8-27 所示。

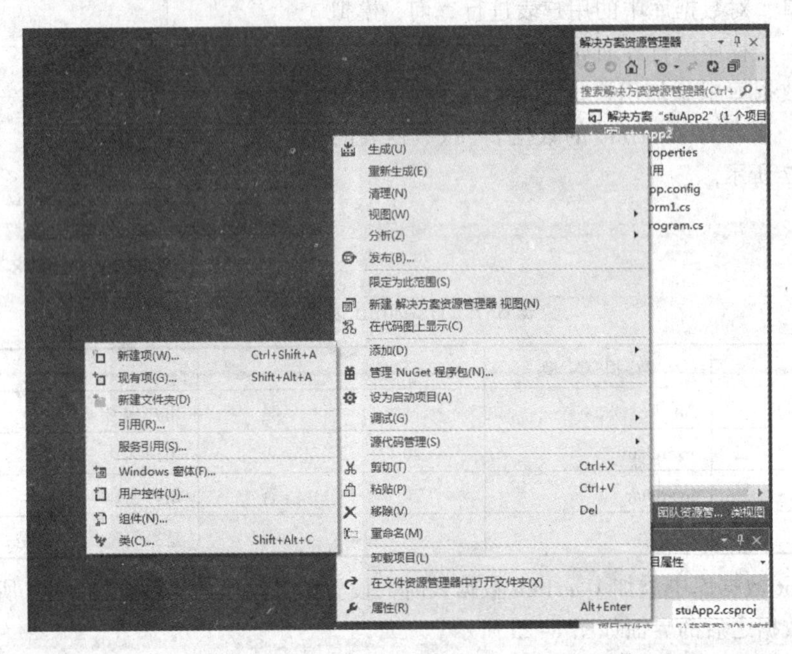

图 8-26 向 stuApp2 项目中添加 Windows 窗体

（3）设计登录窗体的界面。FrmLoad 窗体的界面设计如图 8-28 所示，其中各个控件的属性设置如表 8-8 所示。

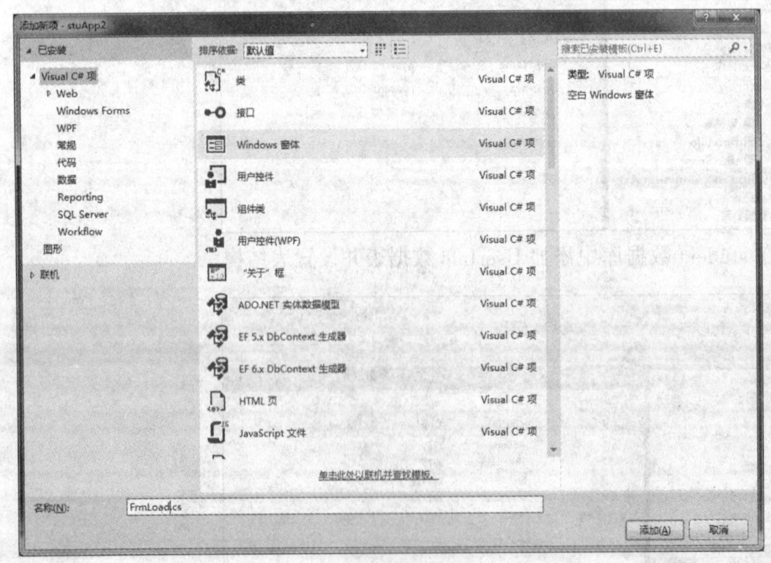

图 8-27 添加的新窗体命名为 frmLoad

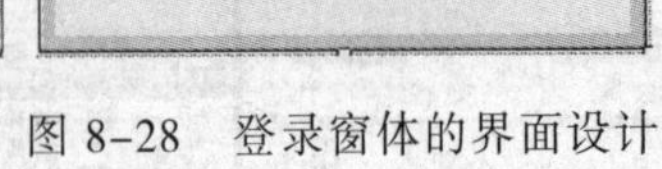

图 8-28 登录窗体的界面设计

表 8-8　登录窗体中的控件设置

Tab 顺序	控 件 类 型	属性名=属性值
1	TextBox	Name=txtName
3	TextBox	Name=txtPwd　PasswordChar=*
4	Button	Name=btnLoad　Text=登录
5	Button	Name=btnExit　Text=退出

（4）编写登录窗体的相关代码。FrmLoad 窗体中包含“登录”按钮和“退出”按钮。两个按钮的单击事件代码如下：

```
private void btnLoad_Click(object sender, EventArgs e)
{
    //定义连接对象 conn，并设置数据库连接字符串
    SqlConnection conn = new SqlConnection("Data Source=(localdb)\\Projects;
    AttachDbFilename=F:\\student.mdf;Integrated Security=True");
    string sql = "select * from UserInfo where UserName='"+txtName.Text+"'
and UserPwd='"+txtPwd.Text+"'";
    SqlCommand cmd = new SqlCommand();
    cmd.CommandText = sql;
    cmd.Connection = conn;
    conn.Open();
object obj=cmd.ExecuteScalar();
// 执行查询，根据用户名和密码查询，返回符合条件的记录
    conn.Close();
    if(obj == null)                    //如果返回空值，说明用户不存在，给出错误提醒
    {
        MessageBox.Show("输入错误，请检查数据！");
    }
    else                               //否则，说明找到该用户，允许登录到主界面
    {
        this.Hide();                   //关闭当前窗口
        Form f = new Form1();
        f.Show();                      //打开主窗口 Form1
    }
}
private void btnExit_Click(object sender, EventArgs e)
{                                      //退出按钮的单击事件
    Application.Exit();                //退出程序
}
```

（5）将登录窗体设置为启动窗体。在解决方案资源管理器中，双击 Program.cs 文件，在打开的代码文件中，找到项目的入口——Main()函数，将其中的 Application.Run(new Form1());语句修改为 Application.Run(new FrmLoad());语句，修改后如图 8-29 所示。

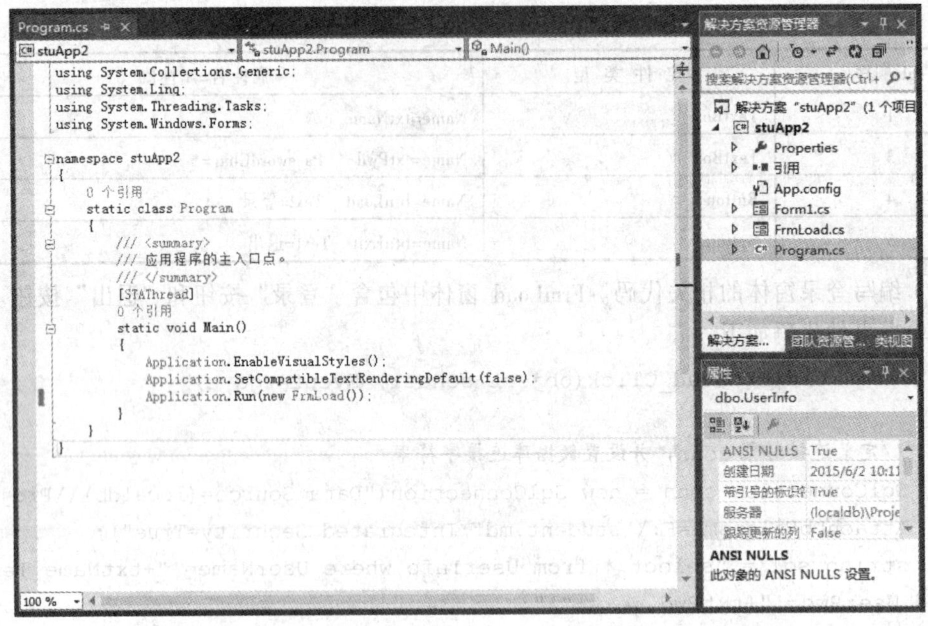

图 8-29　在 Main()函数中将 FrmLoad 登录窗体设置为启动窗体

至此，登录窗体的设置全部完成，单击"启动"按钮即可运行调试。

上机实验

1. 分别使用 Access 和 SQL Server 建立数据库 student_course，包括学生表 student、管理员表 admin，数据表结构分别如表 8-9 所示。

表 8-9　student 表的结构

字段名	数据类型	长度	主键	含义
sno	文本	10	是	学号
sname	文本	10	否	姓名
ssex	文本	20	否	性别
sbirth	日期/时间	–	否	出生日期
sdept	文本	20	否	系别

2. 编写一个 Windows 窗体应用程序，显示学生表的内容，并能对该表实现更新及删除功能。

3. 编写一个 Windows 窗体应用程序，添加学生信息到 student 表。

4. 编写一个 Windows 窗体应用程序，根据条件显示学生的信息。

第9章 使用三层架构实现客户管理

一个三层的应用程序通常有：表现层、业务层和数据层。三层架构框架的目的是实现数据层、逻辑层与界面层的分离，使得代码的共用、重构非常方便；同时，可以对不同的层次进行封装、继承、重载等。每一层都可以在仅仅更改很少量的代码后，就能放到物理上不同的服务器上使用，因此结构灵活而且性能更佳。此外，每层做些什么其他层是完全看不到的，因此更改、更新某层，都不再需要重新编译或者更改全部的层。

9.1 应用架构的目的

在进行具有一定规模的数据库应用系统开发时，如果仍采用传统的代码编写方式，将一个功能模块的所有代码都写在 Form 中，这是非常不合适的。首先，许多访问数据库的操作及业务逻辑都是相同的，如果再像传统的编写方式一样将代码都放在各个 Form 中，那就无法实现代码的复用，必然造成大量的冗余，为后续扩展和维护带来麻烦。第二，系统面对的客户不同，其对于软件产品的经济投入也会不同，必然涉及不同的用户采用不同类型数据库的情况，如果代码不做到充分解耦，在面对数据库类型变更时，几乎都要把所有访问数据库的代码修改一遍，显然是不现实的。

以传统的方式编写的代码，在面临需求变更时，所引发的修改往往是灾难性的。即使是一个数据库 IP 地址的变更都可能会导致数十甚至上百处的代码变化（每个涉及连接数据库的代码都要修改连接字符串）。所有的代码堆砌在一个窗体内，职责繁杂，造成代码可读性差，可维护性、可移植性差，违反了单一职责原则；在面临需求变更时，一定要通读所有代码，再在合适的位置做修改，违反了对修改关闭、对扩展开放的开放-关闭原则；所有代码没有任何抽象，不对接口编程，代码耦合度太高，无法适应较大的需求变更，违犯了依赖倒转原则。

因此，采用一些典型架构开发软件，其目的就是使软件代码更具可维护、可扩展、可复用性，从而令系统更为灵活，可以适应任何合理的需求的变更。

9.2 三层架构的概念

在软件体系架构设计中，分层式结构是最常见、也是最重要的一种结构，微软推荐的分层式结构一般分为三层，即三层架构（3-Tier Application），从下至上分别为：数据访问层、业务逻辑层以及表示层，如图 9-1 所示。

（1）数据访问层（Data Access Layer，DAL），又称持久层，该层负责访问数据库，通俗点

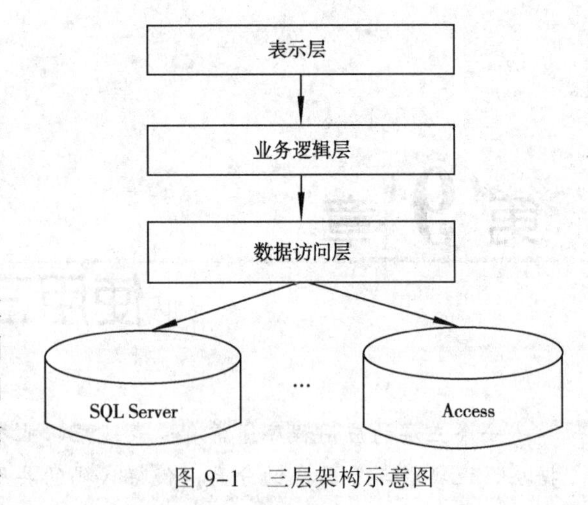

图 9-1　三层架构示意图

讲就是该层实现对数据库各表的增、删、改、查操作，当然数据存储介质不一定是数据库，也可能是文本文件、XML 文档等。该层不负责任何业务逻辑的处理,更不涉及任何界面元素。

（2）业务逻辑层（Business Logic Layer，BLL）又称领域层。该层是整个系统的核心，负责处理所有的业务流程，简单到对数据有效性的验证，复杂到对一整条业务链的处理，例如商城购物，从查询商品到添加购物车，再到下订单，直至付款结束等过程。当然，不排除个别软件项目业务逻辑简单，导致业务逻辑层代码较少的情况。例如，本章由于篇幅有限，所提供的示例业务逻辑简单，就会出现业务逻辑层较瘦小的现象。当业务逻辑层需要访问数据库时，它会调用数据访问层来访问，而不直接访问数据库。这样可以使业务逻辑层的实现与具体数据库无关，从而有效解耦。业务逻辑层中同样不涉及任何界面元素。

（3）表示层即用户界面（User Interface，UI），表示层可以是 WinForm、WebForm 甚至是控制台，该层负责用户与系统的交互，接收用户的输入及事件触发。理想状态下，该层不应包含系统的业务逻辑，即使有逻辑代码，也应只与界面元素有关，如，根据用户的身份控制按钮的可用性等。具体的业务逻辑可通过调用业务逻辑层来完成，该层不能直接调用数据访问层，更不能直接访问数据库。

如此分层具有以下优点：

（1）分散关注：开发人员可以只关注自己所负责一层的技术实现。例如，负责数据访问层的开发人员，可以不需要关心系统的任何业务逻辑，更不用关心界面的设计。只需要关心所访问的数据库类型即表结构，最大限度地实现对各数据表的增、删、改、查操作即可。如此，对于开发人员的技术要求可以降到最低，项目经理也可以根据团队成员的专长，合理为其分配擅长的领域工作。

（2）松散耦合：三层之间呈线性调用，业务逻辑层的实现不依赖于数据访问层的具体实现，表示层的实现同样不依赖于业务逻辑层的具体实现，可以很容易用新的实现来替换原有层次的实现，而不会对其他层造成影响。

（3）逻辑复用：个别层代码所生成的组件可以直接被其他项目所使用。例如，某系统最初只有 WinForm 版本，后随着业务扩展，逐渐有了 Web 版、手机版等需求，但各版本功能一致，业务逻辑相同。这样在新建 Web 版和手机版项目时，可以直接将原 WinForm 版项目中的业务逻辑层和数据访问层组件引用到新项目中直接使用即可，无须重写代码。

当然，分层也不可避免他会付出一些代价，其缺点主要有：

（1）降低系统性能：原本在不采用分层的情况下，UI 可以直接访问数据库，但现在要通过层层调用来达到，必然会在运行效率上有所降低。

（2）会导致级联修改：如果需求发生变化，如用户觉得某个功能模块目前所维护的信息不够，需要再加入一些信息，势必导致 UI 的变化，为了存储这些数据也会导致数据表的变化，从而数据访问层和业务逻辑层都会受到影响，这样就会导致级联修改。

简单三层架构即基本三层架构，其结构如图 9-1 所示。在进行较大规模的数据库应用系统开发时，为保证系统的后期维护应考虑使用本架构。

现以一个小示例介绍简单三层架构的代码编写方式。要求设计一个客户管理软件，实现对客户的增、删、查、改等管理。

使用 Access 建立数据库，名为 CRM_DB，其中包含一个客户表，表结构如表 9-1 所示。

表 9-1　客　户　表

字段名	数据类型	长　度	主　键
公司编号	文本	20	是
公司名称	文本	30	否
所属行业	文本	20	否
客户类别	文本	20	否
公司网址	文本	50	否
公司地址	文本	50	否
备注	备注		否

9.3　使用三层架构实现客户管理

9.3.1　设计数据访问层

创建一个空解决方案。打开 Visual Studio，选择“文件”→“新建”→“项目”命令，打开图 9-2 所示的“新建项目”对话框，在该窗口中依次单击“其他项目类型”→“Visual Studio 解决方案”，选择右侧的“空白解决方案”，修改名称为“CRM_App”，选择好位置，单击“确定”按钮，完成空白解决方案的创建。

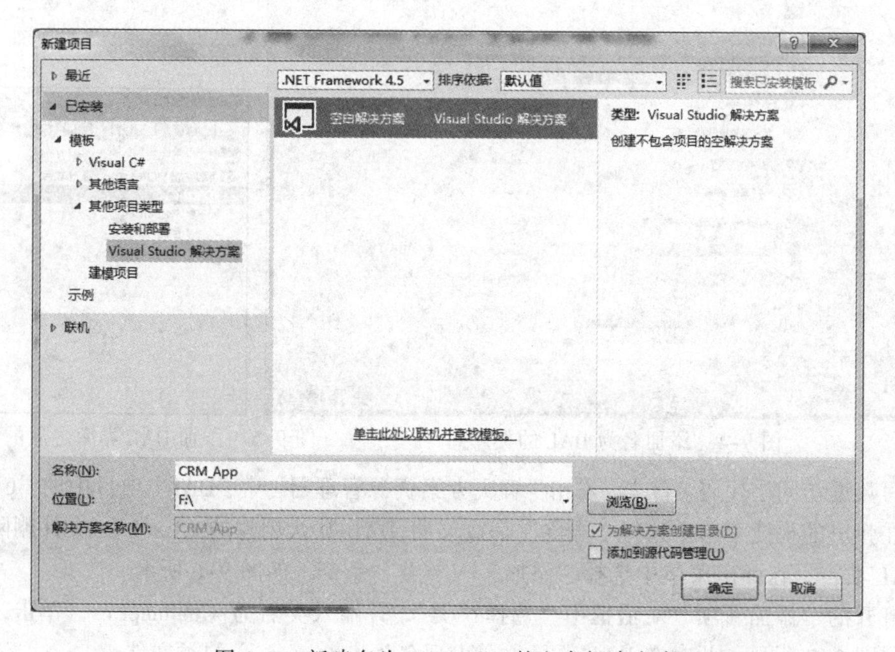

图 9-2　新建名为 CRM_App 的空白解决方案

创建数据访问层DAL。在“解决方案资源管理器”中，右击解决方案“CRM_App”在弹出的快捷菜单中选择“添加”→“新建项目”命令，如图9-3所示，会再次打开图9-2所示的“新建项目”对话框，在其中选择“Visual C#”，在右侧选择“类库”，将名称改为“DAL”，单击“确定”按钮，如图9-4所示。此时，解决方案会变成如图9-5所示状态。

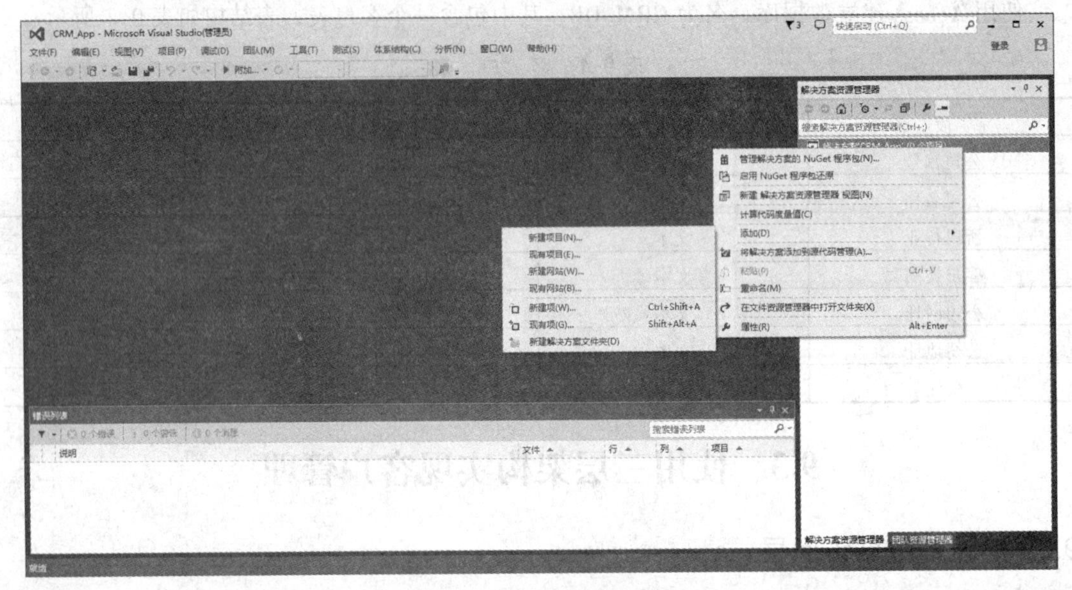

图9-3 添加“新建项目”

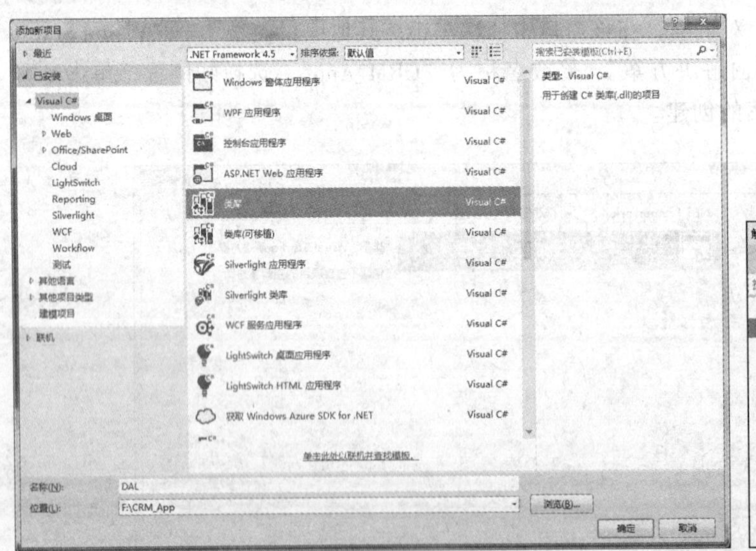

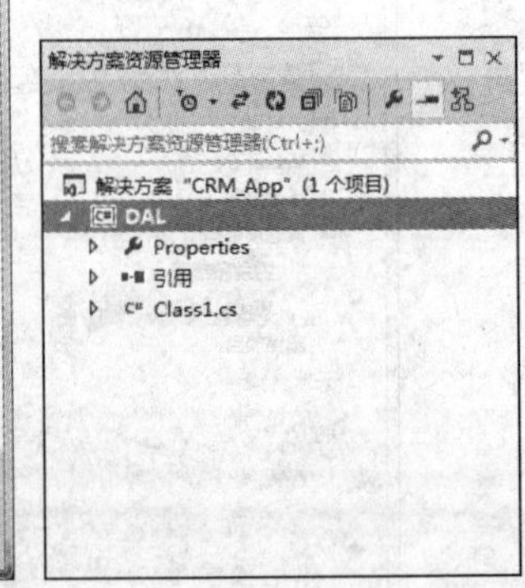

图9-4 添加名为DAL的类库

图9-5 添加DAL类库之后的解决方案

编写数据访问层代码。首先，右击“解决方案资源管理器”中“DAL”项目中的“Class1.cs”文件，在弹出的快捷菜单中选择“删除”命令，将DAL默认创建的Class1.cs文件删除。然后右击DAL项目，在弹出菜单中选择“添加”→“类”命令，如图9-6所示。

在打开的“添加新项”对话框中，选择“类”，并输入类名为Customer.cs，单击“添加”按钮，如图9-7所示。此时在DAL项目中会出现名为Customer.cs的类文件。

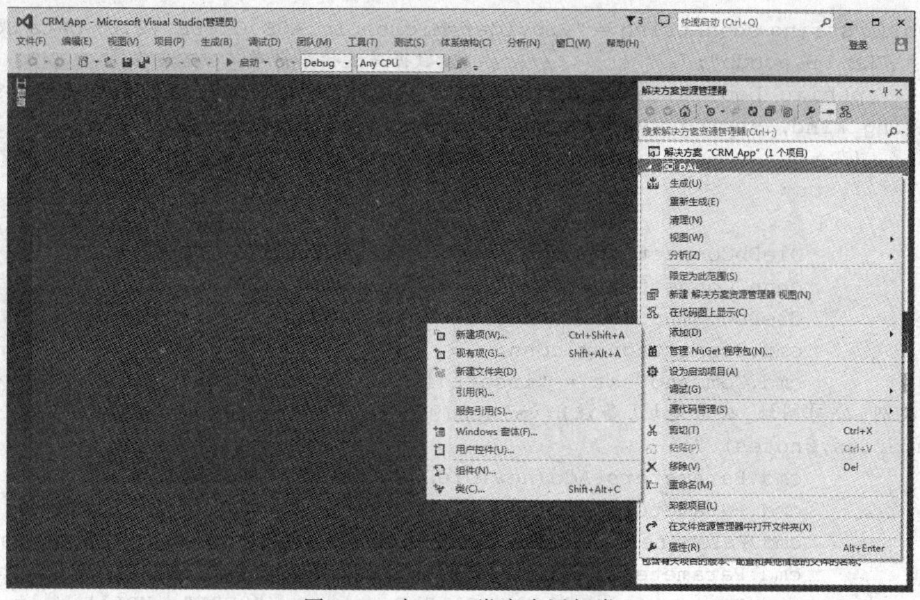

图 9-6　在 DAL 类库中添加类

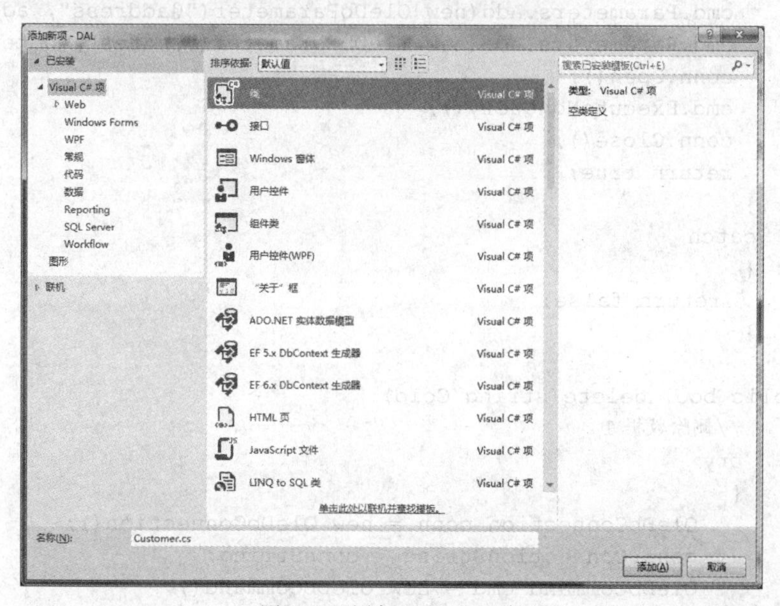

图 9-7　添加 Customer 类

在上文中提到，数据访问层的任务就是实现对数据库的操作，实现对各数据表数据的增、删、改、查。作为 Customer 类，其功能就是要实现对客户数据表的访问。

DAL 项目中的 Customer.cs 文件代码如下：

```
using System.Data;                          //手动添加
using System.Data.OleDb;                    //手动添加
namespace DAL
{
    public class Customer  //Customer 类默认没有访问修饰符，此处添加访问修饰符
public，因类库 BLL 将会调用该类，属于跨项目访问，所以必须声明为 public
    {
```

```
public string connString = "Provider=Microsoft.ACE.OLEDB.12.0; Data Source=
E:\\CRM_DB.accdb";           //Access 数据库连接字符串
    public bool insert(string CoId, string CoName, string profession,
string kind, string URL, string address, string notes)
    {                        //插入数据 1
        try
        {
         OleDbConnection conn = new OleDbConnection();
         conn.ConnectionString = connString;
         OleDbCommand cmd = new OleDbCommand();
         cmd.Connection = conn;
         cmd.CommandText = "insert into 客户表(公司编号,公司名称,所属行业,客
户类别,公司网址,公司地址,备注) values(@CoID,@CoName,@profession,@kind,@URL,
@address,@notes) ";
         cmd.Parameters.Add(new OleDbParameter("@CoId", CoId));
         cmd.Parameters.Add(new OleDbParameter("@CoName", CoName));
         cmd.Parameters.Add(new OleDbParameter("@profession", profession));
         cmd.Parameters.Add(new OleDbParameter("@kind", kind));
         cmd.Parameters.Add(new OleDbParameter("@URL", URL));
         cmd.Parameters.Add(new OleDbParameter("@address", address));
         cmd.Parameters.Add(new OleDbParameter("@notes", notes));
         conn.Open();
         cmd.ExecuteNonQuery();
         conn.Close();
         return true;
        }
        catch
        {
          return false;
        }
    }
   public bool delete(string CoId)
     {  //删除数据 1
        try
        {
            OleDbConnection conn = new OleDbConnection();
            conn.ConnectionString = connString;
            OleDbCommand cmd = new OleDbCommand();
            cmd.Connection = conn;
            cmd.CommandText = "delete from 客户表 where 公司编号=@CoID";
            cmd.Parameters.Add(new OleDbParameter("@CoId", CoId));
            conn.Open();
            cmd.ExecuteNonQuery();
            conn.Close();
            return true;
        }
        catch
        {
            return false;
        }
```

```
    }
    public bool update(string CoId, string CoName, string profession, string
kind, string URL, string address, string notes, string OldCoId)
    { //修改数据1
      try
      {
        OleDbConnection conn = new OleDbConnection();
        conn.ConnectionString = connString;
        OleDbCommand cmd = new OleDbCommand();
        cmd.Connection = conn;
        cmd.CommandText = "update 客户表 set 公司编号=@CoID,公司名称=@CoName,所属
行业=@profession,客户类别=@kind,公司网址=@URL,公司地址=@address,备注=@notes
where 公司编号=@OldCoID";
         cmd.Parameters.Add(new OleDbParameter("@CoId", CoId));
         cmd.Parameters.Add(new OleDbParameter("@CoName", CoName));
         cmd.Parameters.Add(new OleDbParameter("@profession", profession));
         cmd.Parameters.Add(new OleDbParameter("@kind", kind));
         cmd.Parameters.Add(new OleDbParameter("@URL", URL));
         cmd.Parameters.Add(new OleDbParameter("@address", address));
         cmd.Parameters.Add(new OleDbParameter("@notes", notes));
         cmd.Parameters.Add(new OleDbParameter("@OldCoId", OldCoId));
         conn.Open();
         cmd.ExecuteNonQuery();
         conn.Close();
         return true;
      }
      catch
      {
         return false;
      }
    }
  public DataTable select(string strWhere)
    { //查询数据1
       try
       {
        string sql = "select * from 客户表";
        if (strWhere != "")
                sql += " where " + strWhere;
         OleDbConnection conn = new OleDbConnection();
         conn.ConnectionString = connString;
           OleDbDataAdapter da = new OleDbDataAdapter(sql, conn);
           DataSet ds = new DataSet();
           da.Fill(ds);
           return ds.Tables[0];
        }
        catch
        {
           return null;
        }
      }
   }
}
```

上述代码为数据访问层的最基本实现，但还存在诸多不足：

（1）增、删、改功能的代码基本类似，存在大量冗余。事实上，除了所执行的SQL语句以及所传递的SQL参数不同外，其他代码是一样的。此外，各类的查询功能实现也极其相似，同样只是Select语句不同。再者，每个类中都维护着同一个数据库连接字符串，不但冗余，更会给数据库迁移带来极大的灾难，每次数据库迁移，都要修改每个类的连接字符串，非常烦琐。因此，完全可以精简这些冗余的代码。

（2）以该类的insert()函数为例，因为客户表中有7个字段，所以函数有7个形参：CoId，CoName、profession、kind、URL、address、notes，分别代表要插入系部的7个字段；而类中的update()函数则有8个参数。可见，函数的形参个数与数据表的字段数是一致的，如果一个数据表的字段数过多，势必导致相关函数的形参过于冗长，非常不利于调用和规范化的管理。

9.3.2 设计数据访问通用类库

解决以上第一个不足，精简冗余的数据库访问代码，可考虑再创建一个数据库访问辅助类库，将重复的代码进行封装。

右击解决方案，在弹出的快捷菜单中选择“添加”→“新建项目”命令，再创建一个名为“DBUtility”的类库项目。添加项目之后的解决方案列表如图9-8所示。

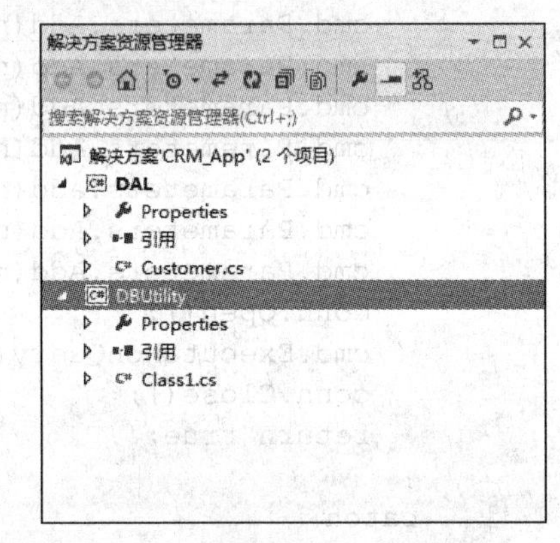

图9-8 添加DBUtility类库后的解决方案

在图9-8中，删除DBUtitlity项目中的“Class1.cs”类文件，再新建一个名为“DbHelperAccess.cs”的类文件，DbHelperAccess.cs类代码如下：

```
using System.Data;                    //手动添加
using System.Data.OleDb;              //手动添加
namespace DBUtility
{
    public class DBbHelperSQL  //手动添加public访问修饰符
    {
      public static string connString = "Provider=Microsoft.ACE.OLEDB.12.0;
Data Source=E:\\CRM_DB.accdb";
      public  static  bool  ExecuteSql(string  sql,  List<OleDbParameter>
OleDbParams)
        {   //数据增、删、改要调用的通用方法
          try
          {
              OleDbConnection conn = new OleDbConnection();
              conn.ConnectionString = connString;
              OleDbCommand cmd = new OleDbCommand();
              cmd.Connection = conn;
              cmd.CommandText = sql;
              for(int i = 0; i < OleDbParams.Count; i++)
                  cmd.Parameters.Add(OleDbParams[i]);
              conn.Open();
              cmd.ExecuteNonQuery();
              conn.Close();
              return true;
```

```
            }
            catch
            {
                return false;
            }
        }
        public static DataTable Query(string sql)
        {   //查询数据的通用方法
            try
            {
                OleDbConnection conn = new OleDbConnection();
                conn.ConnectionString = connString;
                OleDbDataAdapter da = new OleDbDataAdapter(sql,conn);
                DataSet ds = new DataSet();
                da.Fill(ds);
                return ds.Tables[0];
            }
            catch
            {
                return null;
            }
        }
    }
}
```

如此一来，数据访问层 DAL 项目中的各函数，只需要调用 DBUtility 中的函数即可实现对数据库的访问。但是，要在 DAL 中调用 DBUtility 中的类和函数，需将 DBUtility 项目引入 DAL 项目中：右击 DAL 项目，在弹出的快捷菜单中选择“添加”→“引用”命令，如图 9-9 所示。在 DAL 的“引用管理器”对话框中，选中“DBUtility”项目，单击“确定”按钮，如图 9-10 所示。此时，会发现 DAL 项目的引用列表中多出一个名为“DBUtility”的引用，如图 9-11 所示。

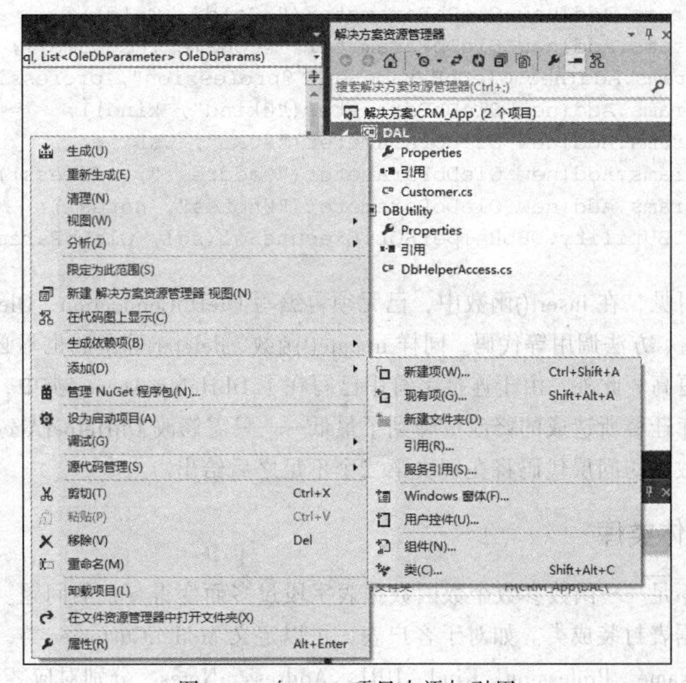

图 9-9　向 DAL 项目中添加引用

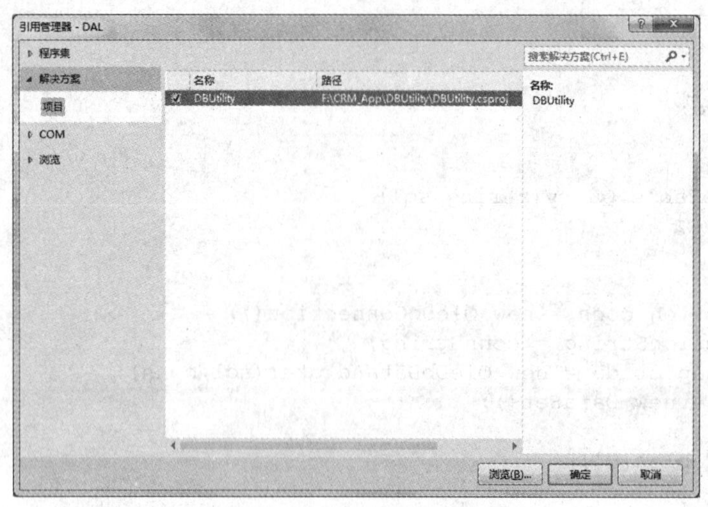

图 9-10 “引用管理器”对话框

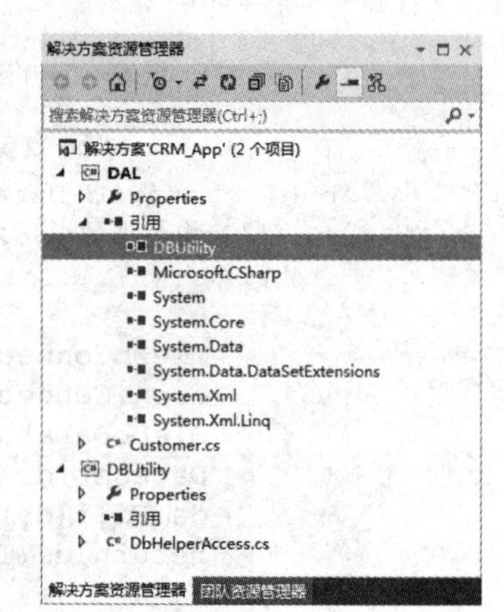

图 9-11 添加引用后的 DAL 引用列表

现在，可以在 DAL 项目中调用 DBUtility 中公有的类和函数。以 Customer 类的 insert()函数为例，此时，insert()函数可通过调用 DBUtility 中 DbHelperAccess 类的 ExecuteSQL()函数来实现数据的插入，而无须书写重复冗余的代码，修改后的 insert()函数如下：

```
public bool insert(string CoId, string CoName, string profession, string kind,
string URL, string address, string notes)
{//插入数据 2
    string sql = "insert into 客户表(公司编号,公司名称,所属行业,客户类别,公司网址,公
司地址,备注) values(@CoID,@CoName,@profession,@kind,@URL,@address, @notes) ";
    List<OleDbParameter> OleDbParams = new List<OleDbParameter>();
    //以下代码把要传给 SQL 语句的参数存入集合，以便传递给函数
    OleDbParams.Add(new OleDbParameter("@CoId", CoId));
    OleDbParams.Add(new OleDbParameter("@CoName", CoName));
    OleDbParams.Add(new OleDbParameter("@profession", profession));
    OleDbParams.Add(new OleDbParameter("@kind", kind));
    OleDbParams.Add(new OleDbParameter("@URL", URL));
    OleDbParams.Add(new OleDbParameter("@address", address));
    OleDbParams.Add(new OleDbParameter("@notes", notes));
    return DBUtility.DBbHelperSQL.ExecuteSql(sql, OleDbParams);
}
```

由上述代码可见，在 insert()函数中，已无须再编写 OleDbConnection、OleDbCommand 对象的创建、属性赋值、方法调用等代码，同样 update()函数、delete()等函数也不必再写这些重复代码，代码复用度更高。此外，由于连接字符串已写在了 DbHelperAccess 类中，不会在其他类中出现，对于数据库迁移所造成的修改量降到了最低——只需修改 DbHelperAccess 中的连接字符串即可。完整的数据访问层代码将在解决第二个不足之后给出。

9.3.3 设计实体类库

针对第二个不足——函数参数个数因数据表字段过多而变得复杂的问题。可以利用面向对象的思想，将数据表封装成类。如对于客户表，可以定义 Model.Customer 类，其中包括 7 个成员变量 CoId、CoName、Profession、Kind、URL、Address、Notes、分别对应客户表的 7 个字段。

这样在设计对应的 insert()和 update()函数时，可用对应的类类型作为形参，例如 Customer 类的 insert()函数，只需用以下方式定义即可：

```
public bool insert(Model.Customer  mCus);
```

大大缩减了形参数量，简化了函数结构。

可以创建一个专门的类库，用于设计这些针对数据表结构而产生的类，称为实体（Model）类库。

右击解决方案，在弹出的快捷菜单中选择“添加”→“新建项目”命令，创建一个名为“Model”的类库项目。添加项目之后的解决方案列表如图 9-12 所示。

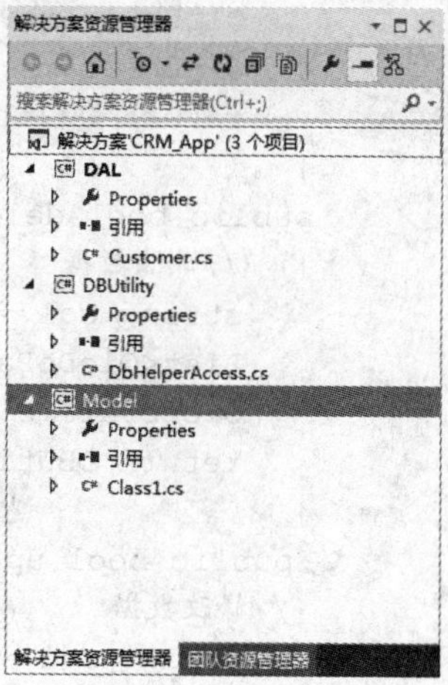

图 9-12　添加 Model 项目后的解决方案

在图 9-12 中，删除 Model 项目中的“Class1.cs”类文件，再新建一个名为“Customer.cs”的类文件，代码如下：

```
namespace Model
{
    public class Customer             //手动添加 public 访问修饰符
    {
        public string CoId;
        public string CoName;
        public string Profession;
        public string Kind;
        public string URL;
        public string Address;
        public string Notes;
    }
}
```

接下来修改数据访问层 DAL 项目中的 Customer 类。首先，右击 DAL 项目，在弹出的快捷菜单中选择“添加”→“引用”命令，在“引用管理器”窗口中，将 Model 项目引入 DAL 项目中。

修改 Customer.cs 类文件如下：

```
using System.Data;            //手动添加
using System.Data.OleDb;      //手动添加
namespace DAL
{
   public class Customer//Customer 类默认没有访问修饰符，此处添加访问修饰符 public
    {
        public bool insert(Model.Customer mCus)
        {                             //插入数据
            string sql = "insert into 客户表(公司编号,公司名称,所属行业,客户类别,
公司网址,公司地址,备注) values(@CoID,@CoName,@profession,@kind,@URL,@address,
@notes) ";
            List<OleDbParameter> OleDbParams = new List<OleDbParameter>();
            //以下代码把要传给 SQL 语句的参数存入集合，以便传递给函数
            OleDbParams.Add(new OleDbParameter("@CoId", mCus.CoId));
            OleDbParams.Add(new OleDbParameter("@CoName", mCus.CoName));
            OleDbParams.Add(new OleDbParameter("@profession", mCus.Profession));
            OleDbParams.Add(new OleDbParameter("@kind", mCus.Kind));
```

```
            OleDbParams.Add(new OleDbParameter("@URL", mCus.URL));
            OleDbParams.Add(new OleDbParameter("@address", mCus.Address));
            OleDbParams.Add(new OleDbParameter("@notes", mCus.Notes));
            return DBUtility.DBbHelperSQL.ExecuteSql(sql, OleDbParams);
        }
        public bool delete(string CoId)
        {   //删除数据
            string sql = "delete from 客户表 where 公司编号=@CoID";
            List<OleDbParameter> OleDbParams = new List<OleDbParameter>();
            OleDbParams.Add(new OleDbParameter("@CoId", CoId));
            return DBUtility.DBbHelperSQL.ExecuteSql(sql, OleDbParams);
        }
         public bool update(Model.Customer mCus, string OldCoId)
        {//修改数据
            string sql = "update 客户表 set 公司编号=@CoID,公司名称=@CoName,所属
行业=@profession,客户类别=@kind,公司网址=@URL,公司地址=@address,备注=@notes
where  公司编号=@OldCoID";
            List<OleDbParameter> OleDbParams = new List<OleDbParameter>();
            OleDbParams.Add(new OleDbParameter("@CoId", mCus.CoId));
            OleDbParams.Add(new OleDbParameter("@CoName", mCus.CoName));
            OleDbParams.Add(new OleDbParameter("@profession", mCus.Profession));
            OleDbParams.Add(new OleDbParameter("@kind", mCus.Kind));
            OleDbParams.Add(new OleDbParameter("@URL", mCus.URL));
            OleDbParams.Add(new OleDbParameter("@address", mCus.Address));
            OleDbParams.Add(new OleDbParameter("@notes", mCus.Notes));
            OleDbParams.Add(new OleDbParameter("@OldCoId", OldCoId));
            return DBUtility.DBbHelperSQL.ExecuteSql(sql, OleDbParams);
        }
         public DataTable select(string strWhere)
         {  //查询数据
            string sql = "select * from 客户表";
            if(strWhere != "")
                sql += " where " + strWhere;
            return DBUtility.DBbHelperSQL.Query(sql);
         }
    }
}
```

上述 Customer 类，明显较上一版本要精简得多，函数实现得到精简，函数参数得到了精简。此为本书终态的数据访问层代码结构。

DAL 类库和 DBUtility 类库共同构成数据访问层。其中 DAL 调用了 DBUtility 项目的代码，DBUtility 类库之所以不能单独称为一层，是因为它的存在只是提供一套通用的访问数据库的方法。

Model 类库比较特殊，更不能单独称为一层，后面读者可见，Model 层实际上贯穿了数据访问层、业务逻辑层和表示层三层，因为这三层均要调用 Model 层的类。

9.3.4　设计业务逻辑层

创建业务逻辑层项目 BLL。右击“解决方案”，在弹出的快捷菜单中选择“添加”→“新建项目”命令，打开“新建项目”对话框，在其中选择“Visual C#”，在右侧选择“类库”，将名称改为“BLL”，单击“确定”按钮。此时，解决方案资源管理器中的项目结构如图 9-13 所示。

图 9-13　添加 BLL 项目后的解决方案

编写业务逻辑层代码。首先，在 BLL 项目中添加对 DAL 项目和 Model 项目的引用。然后，删除 BLL 项目中的 Class1.cs 文件，再新建名为“Customer.cs”的类文件，以实现客户管理的业务逻辑。客户管理的业务逻辑非常简单，只有基本的对客户的增、删、改、查功能。因此，BLL 的 Customer 类中的代码也只是简单调用 DAL 中的 Customer 类来实现这些功能。

Customer.cs 类文件代码如下：

```
using System.Data;                  //手动添加
namespace BLL
{
    public class Customer           //手动添加 public 访问修饰符
    {
        DAL.Customer dCus = new DAL.Customer();
        public bool insert(Model.Customer mCus)
        {
            return dCus.insert(mCus);
        }
        public bool delete(string CoId)
        {
            return dCus.delete(CoId);
        }
        public bool update(Model.Customer mCus,string OldCoId)
        {
            return dCus.update(mCus,OldCoId);
        }
        public DataTable select(string strWhere)
        {
            return dCus.select(strWhere);
        }
    }
}
```

9.3.5　设计表示层

创建表示层项目 UI。前文提到表示层其实就是用户界面层，所以表示层的项目类型不是 DAL、BLL 这样的类库，而是 Windows 窗体应用程序。右击“解决方案”，在弹出的快捷菜单中选择“添加”→“新建项目”命令，打开“新建项目”对话框，在其中选择“Visual C#”，在右侧选择“Windows 窗体应用程序”，将名称改为“UI”，单击“确定”按钮。此时，解决方案资源管理器中的项目结构如图 9-14 所示。

编写表示层代码。首先，表示层需要引用 BLL 项目和 Model 项目，无须引用 DAL 项目。然后，右击 UI 项目中的 Form1.cs 窗体文件，在弹出的快捷菜单中选择“重命名”命令，将名称改为“MainForm.cs”。窗体的界面设计如图 9-15 所示。窗体中各控件的属性设置如表 9-2 所示。

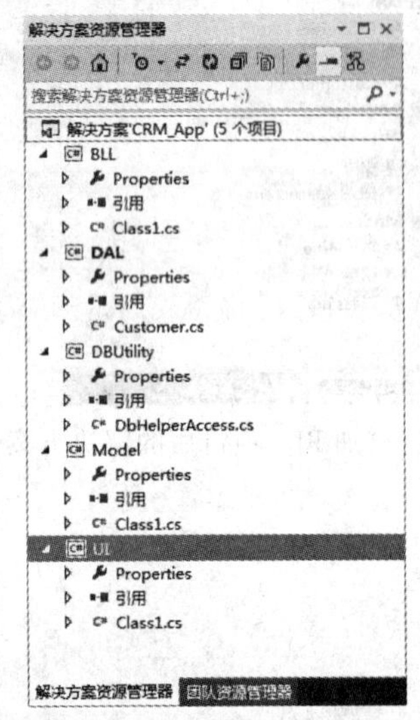

图 9-14 添加 UI 之后的解决方案

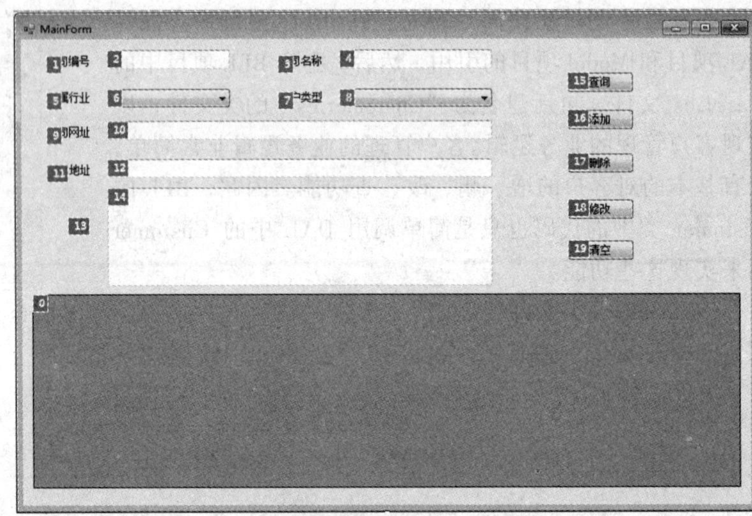

图 9-15 MainForm 窗体的界面设计

表 9-2 MainForm 窗体中的控件

Tab 顺序	控件类型	属性名	属性值
0	DataGridView	Name	dgvCusList
		AllowUserToAddRows	False
2	TextBox	Name	txtCoId
4	TextBox	Name	txtCoName
6	ComboBox	Name	cmbProfession
		Text	
		DropDownStyle	DropDownList
8	ComboBox	Name	cmbKind
		DropDownStyle	DropDownList
10	TextBox	Name	txtURL
12	TextBox	Name	txtAddress
14	TextBox	Name	txtNotes
15	Button	Text	查询
		Name	btnSearch
16	Button	Text	添加
		Name	btnAdd

续表

Tab 顺序	控件类型	属性名	属性值
17	Button	Text	删除
		Name	btnDelete
18	Button	Text	修改
		Name	btnUpdate tn
19	Button	Text	清空
		Name	btnClear

MainForm 窗体实现对客户信息的增、删、改、查操作。首先，窗体加载时，dgvCusList 中显示客户表中所有的信息。

添加客户：在窗体上部的文本框中，填入新客户的信息后，单击“添加”按钮，添加成功后回弹出信息提示，并刷新 dgvCusList 中的客户信息。

删除客户：在 dgvCusList 中单击需要被删除客户所在的行，该客户的信息会显示在窗体上部的文本框中，单击“删除”按钮，会弹出确认对话框，询问用户是否确认删除这个客户信息。如果单击确认对话框中的“是”按钮，则执行删除，并刷新 dgvCusList 中的客户信息；如果单击“否”按钮，则什么都不做。

修改客户信息：在 dgvCusList 中单击需要被修改客户所在的行，该客户的信息会显示在窗体上部的文本框中，单击“修改”按钮，修改成功后回弹出信息提示，并刷新 dgvCusList 中的客户信息。

查询客户信息：本示例实现多个条件的组合查询，且支持模糊查询。如果窗体上部的文本框中都为空，单击“查询”按钮，则显示所有客户信息；如果文本框中有信息，则按照输入的信息进行组合模糊查询。

具体实现如下：首先，在 UI 项目中，添加对 BLL 项目和 Model 项目的引用。然后编写 MainForm.cs 的代码。

```
namespace UI
{
    public partial class MainForm : Form
    {
        BLL.Customer bCus = new BLL.Customer();//实例化业务逻辑层Customer对象
        Model.Customer mCus = new Model.Customer();//实例化Customer实体类
        string currSearchContent = "";              //当前查询条件
        public MainForm()
        {
            InitializeComponent();
        }
        private void MainForm_Load(object sender, EventArgs e)
        {
            cmbProfession.Items.Add("所有");          //添加所属行业选项
            cmbProfession.Items.Add("化工");
            cmbProfession.Items.Add("汽车销售");
            cmbProfession.Items.Add("汽车配件");
```

```
        cmbProfession.Items.Add("交通运输");
        cmbProfession.Items.Add("房地产");
        cmbProfession.Items.Add("信息技术");
        cmbKind.Items.Add("所有");              //添加客户类型选项
        cmbKind.Items.Add("VIP 客户");
        cmbKind.Items.Add("基本客户");
        cmbKind.Items.Add("潜在客户");
          //指定 DataGridView 控件的列宽，自动
        dgvCusList.AutoSizeColumnsMode = DataGridViewAutoSizeColumnsMode.
AllCells;
        bindGridView();                  //在 DataGridView 中显示所有客户信息
      }
      public void bindGridView()
      {   //在 DataGridView 中显示所有客户信息
        dgvCusList.DataSource = bCus.select(currSearchContent);
      }
      private void btnSearch_Click(object sender, EventArgs e)
      {   //"查询"按钮的单击事件
        currSearchContent = " 1=1 "; //为了拼接多个条件，首先设置永真条件
        if(txtCoId.Text!="")             //设定模糊查询条件
            currSearchContent += "  and 公司编号 like '%" + txtCoId.Text +
"%'";
        if(txtCoName.Text != "")
            currSearchContent += " and 公司名称 like '%" + txtCoName.Text
+ "%'";
        if(cmbProfession.Text != "所有" && cmbProfession.Text != "")
            currSearchContent += " and 所属行业= '" + cmbProfession.Text +
"'";
        if(cmbKind.Text != "所有" && cmbKind.Text != "")
            currSearchContent += " and 客户类别= '" + cmbKind.Text + "'";
        if(txtURL.Text != "")
            currSearchContent += " and 公司网址 like '%" + txtURL.Text +
"%'";
        if(txtAddress.Text != "")
            currSearchContent += " and 公司地址 like '%" + txtAddress.Text
+ "%'";
        bindGridView();
      }
      private void btnAdd_Click(object sender, EventArgs e)
      {   //"添加"按钮的单击事件
        mCus.CoId = txtCoId.Text;
        mCus.CoName = txtCoName.Text;
        mCus.Profession = cmbProfession.Text;
        mCus.Kind = cmbKind.Text;
        mCus.URL = txtURL.Text;
        mCus.Address = txtAddress.Text;
        mCus.Notes = txtNotes.Text;
        bool result = false;              //标记操作是否成功
```

```
            result = bCus.insert(mCus);
            if (result)
            {
                bindGridView();
                MessageBox.Show("添加成功！");
            }
            else
                MessageBox.Show("添加失败！");
        }
        private void btnDelete_Click(object sender, EventArgs e)
        {   //"删除"按钮的单击事件
            DialogResult dr = MessageBox.Show("确认删除该客户吗？", "删除确认",
            MessageBoxButtons.YesNo);
            if(dr == DialogResult.Yes)
            {
    bCus.delete(dgvCusList.CurrentRow.Cells[0].Value.ToString());
                bindGridView();
            }
        }

        private void btnUpdate_Click(object sender, EventArgs e)
        {  //"修改"按钮的单击事件
            string OldCoId = dgvCusList.CurrentRow.Cells[0].Value.ToString();
            mCus.CoId = txtCoId.Text;
            mCus.CoName = txtCoName.Text;
            mCus.Profession = cmbProfession.Text;
            mCus.Kind = cmbKind.Text;
            mCus.URL = txtURL.Text;
            mCus.Address = txtAddress.Text;
            mCus.Notes = txtNotes.Text;
            bool result = false;             //标记操作是否成功
            result = bCus.update(mCus,OldCoId);
            if(result)
            {
                bindGridView();
                MessageBox.Show("修改成功！");
            }
            else
                MessageBox.Show("修改失败！");
        }
        private void btnClear_Click(object sender, EventArgs e)
        {   //"清空"按钮的单击事件
            txtCoId.Text = "";
            txtCoName.Text = "";
            cmbProfession.Text = "所有";
```

```
            cmbKind.Text = "所有";
            txtURL.Text = "";
            txtAddress.Text = "";
            txtNotes.Text = "";
        }

        private void dgvCusList_CellContentClick(object sender, DataGridView
        CellEventArgs e)
        {   //DataGridView 的单击事件
            //将当前选中的信息填写到相应文本框中
            txtCoId.Text = dgvCusList.CurrentRow.Cells[0].Value.ToString();
            txtCoName.Text = dgvCusList. CurrentRow.Cells[1].Value.ToString();
            cmbProfession.Text = dgvCusList. CurrentRow.Cells[2].Value.ToString();
            cmbKind.Text = dgvCusList. CurrentRow.Cells[3].Value.ToString();
            txtURL.Text = dgvCusList. CurrentRow.Cells[4].Value.ToString();
            txtAddress.Text = dgvCusList. CurrentRow.Cells[5].Value.ToString();
            txtNotes.Text = dgvCusList. CurrentRow.Cells[6].Value.ToString();
        }
    }
}
```

至此，采用三层架构实现的客户管理示例已经完成。

9.4 使用工厂模式三层架构

9.4.1 理解完全解耦

上述简单三层架构的客户管理中，数据访问层是针对 Access 数据库实现的，如果用户需求变更，不再打算使用 Access 作为数据库，而改用 SQL Server 数据库，需要做哪些变更呢？

以上需求变更，可以延伸出两种结果。其一，用户打算永久将数据库变更为 SQL Server 不再变回 Access。其二，用户也不确定是否会再次变回 Access。

面对第一种需求变更，只需将 DBUtility 中的 DbHelperAccess 类，以及数据访问层 DAL 中 Customer 类访问 Access 数据库相关的类对象彻底更换成访问 SQL Server 数据库的类对象即可，无须修改其他层的代码。而面对第二种需求变更，由于用户需求变更的不确定性，不但要为其实现访问 SQL Server 数据库，还要为其保留现有的访问 Access 实现，即应保留 DBUtility 中的 DbHelperAccess 类，以及 DAL 中的所有类，同时创建出新的访问 SQL Server 数据库的数据访问层实现。前面提到 DBUtility 是一个为简化数据库访问代码提供的通用类库，既然其中的 DbHelperAccess 类是访问 Access 的通用类，那么现在可再创建一个名为 DbHelperSQL 的类作为访问 SQL Server 的通用类。而 DAL 项目的所有实现都是针对 Access 的数据访问层实现。访问的 SQL Server 数据访问层实现已不适合放在 DAL 中，应创建单独的名为 SQL_DAL 的类库作为新的访问 SQL Server 数据库的数据访问层实现，其中的各类同样名为 Customer。

如此一来，考虑基于上述简单三层架构的代码结构，在进行数据库访问实现的切换时，是不是还需要牵连变更其他层呢？业务逻辑层！以 BLL 的 Customer 类为例，数据库的切换，也就是数据访问层 DAL 与 SQL_DAL 的切换。BLL 的 Customer 类当前调用数据访问层是通过 DAL. Customer dCus = new DAL. Customer ()来实例化数据访问层对象的。如果要切换到调用 SQL_DAL 中的 Customer 类，需要改写上述代码为 SQL_DAL. Customer dCus = new SQL_DAL. Customer ()。可见，简单三层架构，在面临这种需求变更时，耦合度还是偏高。需要继续解耦。尝试，在数据访问层在被替换时，不会影响业务逻辑层的变动。

上述问题，可分为两个部分：第一，如何使业务逻辑层中定义数据访问层对象引用的类型保持不变；第二，如何使业务逻辑层中实例化数据访问层对象的代码保持不变。

解决第一问题，可以为 DAL. Customer 和 SQL_DAL. Customer 类创建一个公共接口 IDal.ICustomer。在定义数据访问层对象引用时，可以使用该接口来定义，这样该引用可以指向任何实现接口的类的实例对象。

解决第二问题，可以使用 C#中的一种称为“反射”的机制来实现。所谓反射，即审查元数据并收集关于它的类型信息的能力。元数据（编译以后的最基本数据单元）就是一大堆的表，当编译程序集或者模块时，编译器会创建一个类定义表、一个字段定义表和一个方法定义表。System.Reflection 命名空间包括的几个类，允许反射（解析）这些元数据表的代码。通俗地讲，通过反射可以根据字符串形式的程序集和类名，实例化该类的对象。如：

```
Assembly.Load("DAL").CreateInstance("DAL. Customer");
```

以上代码可实现加载“DAL”程序集，并实例化该程序集中“DAL. Customer”类的对象。由此可见，用反射机制创建数据访问层对象的方法，在需要更换不同的数据访问层实现时，只需要将“DAL”字符串改为“SQL_Dal”即可。而字符串完全可以存到文本文件或者配置文件 App.Config 中。经过这样的变更，数据访问层可完全与业务逻辑层解耦。

基于以上实现，可在现有简单三层架构基础上，再添加一个用于存放数据访问层各类接口的接口类库，以及一个专门用于实例化数据访问层各类对象的类库，此类库即是所谓的工厂，生产数据访问层类对象的工厂。改造后的三层架构就是工厂模式三层架构。其基本结构如图 9-16 所示。

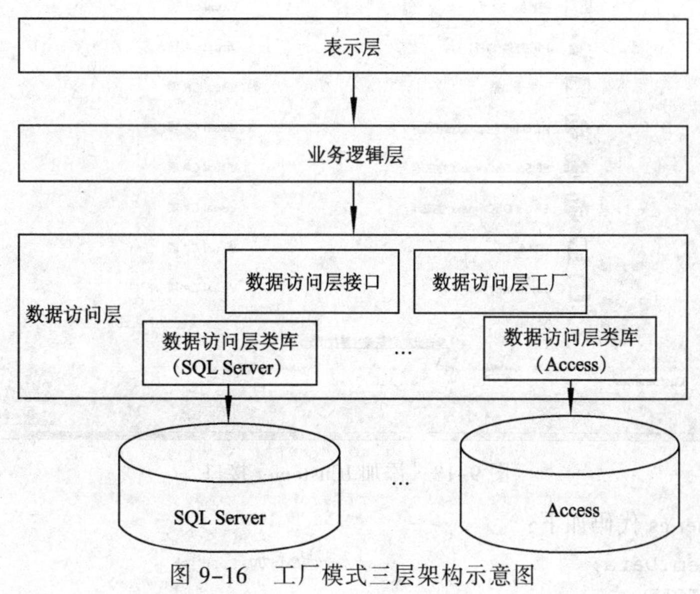

图 9-16　工厂模式三层架构示意图

9.4.2 设计接口类库

【例 9-1】将简单三层架构代码实现的客户管理改写为工厂模式三层架构。

创建数据访问层接口类库 IDAL。右击“解决方案”，在弹出的快捷菜单中选择“添加”→“新建项目”命令，打开“新建项目”对话框，在其中选择“Visual C#”，在右侧选择“类库”，将名称改为“IDAL”，单击“确定”按钮。此时，解决方案资源管理器中的项目结构如图 9-17 所示。

图 9-17 添加 IDAL 项目后的解决方案

编写 IDAL 中数据访问层各接口代码。首先，引用 Model 项目。然后，删除 IDAL 项目中的 Class1.cs 文件，右击“IDAL”项目，在弹出的快捷菜单中选择“添加”→“新建项”命令，打开“添加新项”对话框，在中间的列表中选择“接口”，将名称改为“ICustomer.cs”，单击“添加”按钮，完成 ICustomer 接口的添加，如图 9-18 所示。

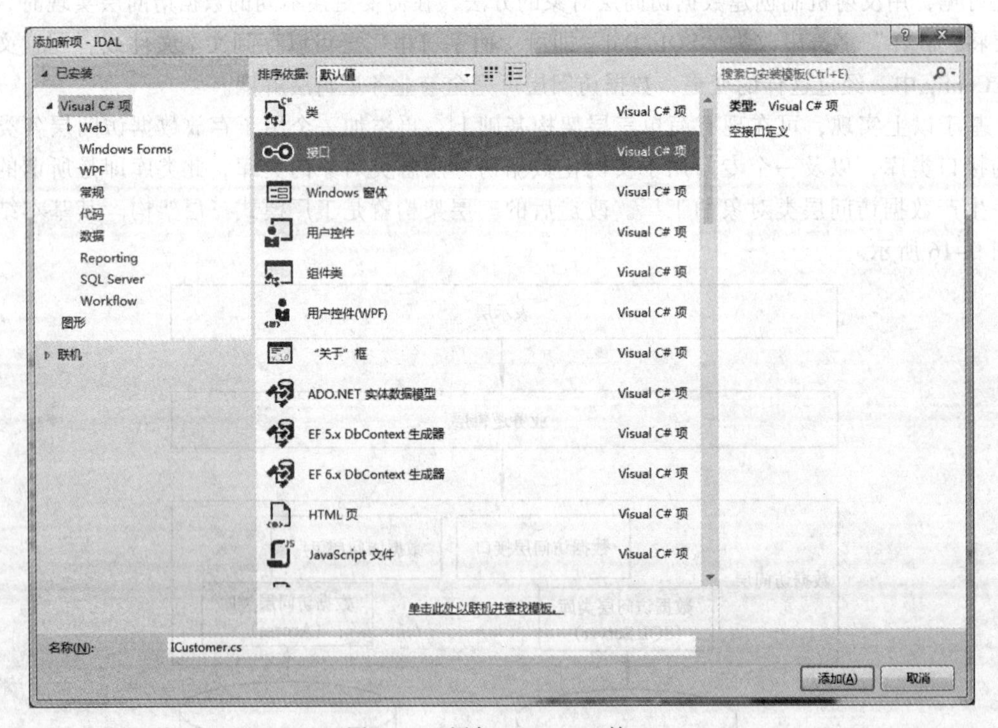

图 9-18 添加 ICustomer 接口

编写 ICustomer.cs 代码如下：

```
using System.Data;                    //手动添加
namespace IDAL
{
```

```
    public interface ICustomer      //手动添加 public
    {
        bool insert(Model.Customer mCus);
        bool update(Model.Customer mCus, string OldCoId);
        bool delete(string CoId);
        DataTable select(string strWhere);
    }
}
```

9.4.3 设计工厂类库

创建数据访问层的工厂类库 DalFactory。右击“解决方案”，在弹出的快捷菜单中选择“添加”→“新建项目”命令，打开“新建项目”对话框，在其中选择“Visual C#”，在右侧选择“类库”，将名称改为“DalFactory”，单击“确定”按钮。此时，解决方案资源管理器中的项目结构如图 9-19 所示。

编写 DalFactory 中生产数据访问层各类对象的代码。首先，添加对 Model 项目和 IDAL 项目的引用。然后，删除 DalFactory 项目中的 Class1.cs 文件，添加一个名为“DataAccess.cs”的类文件。

编写 DataAccess.cs 代码如下：

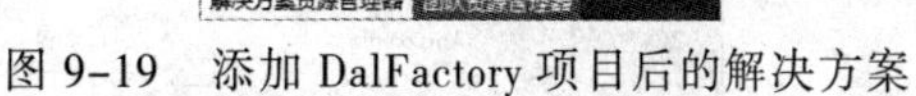

图 9-19　添加 DalFactory 项目后的解决方案

```
using System.Configuration;
//手动添加 ConfigurationSettings
  所在命名空间
using System.Reflection;
//手动添加 Assembly 类所在命名空间

namespace DalFactory
{
  public class DataAccess       //手动添加 public
  { // DAL 程序集名称，从 App.config 配置文件的 AppSettiings 节中读取 key 为 DalAssem
blyName 的值
    static readonly string AssemblyName =
                                    ConfigurationSettings.AppSettings["DalAssembly
Name"];
     public static IDAL.ICustomer CreateCustomer()
     {       // 创建 Customer 数据层接口
            string ClassNamespace = AssemblyName + ".Customer";
            object objType = Assembly.Load(AssemblyName).CreateInstance
(ClassNamespace);
            return (IDAL.ICustomer)objType;
        }
    }
}
```

9.4.4 修改其他层的代码

改写 DAL。首先，添加对 IDAL 项目的引用。然后，修改 DAL 中的 Customer 类，令其实现 IDAL.ICustomer 接口：public class Customer:IDAL.ICustomer。

改写 BLL。首先，删除对 DAL 的引用，加入对 IDAL 项目和 DalFactory 项目的引用。然后修改 BLL 中的 Customer 类中的 DAL. Customer dCus = new DAL. Customer ()语句为：IDAL. ICustomer dCus = DalFactory.DataAccess.CreateCustomer ()。

改写 UI。首先，加入对 DAL 项目的引用。然后，右击 UI 项目，在弹出的快捷菜单中选择“添加”→“新建项”命令，打开“添加新项”对话框，在中间的列表中选择“应用程序配置文件”，单击“添加”按钮，如图 9-20 所示，添加一个配置文件 App.config。

图 9-20 添加配置文件 App.config

改写 App.config 文件内容如下：

```
<?xml version="1.0" encoding="utf-8" ?>
<configuration>
  <appSettings>
    <add key="DalAssemblyName" value="DAL"/>
  </appSettings>
</configuration>
```

再次面对上述数据库迁移的需求变更时，除需要编写访问对应数据库的数据访问层项目外（如访问 SQL Server 数据库的 SqlDal 项目，访问 Oracle 数据库的 OracleDal 项目），只需修改 App.config 中的 DalAccemblyName 的 value 为“SqlDal”或“OracleDal”即可，而无须改动其他层的代码。真正做到了抽屉式的代码替换，耦合度降到了最低。

通过上述的 IDAL 和 DalFactory，只能使业务逻辑层和数据访问层得到最大解耦，若要使表示层和业务逻辑层也能够完全解耦，又该如何实现？读者可自行思考。

此外，对于 DBUtility.DbHelperAccess 类中的数据库连接字符串 connString 的值，也可存放于 App.config 中，这样更有利于数据库迁移，在数据库连接信息变更时，可以不用重新编译系统，而直接修改 App.config 即可。

首先，修改 App.config 配置文件如下：

```
<?xml version="1.0" encoding="utf-8" ?>
<configuration>
  <appSettings>
    <add key="DalAssemblyName" value="DAL"/>
    <add  key="connString"  value="Provider=Microsoft.ACE.OLEDB.12.0;Data
Source=E:\\CRM_DB.accdb"/>
  </appSettings>
</configuration>
```

修改 DBUtility.DbHelperAccess 类，修改初始化静态成员变量 connString 的代码如下：

```
public static string connString = System.Configuration.ConfigurationSettings.
AppSettings["connString"];
```

当然，对于 Windows 应用程序，从安全考虑，应将 App.Config 中 connString 的 value 进行加密。

至此，一个简单的客户管理系统已经实现完毕。

通过本章的学习，应基本掌握三层架构的设计思想，能够利用 C#在 Visual Studio 集成开发环境下熟练地进行简单三层架构和工厂模式三层架构的项目开发。能够理解分层目的和解耦的原理，并能够尝试自行创造满足项目实际需求变更的软件体系架构。

本章的难点在于对于三层架构设计思想的理解、对于降低程序耦合度原理的理解以及对于反射机制的理解。读者应结合实际示例多加揣摩。学习三层架构的目的不是为了学会三层架构下代码分层的“形”，而是要理解其“神”——分层的目的是降低程序耦合度，耦合度越低，代码复用度就越高，且面临需求变更时，代码的修改量就会越小。三层架构只是一式剑招，它不一定适用于任何需求的变更，应做到面对不同的项目、不同的需求变更点，真正做到“见招拆招”“无招胜有招”，只要能做到面对需求变更，代码修改量最小化即是好招。所以，在项目开发过程中，完全可以创造自己的架构。

上 机 实 验

扩充示例客户管理项目 CRM_App。首先，向数据库中添加新数据表：工作人员表。然后，用工厂模式三层架构加入对工作人员信息的维护功能，包括增、删、改、查，并实现工作人员的登录功能。

第10章 数据库应用案例——图书管理系统

图书管理系统是一个使用Visual Studio创建的Windows管理系统，主要实现图书管理的功能。该系统使用SQL Server建立数据库，在系统开发过程中采用工厂模式三层架构模型，开发过程简单、具有灵活的架构，便于功能扩展。本章将深入描述图书管理系统的实现细节。

10.1 系统分析与设计

10.1.1 需求分析

图书馆作为一种信息资源的集散地，图书和用户借阅资料繁多，包括很多的信息数据的管理。为了提高工作效率以及信息的安全性，设计开发图书管理系统，使用计算机对图书和读者信息进行管理。该系统的主要功能如下：

1. 图书管理

图书管理中包含图书类别设置、图书档案管理两个子模块。

1）图书类别设置

根据图书类别的不同，如科技类、艺术类、政治类、英文原版图书等，设置不同类别的编号、类别名以及该类图书的借阅时间。“图书类别设置”模块实现图书类型的添加、修改、删除以及查询。每种图书类型中需要设置：类型编号、类型名、可借天数等属性。

2）图书档案管理

每一本书的信息在系统中都对应有相应的档案。“图书档案管理”模块实现图书信息的添加、修改、删除以及查询。每本书的信息中记录该图书的书名、书籍类型、ISBN、作者、已借出次数等属性。

2. 读者管理

读者管理中包含读者类别设置、读者档案管理两个子模块。

1）读者类别设置

由于读者类型不一样，如教工、本科生、研究生、临时工作人员等，所以读者的借书证不一样。“读者类别设置”模块实现读者类型的添加、修改、删除以及查询。每种读者类型中需要设置：类型名、可借图书册书、可借期刊册数、允许续借次数、是否限制图书、是否限制期刊等属性。

2）读者档案管理

每一位读者在系统中都对应一个读者档案。“读者档案管理”模块实现读者档案的添加、修改、删除以及查询。每位读者的档案中记录该读者的姓名、读者类型、证件编号、证件条形码、性别、联系方式、登记日期、已借图书次数等属性。

3. 流通管理

流通管理是图书馆业务中使用最频繁的功能，主要包括借阅管理和归还管理两大功能。

1）借阅管理

读者准备借阅某本图书时，首先根据读者编号查询该读者的信息，然后根据图书的条形码找到该图书的信息，如果该读者的可借图书册数未满，则允许借阅；否则，拒绝借阅。“借阅管理”模块实现借阅信息的添加、查询等功能。当允许读者借阅时，需要将该借阅信息保存到系统中，同时将被借图书的现存量减一、借出次数增加一，并设置该读者的已借图书次数增加一等。

2）归还管理

读者准备归还某本图书时，首先根据读者编号查询该读者的借阅信息，然后归还指定图书，如果借阅时间超期，则先执行罚款，然后归还；若无超期，则直接归还。“归还管理”模块实现归还信息的添加、查询等功能。当允许读者归还时，需要将该归还信息保存到系统中，同时修改借阅记录中对应的状态为已还，并将被借图书的现存量增加一。

10.1.2　数据库设计

图书管理系统中要保存的数据包括图书类型表（见表 10-1）、图书信息表（见表 10-2）、读者类型表（见表 10-3）、读者信息表（见表 10-4）、借阅表（见表 10-5）、归还表（见表 10-6）。

表 10-1　图书类型表 BookType

字段名	数据类型	长度	主键	说明
TypeID	nvarchar	20	是	类型编号，不可空
TypeName	nvarchar	20	否	类型名称，可空
BorrowDays	int		否	可借天数，可空

表 10-2　图书信息表 BookInfo

字段名	数据类型	长度	主键	说明
BookBarCode	nvarchar	20	否	条形码，可空
BookID	nvarchar	20	是	编号，不可空
BookName	nvarchar	20	否	书名，可空
BookType	nvarchar	20	否	类型，可空
Author	nvarchar	20	否	作者，可空
Translator	nvarchar	20	否	译者，可空
ISBN	nvarchar	20	否	ISBN，可空
Press	nvarchar	20	否	出版社，可空
Price	float		否	价格，可空
PageNum	int		否	页码，可空
ShelfName	nvarchar	20	否	书架名称，可空
InStockNum	int		否	现存量，可空

续表

字 段 名	数 据 类 型	长 度	主 键	说 明
TotalNum	int		否	库存总量，可空
StoreDate	smalldatetime		否	入库时间，可空
Operator	nvarchar	20	否	操作员，可空
Introduction	nvarchar	100	否	简介，可空
BorrowedNum	int		否	借出次数，可空
IsCancle	bit		否	是否注销，不可空

表 10-3 读者类型表 ReaderType

字 段 名	数 据 类 型	长 度	主 键	说 明
TypeName	nvarchar	20	是	类型名，不可空
BookNum	int		否	图书册数，可空
PeriodicalNum	int		否	期刊册数，可空
RenewNum	int		否	续借次数，可空
IsRestrictBook	bit		否	限制图书，可空
IsRestrictPeriodical	bit		否	限制期刊，可空

表 10-4 读者信息表 ReaderInfo

字 段 名	数 据 类 型	长 度	主 键	说 明
ReaderBarCode	nvarchar	20	否	条形码，可空
ReaderID	nvarchar	20	是	编号，不可空
ReaderName	nvarchar	20	否	姓名，可空
Sex	nvarchar	8	否	性别，可空
ReaderType	nvarchar	20	否	类型，可空
BirthDate	smalldatetime		否	出生日期，可空
CardName	nvarchar	20	否	有效证件，可空
CardNumber	nvarchar	20	否	证件号码，可空
Phone	nvarchar	100	否	联系方式，可空
RegisterDate	smalldatetime		否	登记日期，可空
ValidityDate	smalldatetime		否	有效期至，可空
Operator	nvarchar	20	否	操作员，可空
Remarks	nvarchar	100	否	备注，可空
BookBorrowNum	int		否	图书借阅次数，可空
PeriodicalBorrowNum	int		否	期刊借阅次数，可空
IsLoss	bit		否	是否挂失，不可空

表 10-5　图书借阅表 Borrow

字段名	数据类型	长度	主键	说明
BorrowID	int		是	借阅编号，不可空，自动
BookID	nvarchar	50	否	图书编号，可空
ReaderID	nvarchar	40	否	读者编号，可空
BorrowDate	smalldatetime		否	借阅时间，可空
MustReturnDate	smalldatetime		否	应还时间，可空
RenewNum	int		否	续借次数，可空
Operator	nvarchar	20	否	操作员，可空
State	nvarchar	10	否	状态，可空

表 10-6　图书归还表 Return

字段名	数据类型	长度	主键	说明
ReturnID	int		是	归还编号，不可空，自动
BookID	nvarchar	50	否	图书编号，可空
ReaderID	nvarchar	40	否	读者编号，可空
ReturnDate	smalldatetime		否	归还时间，可空
Operator	nvarchar	20	否	操作员，可空

10.1.3　系统设计

图书管理系统的整体功能图如图 10-1 所示。

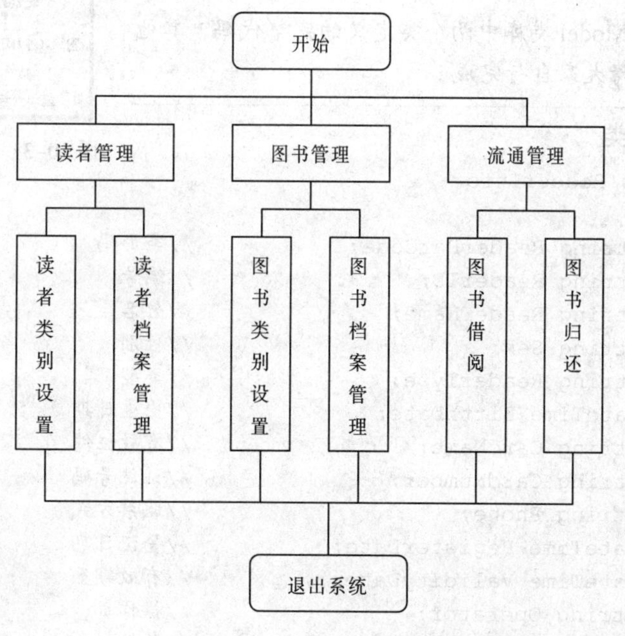

图 10-1　系统功能图

10.2 系统实现

本系统的总体架构将采用工厂模式三层架构模型。根据工厂模式的设计原理，该系统应包含七个项目：界面层UI、业务逻辑层BLL、数据访问层DAL、实体模型类库Model、包含数据操作通用方法的类库DBUtility、数据访问层接口IDAL、用于创建数据访问对象的工厂DALFactory。

新建名为“图书管理系统”的Visual Studio空白解决方案，并添加七个“新建项目”分别命名为上述名字，创建后的解决方案如图10-2所示，下面将逐个介绍图中七个项目的内容。

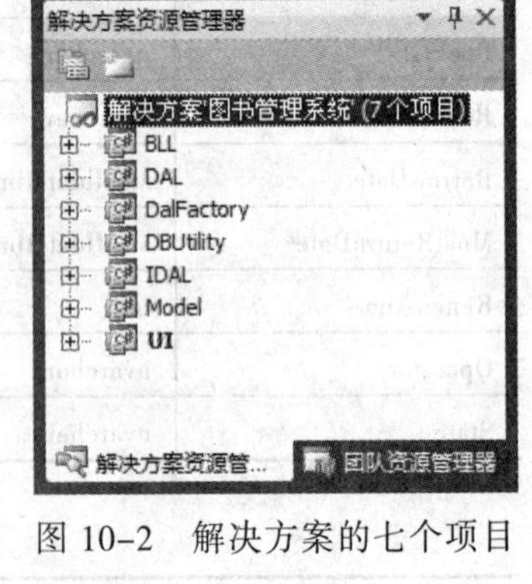

图10-2 解决方案的七个项目

10.2.1 实体类库

Model即实体类库，该类库利用面向对象的思想，将数据表封装成类。本系统中共有BookInfo、BookType、ReaderInfo、ReaderType、Borrow、Return六个数据表，因此在Model类库中添加6个类，每个类的命名与对应的数据表相同，如图10-3所示。每个类中包含若干属性的定义，每个属性与数据表中的字段相对应，需要注意各个属性应定义为public公有属性。比如，ReaderInfo类和ReaderType类的详细内容定义如下：

图10-3 Model类库中的六个类

说 明

文中仅给出Model类库中两个类定义的完整代码，其他四个类的定义，请大家自行完成。

1. ReaderInfo类

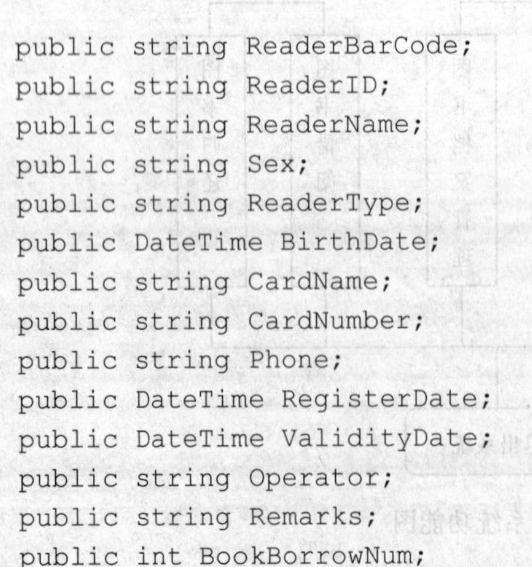

```
public class ReaderInfo
{
    public string ReaderBarCode;              //条形码
    public string ReaderID;                   //编号
    public string ReaderName;                 //姓名
    public string Sex;                        //性别
    public string ReaderType;                 //类型
    public DateTime BirthDate;                //出生日期
    public string CardName;                   //有效证件
    public string CardNumber;                 //证件号码
    public string Phone;                      //联系方式
    public DateTime RegisterDate;             //登记日期
    public DateTime ValidityDate;             //有效期至
    public string Operator;                   //操作员
    public string Remarks;                    //备注
    public int BookBorrowNum;                 //图书借阅次数
```

```
    public int PeriodicalBorrowNum;                 //期刊借阅次数
    public bool IsLoss;                             //是否挂失
}
```

2. ReaderType 类

```
public class ReaderType
{
    public string TypeName;                         //类型
    public int BookNum;                             //图书册数
    public int PeriodicalNum;                       //期刊册数
    public int RenewNum;                            //续借次数
    public bool IsRestrictBook;                     //限制图书
    public bool IsRestrictPeriodical;               //限制期刊
}
```

10.2.2　数据访问层接口类库

数据访问层接口类库即 IDAL 类库，该接口类库处于业务逻辑层 BLL 和数据访问层 DAL 之间，业务逻辑层 BLL 通过接口类库来调用数据访问层 DAL，从而实现数据库的增、删、改等操作。加入接口类库的优点在于：业务逻辑层 BLL 与数据访问层 DAL 之间是一种抽象依赖的关系，而非具体依赖，从而支持对多种数据源的访问，比如对 SQL Server 和 Oracle 两种数据库的支持，提高系统的通用性。

在 IDAL 类库中添加六个接口 IBookInfo、IBookType、IReaderInfo、IReaderType、IBorrow、IReturn 分别对应六个数据表，如图 10-4 所示。下面分别介绍六个接口的内容。

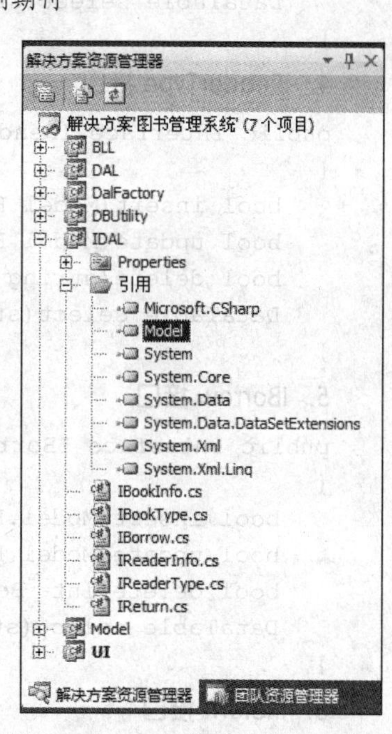

图 10-4　IDAL 类库中的六个接口及引用列表

注 意

由于 IDAL 接口类库中需要使用 Model 实体类库中的类，因此在 IDAL 类库中添加对 Model 类库的引用，如图 10-4 所示。

1. IBookInfo 接口

```
public interface IBookInfo
{
    bool insert(Model.BookInfo mBookInfo);
                              //调用 DAL 类库中 BookInfo 类的 insert()方法，进行添加
    bool update(Model.BookInfo mBookInfo, string oldBookID);
                                                //调用 update()方法，进行修改
    bool delete(string BookID);                 //调用 delete()方法，进行删除
    DataTable select(string strWhere);          //调用 select()方法，进行查找
}
```

2. IBookType 接口

```
public interface IBookType
{
```

```
    bool insert(Model.BookType mBookType);
    bool update(Model.BookType mBookType, string oldTypeID);
    bool delete(string TypeID);
    DataTable select(string strWhere);
}
```

3. IReaderInfo 接口

```
public interface IReaderInfo
{
    bool insert(Model.ReaderInfo mReaderInfo);              //调用 DAL 类库中
    bool update(Model.ReaderInfo mReaderInfo, string oldReaderID);
    bool delete(string ReaderID);
    DataTable select(string strWhere);
}
```

4. IReaderType 接口

```
public interface IReaderType
{
    bool insert(Model.ReaderType mReaderType);
    bool update(Model.ReaderType mReaderType, string oldTypeName);
    bool delete(string TypeName);
    DataTable select(string strWhere);
}
```

5. IBorrow 接口

```
public interface IBorrow
{
    bool insert(Model.Borrow mBorrow);
    bool update(Model.Borrow mBorrow, int  oldBorrowID);
    bool delete(int  BorrowID);
    DataTable select(string strWhere);
}
```

6. IReturn 接口

```
public interface IReturn
{
    bool insert(Model.Return mReturn);
    bool update(Model.Return mReturn, int oldReturnID);
    bool delete(int ReturnID);
    DataTable select(string strWhere);
}
```

10.2.3 数据访问层

数据访问层 DAL 负责访问数据库，即实现对数据库各表的增、删、改、查操作。在 DAL 类库中添加六个类，BookInfo、BookType、ReaderInfo、ReaderType、Borrow、Return，如图 10-5 所示。下面介绍 DAL 类库中 ReaderType 类的完整代码。

注　意

由于数据访问层 DAL 中需要调用实体层 Model、DBUtility 层和接口层 IDAL 的内容，因此，在 DAL 类库中添加对 IDAL 类库、DBUtility 类库和 Model 类库的引用，如图 10-5 所示。

说　明

（1）文中仅给出 DAL 类库中“ReaderType”类定义的完整代码，其他五个类的定义，请大家自行完成。

（2）在以上六个类的代码中，数据库通用操作方法，即 SQL 语句的执行被封装在类库 DBUtility 中的 DbHelperSQL 类中。

解决方案资源管理器
解决方案'图书管理系统'(7个项目)
BLL
DAL
Properties
引用
DBUtility
IDAL
Microsoft.CSharp
Model
System
System.Core
System.Data
System.Data.DataSetExtensions
System.Xml
System.Xml.Linq
BookInfo.cs
BookType.cs
Borrow.cs
ReaderInfo.cs
ReaderType.cs
Return.cs
DalFactory
DBUtility
IDAL
Model
UI
解决方案资源管理器　团队资源管理器

图 10-5　DAL 类库中的六个类以及引用

```
//DAL 类库中 ReaderType 类的定义
using System.Data;              //手动引用命名空间
using System.Data.SqlClient; //手动引用命名空间
namespace DAL
{   //增
    public class ReaderType : IDAL.IReaderType
    {
        public bool insert(Model.ReaderType mReaderType)
        {
            string sql = @"insert into ReaderType
            (TypeName,BookNum,PeriodicalNum,RenewNum,IsRestrictBook,
IsRestrictPeriodical)
  values(@TypeName,@BookNum,@PeriodicalNum,@RenewNum,@IsRestrictBook,
@IsRestrictPeriodical)";
            List<SqlParameter> sqlParams = new List<SqlParameter>();
            sqlParams.Add(new SqlParameter("@TypeName", mReaderType.TypeName));
            sqlParams.Add(new SqlParameter("@BookNum", mReaderType.BookNum));
            sqlParams.Add(new SqlParameter("@PeriodicalNum", mReaderType.PeriodicalNum));
            sqlParams.Add(new SqlParameter("@RenewNum", mReaderType.RenewNum));
            sqlParams.Add(new SqlParameter("@IsRestrictBook", mReaderType.IsRestrictBook));
            sqlParams.Add(new SqlParameter("@IsRestrictPeriodical", mReaderType.
IsRestrictPeriodical));
           return DBUtility.DbHelperSQL.ExecuteSql(sql, sqlParams);
        }
        //删
        public bool delete(string TypeName)
        {
            string sql = "delete from ReaderType where TypeName=@TypeName";
            List<SqlParameter> sqlParams = new List<SqlParameter>();
            sqlParams.Add(new SqlParameter("@TypeName", TypeName));
            return DBUtility.DbHelperSQL.ExecuteSql(sql, sqlParams);
        }
        //改
```

```
        public bool update(Model.ReaderType mReaderType, string oldTypeName)
        {
            string sql = @"update ReaderType set TypeName=@TypeName,BookNum=
    @BookNum,
            PeriodicalNum=@PeriodicalNum,RenewNum=@RenewNum,IsRestrictBook=
    @IsRestrictBook,
            IsRestrictPeriodical=@IsRestrictPeriodical   where   TypeName=
    @oldTypeName";
            List<SqlParameter> sqlParams = new List<SqlParameter>();
            sqlParams.Add(new SqlParameter("@TypeName", mReaderType.TypeName));
            sqlParams.Add(new SqlParameter("@BookNum", mReaderType.BookNum));
            sqlParams.Add(new SqlParameter("@PeriodicalNum", mReaderType.PeriodicalNum));
            sqlParams.Add(new SqlParameter("@RenewNum", mReaderType.RenewNum));
            sqlParams.Add(new SqlParameter("@IsRestrictBook", mReaderType.IsRestrictBook));
            sqlParams.Add(new SqlParameter("@IsRestrictPeriodical", mReaderType.
    IsRestrictPeriodical));
            sqlParams.Add(new SqlParameter("@oldTypeName", oldTypeName));
            return DBUtility.DbHelperSQL.ExecuteSql(sql, sqlParams);
        }
        //查
        public DataTable select(string strWhere)
        {
            string sql = "select * from ReaderType ";
            if(strWhere != "")
               sql += " where " + strWhere;
            return DBUtility.DbHelperSQL.Query(sql);
        }
      }
    }
    using System.Data.SqlClient;                    //手动引用命名空间
    //类库 DBUtility 中 DbHelperSQL 类的定义
    namespace DBUtility
    {
      public class DbHelperSQL
      {
        public static string connString = System.Configuration.Configuration
    Settings.AppSettings["connString"];
        public static bool ExecuteSql(string sql, List<SqlParameter>
    sqlParams)
        { //数据增、删、改要调用的通用方法，参数 sql 是要执行的 SQL 命令，返回 true 表
    示命令执行成功，false 为命令执行失败
            try
            {
               SqlConnection conn = new SqlConnection();
               conn.ConnectionString = connString;
               conn.Open();
               SqlCommand cmd = new SqlCommand();
               cmd.Connection = conn;
               cmd.CommandText = sql;
```

```
                for(int i = 0; i < sqlParams.Count; i++) //遍历传过来的 SQL 参
    数集合，将其逐一加到 SqlCommand 对象的参数集合中
                cmd.Parameters.Add(sqlParams[i]);
                cmd.ExecuteNonQuery();
                conn.Close();
                return true;
            }
            catch
            {
                return false;
            }
        }
        public static DataTable Query(string sql)
        {   //查询数据的通用方法，参数 sql 是要执行的 select 语句，
            //返回 null 代表查询失败，返回非 null 代表查询成功，且结果存在于返回的 DataTable 中
            try
            {
                SqlConnection conn = new SqlConnection();
                conn.ConnectionString = connString;
                SqlDataAdapter da = new SqlDataAdapter(sql, conn);
                DataSet ds = new DataSet();
                da.Fill(ds);                    //将 sql 语句的查询结果填充到 ds 中
                return ds.Tables[0];
            }
            catch
            {
                return null;
            }
        }
    }
}
```

10.2.4　工厂类库

工厂类库 DalFactory，其中只包含一个类 DataAccess，该类使用反射机制来实例化数据访问层的各类对象。下面介绍 DataAccess 类的定义，以及配置文件 App.Config 的内容。

注 意

在 DalFactory 类库中需要添加对 IDAL 类库和 Model 类库的引用。工厂类库的类及引用如图 10-6 所示。

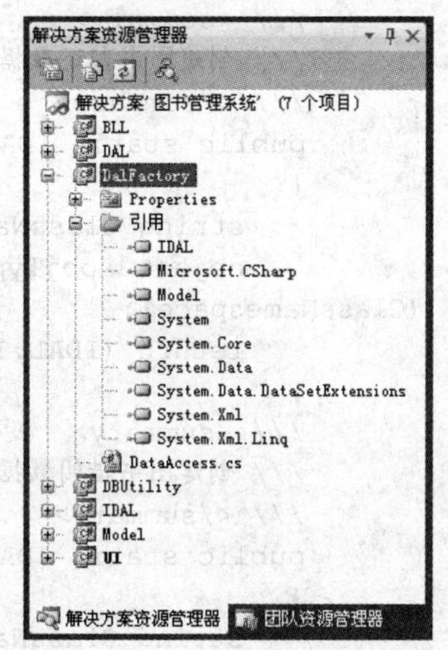

图 10-6　DalFactory 类库中的引用和类

1. 类 DataAccess 的定义

```
using System.Configuration;          //ConfigurationSettings 所在命名空间
using System.Reflection;             //Assembly 类所在命名空间
namespace DalFactory
{
```

```
public class DataAccess
{
    // DAL 程序集名称，从 App.config 配置文件的 AppSettiings 节中读取 key 为
DalAssemblyName 的值
    static readonly string AssemblyName = ConfigurationSettings.
AppSettings["DalAssemblyName"];
    /// <summary>
    /// 创建读者类型数据层接口
    /// </summary>
    public static IDAL.IReaderType CreateReaderType()
    {
        string ClassNamespace = AssemblyName + ".ReaderType";
        object objType = Assembly.Load(AssemblyName).CreateInstance
(ClassNamespace);
        return (IDAL.IReaderType)objType;
    }
    /// <summary>
    /// 创建读者信息数据层接口
    /// </summary>
    public static IDAL.IReaderInfo CreateReaderInfo()
    {
        string ClassNamespace = AssemblyName + ".ReaderInfo";
        object objType = Assembly.Load(AssemblyName).CreateInstance
(ClassNamespace);
        return (IDAL.IReaderInfo)objType;
    }
    /// <summary>
    /// 创建图书归还数据层接口
    /// </summary>
    public static IDAL.IReturn CreateReturn()
    {
        string ClassNamespace = AssemblyName + ".Return";
        object objType = Assembly.Load(AssemblyName).CreateInstance
(ClassNamespace);
        return (IDAL.IReturn)objType;
    }
    /// <summary>
    /// 创建图书借阅数据层接口
    /// </summary>
    public static IDAL.IBorrow CreateBorrow()
    {
        string ClassNamespace = AssemblyName + ".Borrow";
        object objType = Assembly.Load(AssemblyName).CreateInstance
(ClassNamespace);
        return (IDAL.IBorrow)objType;
    }
    /// <summary>
    /// 创建图书类型数据层接口
    /// </summary>
    public static IDAL.IBookType CreateBookType()
```

```
        {
            string ClassNamespace = AssemblyName + ".BookType";
            object  objType  =  Assembly.Load(AssemblyName).CreateInstance
(ClassNamespace);
            return (IDAL.IBookType)objType;
        }
        /// <summary>
        /// 创建图书信息数据层接口
        /// </summary>
        public static IDAL.IBookInfo CreateBookInfo()
        {
            string ClassNamespace = AssemblyName + ".BookInfo";
            object  objType  =  Assembly.Load(AssemblyName).CreateInstance
(ClassNamespace);
            return (IDAL.IBookInfo)objType;
        }
    }
}
```

2. App.config 配置文件的内容

```
<?xml version="1.0" encoding="utf-8" ?>
<configuration>
  <appSettings>
    <add key="DalAssemblyName" value="DAL"/>
    <add key="connString" value="server=.;database=MyLib;uid=sa;pwd=123qwe"/>
  </appSettings>
</configuration>
```

10.2.5　业务逻辑层

业务逻辑层 BLL 负责复杂的业务计算。在 BLL 类库中添加六个类，分别命名为 BookInfo、BookType、ReaderInfo、ReaderType、Borrow、Return。

注 意

在 BLL 类库中需要添加对 Model 类库、DalFactory 类库和 IDAL 类库的引用。BLL 类库的类以及引用如图 10-7 所示。

说 明

文中仅给出 BLL 类库中 ReaderInfo" 类和 "ReaderType" 类的完整代码，其他四个类的定义，请大家自行完成。

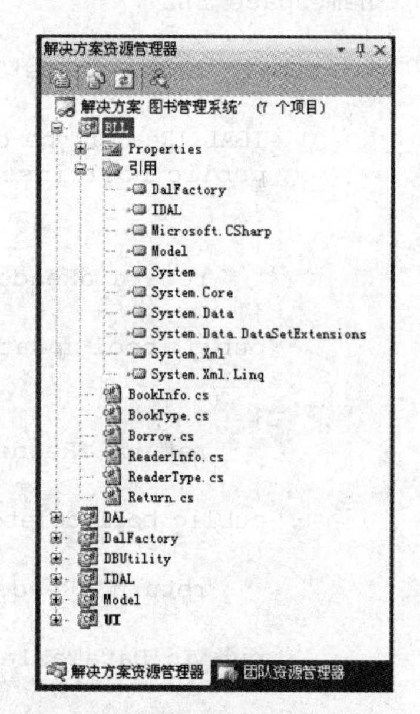

图 10-7　BLL 类库中的引用和类

1. ReaderInfo 类

```
using System.Data;                                    //手动引用命名空间
namespace BLL
{
    public class ReaderInfo
```

```
        {
            IDAL.IReaderInfo dReaderInfo = DalFactory.DataAccess.CreateReaderInfo();
            public bool insert(Model.ReaderInfo mReaderInfo)
                                                //将新记录 mReaderInfo 插入数据表
            {
                return dReaderInfo.insert(mReaderInfo);
            }
            public bool update(Model.ReaderInfo mReaderInfo, string oldReaderID)
                                                //按读者编号 oldReaderID，修改指定记录
            {
                return dReaderInfo.update(mReaderInfo, oldReaderID);
            }
            public bool delete(string ReaderID) //按读者编号 ReaderID，删除指定记录
            {
                return dReaderInfo.delete(ReaderID);
            }
            public DataTable select(string strWhere)
                                                //按条件查找记录，参数 strWhere 为查找条件
            {
                return dReaderInfo.select(strWhere);
            }
        }
}
```

2. ReaderType 类

```
using System.Data;                              //手动引用命名空间
namespace BLL
{
    public class ReaderType
    {
        IDAL.IReaderType dReaderType = DalFactory.DataAccess.CreateReaderType();
        public bool insert(Model.ReaderType mReaderType)
                                                //将新记录 mReaderType 插入数据表
        {
            return dReaderType.insert(mReaderType);
        }
        public bool update(Model.ReaderType mReaderType, string oldTypeName)
                                                //按类型名称 oldTypeName，修改指定记录
        {
            return dReaderType.update(mReaderType, oldTypeName);
        }
        public bool delete(string TypeName)//按类型 TypeName，删除指定记录
        {
            return dReaderType.delete(TypeName);
        }
        public DataTable select(string strWhere)
                                                //按条件查找记录，参数 strWhere 为查找条件
        {
            return dReaderType.select(strWhere);
        }
    }
}
```

10.2.6 表示层

表示层 UI 负责界面的显示，该层共有 BookInfo、BookType、ReaderInfo、ReaderType、Borrow、Return 六个 Windows 窗体对应不同数据表的操作。同时，添加名为 MainForm 的 Windows 窗体用于显示主界面。本小节将详细介绍七个界面的设计和实现细节。

注 意

在 UI 类库中需要添加对 BLL 类库、Model 类库和 DAL 类库的引用。UI 类库中的类和引用如图 10-8 所示。

说 明

书中仅列出主要代码，重复代码、相似代码以及 try...catch 意外捕捉等均未列出，请大家自行完成。

1. 系统主界面 MainForm 窗体

系统主界面即 MainForm 窗体，运行结果如图 10-9 所示。该窗体的属性设置如表 10-7 所示。

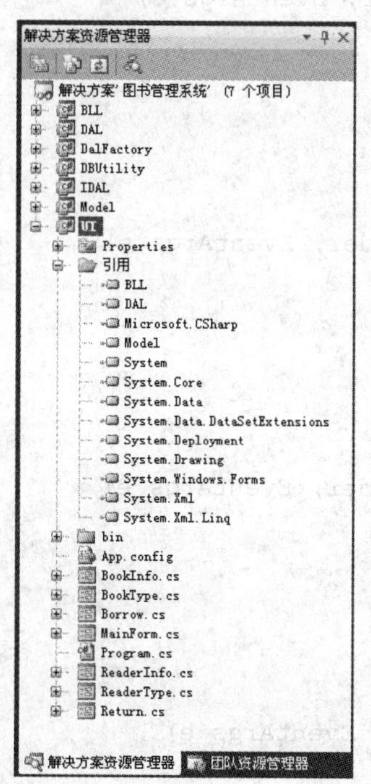

图 10-8 UI 类库中的类和引用

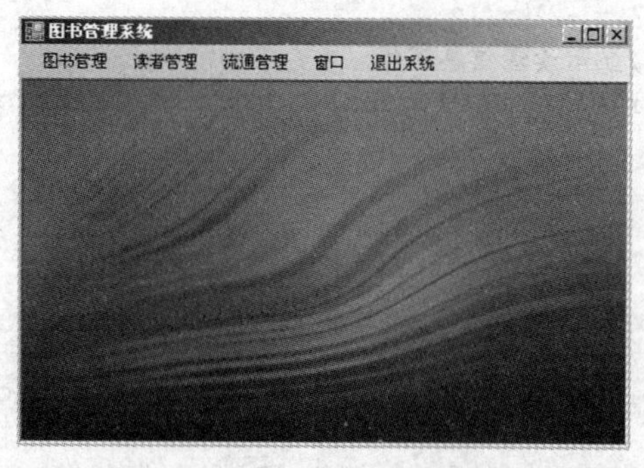

图 10-9 系统主界面

表 10-7 MainForm 窗体属性设置表

属性名	属性值	作用
Name	MainForm	窗体名称
Text	图书管理系统	设置窗体的标题文本
WindowState	Maximized	设置窗体的初始状态为最大化
IsMdiContainer	True	设置该窗体为 MDI 父窗体

MainForm 窗体中放置名为 menuStrip1 的菜单控件，该菜单中包含五个主菜单项，即“图书管理”“读者管理”“流通管理”“窗口”“退出系统”（命名为 menuExit）。其中“图书管理”中包含两个子菜单项：“图书类别设置”（命名为 menuBookType）和“图书档案管理”（menuBookInfo）；“读者管理”中包含两个子菜单项：“读者类别设置”（menuReaderType）和“读者档案管理”（menuReaderInfo）；“流通管理”中包含两个子菜单项：“图书借阅”（menuBorrow）和“图书归还”（menuReturn）；“窗口”中包含三个子菜单项：“垂直平铺”（menuVertical）、“水平平铺”（menuHorizontal）和“层叠”（menuCascade）。

MainForm 窗体的中各个子菜单项的单击事件代码如下：

```
//显示图书类型窗体
private void menuBookType_Click(object sender, EventArgs e)
{
    BookType frm = new BookType();          //创建图书类型窗体对象
    frm.MdiParent = this;//指定图书类型窗体的MDI父窗体是this，即MainForm
    frm.Show();                             //显示图书类型窗体
}
//显示图书信息窗体
private void menuBookInfo_Click(object sender, EventArgs e)
{
    BookInfo frm = new BookInfo();
    frm.MdiParent = this;
    frm.Show();
}
//显示读者类型窗体
private void menuReaderType_Click(object sender, EventArgs e)
{
    ReaderType frm = new ReaderType();
    frm.MdiParent = this;
    frm.Show();
}
//显示读者信息窗体
private void menuReaderInfo_Click(object sender, EventArgs e)
{
    ReaderInfo frm = new ReaderInfo();
    frm.MdiParent = this;
    frm.Show();
}
//显示图书借阅窗体
private void menuBorrow_Click(object sender, EventArgs e)
{
    Borrow frm = new Borrow();
    frm.MdiParent = this;
    frm.Show();
}
//显示图书归还窗体
private void menuReturn_Click(object sender, EventArgs e)
{
    Return frm = new Return();
    frm.MdiParent = this;
    frm.Show();
}
```

```
//设置窗体垂直平铺
private void menuVertical_Click(object sender, EventArgs e)
{
   LayoutMdi(MdiLayout.TileVertical);     //垂直平铺
}
//设置窗体水平平铺
private void menuHorizontal_Click(object sender, EventArgs e)
{
   LayoutMdi(MdiLayout.TileHorizontal);      //水平平铺
}
//设置窗体层叠
private void menuCascade_Click(object sender, EventArgs e)
{
   LayoutMdi(MdiLayout.Cascade);          //层叠
}
//退出系统
private void menuExit_Click(object sender, EventArgs e)
{
   Application.Exit();
}
```

2. "图书类型设置"界面

"图书类型设置"界面的设计界面如图10-10所示，窗体的属性设置如表10-8所示，窗体中的控件，按Tab顺序，描述如表10-9所示。

说 明

在表10-9中只给出TextBox、DataGridView、Button、ComboBox等程序代码中涉及的控件的属性，其他的控件如GroupBox、Label等均未列出，它们的属性读者可自行设置。

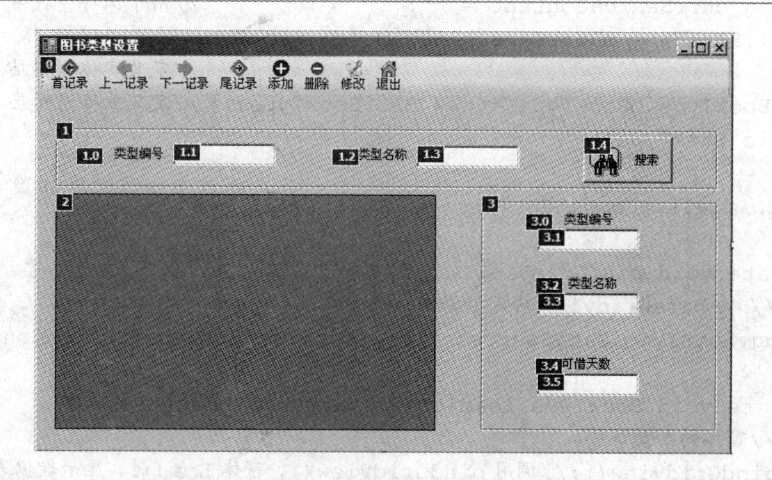

图10-10 "图书类型设置"窗体的设计界面

表10-8 "图书类型设置"窗体属性设置表

属性名	属性值	作用
Name	BookType	窗体名称
Text	图书类型设置	设置窗体的标题文本

表 10-9 “图书类型设置”窗体中的控件

Tab	控件类型	属性名	属性值	Tab	控件类型	属性名	属性值
1.1	TextBox	Name	txtSearchTypeID	2	DataGridView	Name	dgvBookType
1.3	TextBox	Name	txtSearchTypeName	3.1	TextBox	Name	txtTypeID
1.4	Button	Name	btnSearch	3.3	TextBox	Name	txtTypeName
		Text	搜索	3.5	TextBox	Name	txtBorrowDays

该窗体中上方是工具栏，其中包含 8 个工具按钮，它们的属性定义如表 10-10 所示。

表 10-10 工具栏中的 8 个工具按钮的属性

序号	控件类型	属性名	属性值	序号	控件类型	属性名	属性值
1	Button	Name	tsbFirst	5	Button	Name	tsbAdd
		Text	首记录			Text	添加
2	Button	Name	tsbPre	6	Button	Name	tsbDelete
		Text	上一记录			Text	删除
3	Button	Name	tsbNext	7	Button	Name	tsbUpdate
		Text	下一记录			Text	修改
4	Button	Name	tsbLast	8	Button	Name	tsbExit
		Text	尾记录			Text	退出

该窗体的代码如下：

```
public partial class BookType : Form
{
    string currSearchContent = "";                    //用于保存查找条件
    Model.BookType mBookType = new Model.BookType();
                                                      //定义实体模型层 Model 的对象
    BLL.BookType bBookType = new BLL.BookType(); //定义业务逻辑层 BLL 的对象
    public BookType()
    {
        InitializeComponent();
    }
    private void bindGridView()
    {   // 为 DataGridview 绑定数据源
        dgvBookType.DataSource = bBookType.select(currSearchContent);
    }
    private void BookType_Load(object sender, EventArgs e)
    {   //窗体的加载事件
        bindGridView();//调用 bindGridView()，窗体 Load 时，显示数据表中所有的数据
    }
    private void btnSearch_Click(object sender, EventArgs e)
    {   //"搜索"按钮的单击事件
        currSearchContent = @"TypeID like '%" + txtSearchTypeID.Text + "%'"+
            "and TypeName like '%" + txtSearchTypeName.Text + "%'";
                                                    //设定查询条件
        bindGridView();                             //显示查找结果
```

```
}
private void tsbFirst_Click(object sender, EventArgs e)
{   //"首记录"工具按钮的单击
    int i = dgvBookType.SelectedCells[0].RowIndex; //获取当前行的编号 i
    dgvBookType.Rows[i].Selected = false; //取消当前行的选中状态
    dgvBookType.Rows[0].Selected = true;  //选中第 0 行，即首记录
}
private void tsbPre_Click(object sender, EventArgs e)
{ //"上一记录"工具按钮的单击
    int i = dgvBookType.SelectedCells[0].RowIndex; //获取当前行的编号 i
    if(i != 0)                       //判断是否第 0 行，即判断是否首记录
    {
       dgvBookType.Rows[i].Selected = false;     //取消当前行的选中状态
       dgvBookType.Rows[i - 1].Selected = true;   //选中前一行，行号为 i-1
    }
    else
      MessageBox.Show("已经是第一项了！", "提示", MessageBoxButtons.OK,
MessageBoxIcon.Information);
}
private void tsbNext_Click(object sender, EventArgs e)
{   //"下一记录"工具按钮的单击
    int i = dgvBookType.SelectedCells[0].RowIndex; //获取当前行的编号 i
    if(i < dgvBookType.Rows.Count - 1)
                  //判断是否尾记录，count 属性返回 DataGridview 中记录的个数
    {
       dgvBookType.Rows[i].Selected = false;        //取消当前行的选中状态
       dgvBookType.Rows[i + 1].Selected = true;     //选中下一行，行号为 i+1
    }
    else
      MessageBox.Show("已经是最后一项了！", "提示", MessageBoxButtons.OK,
MessageBoxIcon.Information);
}
private void tsbLast_Click(object sender, EventArgs e)
{   //"尾记录"工具按钮的单击
    int i = dgvBookType.SelectedCells[0].RowIndex; //获取当前行的编号 i
    dgvBookType.Rows[i].Selected = false;         //取消当前行的选中状态
    dgvBookType.Rows[dgvBookType.RowCount - 1].Selected = true;
                  //选中最末行，即尾记录，行号为 RowCount - 1
}
private void tsbAdd_Click(object sender, EventArgs e)
{       //"添加"工具按钮的单击事件
        SetValue();                               //设置新记录的内容
        bool result = bBookType.insert(mBookType);
                  //调用 BLL 层的 insert()方法，执行插入，并返回结果
        if(result) //如果返回 true，表示插入成功
        {
           bindGridView();                        //显示插入后的数据表
           MessageBox.Show("添加成功！");
```

```
        }
        else
            MessageBox.Show("添加失败！");
    }
    private void tsbDelete_Click(object sender, EventArgs e)
    {   //"删除"工具按钮的单击
        string oldTypeID = dgvBookType.CurrentRow.Cells["TypeID"].Value.ToString();
        //保存待删记录的编号
        DialogResult dr = MessageBox.Show("确认删除该记录吗？", "删除确认",
MessageBoxButtons.YesNo);                  //确认
        if(dr == DialogResult.Yes)             //如果选"是"
        {
            bBookType.delete(oldTypeID);   // 调用BLL层的delete方法，执行删除，
            bindGridView();                    //显示删除后的数据表
            MessageBox.Show("删除成功！");
        }
    }
    private void tsbUpdate_Click(object sender, EventArgs e)
    {   //"修改"工具按钮的单击
        SetValue();                                   //设置记录的修改内容
        string oldTypeID = dgvBookType.CurrentRow.Cells["TypeID"].Value.
ToString();                                       ////保存待修改记录的编号
        bool result = bBookType.update(mBookType, oldTypeID);
                                    //调用BLL层的update()方法，执行修改，并返回结果
        if(result)                                    //如果返回true，表示修改成功
        {
            bindGridView();                           //显示修改后的数据表
            MessageBox.Show("修改成功！");
        }
        else
            MessageBox.Show("修改失败!");
    }
    private void SetValue()
    {  //设置数据表对象的属性值
        mBookType.TypeID = txtTypeID.Text; //设置TypeID属性
        mBookType.TypeName = txtTypeName.Text;     //设置TypeName属性
        mBookType.BorrowDays = int.Parse(txtBorrowDays.Text);
                                                  //设置BorrowDays属性
    }
    private void tsbExit_Click(object sender, EventArgs e)
    {   // "退出" 工具按钮的单击
        this.Close();                                 //关闭当前窗体
    }
    private void dgvTSLX_CellContentClick(object sender, DataGridViewCellEventArgs e)
    {  //DataGridView 控件单元格内容的单击事件，将所选记录的字段，显示在相应的文本框
等控件中，方便用户察看或修改
        int i = dgvBookType.CurrentRow.Index;//获取当前单元格所在行的编号
```

```
        txtTypeID.Text = dgvBookType.Rows[i].Cells["TypeID"].Value.ToString();
                                                    //根据行号和字段名取值
        txtTypeName.Text = dgvBookType.Rows[i].Cells["TypeName"].Value.ToString();
        txtBorrowDays.Text = dgvBookType.Rows[i].Cells["BorrowDays"].Value.ToString();
    }
}
```

3. “图书档案管理”界面

“图书档案管理”界面的设计如图 10-11 所示，窗体的属性设置如表 10-11 所示，窗体中的控件，按 Tab 顺序，描述如表 10-12 所示。

说 明

窗体中工具条 toolStrip1 的属性设置和“图书类型”窗体中一致，不再列表描述，其中前四个工具按钮的代码和“图书类型”窗体中相似，请大家自行完成。

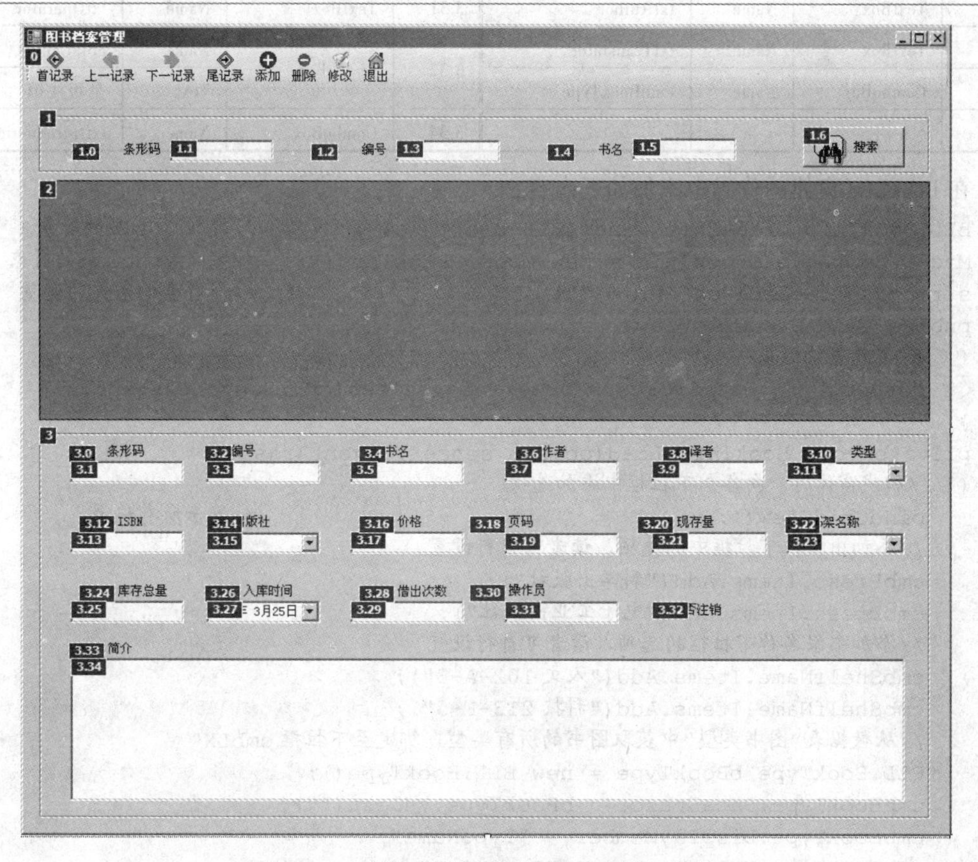

图 10-11 “图书档案管理”窗体的界面设计

表 10-11 “图书档案管理”窗体属性设置表

属　性　名	属　性　值	作　　用
Name	BookInfo	窗体名称
Text	图书档案管理	设置窗体的标题文本

表 10-12 “图书档案管理”窗体中的控件

Tab	控件类型	属性名	属性值	Tab	控件类型	属性名	属性值
1.1	TextBox	Name	txtSearchCode	3.13	TextBox	Name	txtISBN
1.3	TextBox	Name	txtSearchBookID	3.15	ComboBox	Name	cmbPress
1.5	TextBox	Name	txtSearchBookName	3.17	TextBox	Name	txtPrice
1.6	Button	Name	btnSearch	3.19	TextBox	Name	txtPageNum
		Text	搜索	3.21	TextBox	Name	txtInStockNum
2	DataGridView	Name	dgvBookInfo	3.23	ComboBox	Name	cmbShelfName
3.1	TextBox	Name	txtCode	3.25	TextBox	Name	txtTotalNum
3.3	TextBox	Name	txtBookID	3.27	DataTimePicker	Name	dtpStoreDate
3.5	TextBox	Name	txtBookName	3.29	TextBox	Name	txtBorrowedNum
3.7	TextBox	Name	txtAuthor	3.31	TextBox	Name	txtOperator
3.9	TextBox	Name	txtTranslator	3.32	CheckBox	Name	cbIsCancle
3.11	ComboBox	Name	cmbBookType			Text	是否注销
				3.34	ComboBox	Name	txtIntroduction

在 BookInfo 窗体的代码中添加如下内容：

```
BLL.BookInfo bBookInfo = new BLL.BookInfo();           //定义 BLL 层的对象
Model.BookInfo mBookInfo = new Model.BookInfo();       //定义 Model 层的对象
string currSearchContent = "";                         //保存查询条件的变量
public void bindGridView()
{   //显示查询结果
    dgvBookInfo.DataSource = bBookInfo.select(currSearchContent);
}
private void BookInfo_Load(object sender, EventArgs e)
{  //加载窗体时，向各个下拉框中添加选项
    bindGridView();                                    //显示所有记录
    //添加出版社下拉框中的选项，读者可自行设置
    cmbPress.Items.Add("科学出版社");
    cmbPress.Items.Add("电子工业出版社");
    //添加书架名称下拉框的选项，读者可自行设置
    cmbShelfName.Items.Add("人文 102-A-3");
    cmbShelfName.Items.Add("科技 213-F-3");
    //从数据表"图书类型"中获取图书的所有类型，绑定至下拉框 cmbLX
    BLL.BookType bBookType = new BLL.BookType();
    cmbBookType.DataSource = bBookType.select("");
    cmbBookType.DisplayMember = "TypeName";
    cmbBookType.ValueMember = "TypeName";
}
private void btnSearch_Click(object sender, EventArgs e)
{   //搜索按钮的单击事件
    //设定查询条件
    currSearchContent = @"BookBarCode like '%" + txtSearchCode.Text + "%'"
+" and BookID like '%" + txtSearchBookID.Text + "%'" +" and BookName like
'%" + txtSearchBookName.Text + "%'";
```

```
    bindGridView();                              //显示查询结果
}
private void tsbAdd_Click(object sender, EventArgs e)
{   //添加按钮的单击事件
    SetValue();                                  //设置新记录的值
    bool result = bBookInfo.insert(mBookInfo); //调用BLL层的insert进行插入记录
    if(result)
        MessageBox.Show("添加成功! ");
    else
        MessageBox.Show("添加失败! ");
}
private void tsbDelete_Click(object sender, EventArgs e)
{   //删除按钮的单击事件
    string oldBookID = dgvBookInfo.CurrentRow.Cells["BookID"].Value.ToString();
    //保存待删书籍的编号
    DialogResult dr = MessageBox.Show("确认删除该记录吗? ", "删除确认",
MessageBoxButtons.YesNo);                                //确认
    if(dr == DialogResult.Yes)                           //如果选"是"
    {
        bBookInfo.delete(oldBookID);                     //执行删除,
        MessageBox.Show("删除成功! ");
    }
}
private void tsbUpdate_Click(object sender, EventArgs e)
{   //修改按钮的单击事件
    SetValue();                                          //设置修改记录的新内容
    string                          oldBookID                                =
dgvBookInfo.CurrentRow.Cells["BookID"].Value.ToString();//保存待修改书籍的编号
    bool result = bBookInfo.update(mBookInfo, oldBookID);//执行修改
    if(result)
        bindGridView();                                  }
    else
        MessageBox.Show("修改失败!");
}
private void SetValue()
{   //设置记录各个字段的值,以便插入或修改时使用
    //注意,限于篇幅这里仅列出部分字段的赋值语句,其他字段请读者自行完成
    mBookInfo.BookBarCode = txtCode.Text;               //图书条形码
    mBookInfo.BookID = txtBookID.Text;                  //图书编号
    mBookInfo.BookName = txtBookName.Text;              //书名
    mBookInfo.BookType = cmbBookType.Text;              //书籍类型
    mBookInfo.Price = float.Parse(txtPrice.Text);      //单价
    mBookInfo.PageNum = int.Parse(txtPageNum.Text);//页码
    mBookInfo.IsCancle = cbIsCancle.Checked;            //是否注销
}
```

4."读者类型设置"界面

"读者类型设置"界面的设计如图 10-12 所示,窗体的属性设置如表 10-13 所示,窗体中的控件,按 Tab 顺序,描述如表 10-14 所示。

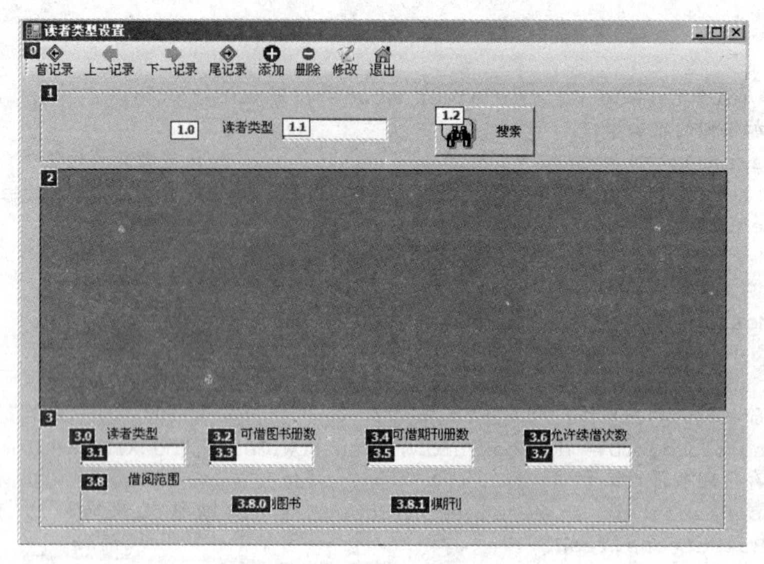

图 10-12 “读者类型设置”界面

表 10-13 “读者类型设置”窗体属性设置表

属性名	属性值	作用
Name	ReaderType	窗体名称
Text	读者类型设置	设置窗体的标题文本

表 10-14 “读者类型设置”窗体中的控件

Tab	控件类型	属性名	属性值	Tab	控件类型	属性名	属性值
1.1	TextBox	Name	txtSearchContent	3.5	TextBox	Name	txtPeriodicalNum
1.2	Button	Name	btnSearch	3.7	TextBox	Name	txtRenewNum
		Text	搜索	3.8.0	ComboBox	Name	cbIsRestrictBook
2	DataGridView	Name	dgvReaderType			Text	限制图书
3.1	TextBox	Name	txtReaderType	3.8.1	ComboBox	Name	cbIsRestrictPeriodical
3.3	TextBox	Name	txtBookNum			Text	限制期刊

在 ReaderType 窗体的代码中添加如下内容：

```
string currSearchContent = "";//保存查询条件的变量，如果为空字符串，代表查询全部
BLL.ReaderType bReaderType = new BLL.ReaderType();
                                        //实例化业务逻辑层的"ReaderType"对象
Model.ReaderType mReaderType = new Model.ReaderType();
                                        //实例化实体层的 ReaderType"对象
public void bindGridView()
{   //为 DataGridview 绑定数据源
    dgvReaderType.DataSource = bReaderType.select(currSearchContent);
}
private void ReaderType_Load(object sender, EventArgs e)
{   //ReaderType 窗体的加载事件
    bindGridView();                         //窗体打开时，显示所有记录
}
```

```
private void btnSearch_Click(object sender, EventArgs e)
{   //搜索按钮的单击事件
    currSearchContent = "TypeName like '%" + txtSearchContent.Text + "%'";
                                        //设定查询条件
    bindGridView();                     //显示查询结果
}
private void tsbAdd_Click(object sender, EventArgs e)
{   //添加按钮的单击事件
    SetValue();                         //设置新记录的各个字段值
    bool result = bReaderType.insert(mReaderType);//执行插入，并记录运行结果
    if(result)
       MessageBox.Show("添加成功！");
    else
       MessageBox.Show("添加失败！");
}
private void tsbDelete_Click(object sender, EventArgs e)
{//删除按钮的单击事件
    string                       oldTypeName                        =
dgvReaderType.CurrentRow.Cells["TypeName"].Value.ToString();//保存待删记录
主键值
    DialogResult dr = MessageBox.Show("确认删除该记录吗？", "删除确认
",MessageBoxButtons.YesNo);            //确认
    if(dr == DialogResult.Yes)          //如果选"是"
    {
       bReaderType.delete(oldTypeName); //执行删除
       MessageBox.Show("删除成功！");
    }
}
private void tsbUpdate_Click(object sender, EventArgs e)
{   //修改按钮的单击事件
    SetValue();                         //设置记录的各个字段值
    string                       oldTypeName                        =
dgvReaderType.CurrentRow.Cells["TypeName"].Value.ToString();
                                        //保存待改记录主键值
    bool result = bReaderType.update(mReaderType, oldTypeName);
                                        //执行修改，并记录运行结果
    if(result)
       MessageBox.Show("修改成功！");
    else
       MessageBox.Show("修改失败！");
}
private void SetValue()
{   //设置记录的各个字段值，以便插入或者修改时使用
    mReaderType.TypeName = txtReaderType.Text;                 //读者类型名
    mReaderType.BookNum = int.Parse(txtBookNum.Text);          //可借图书册书
    mReaderType.PeriodicalNum = int.Parse(txtPeriodicalNum.Text);
                                                               //可借期刊册数
    mReaderType.RenewNum = int.Parse(txtRenewNum.Text);        //续借次数
    mReaderType.IsRestrictBook = cbIsRestrictBook.Checked;     //是否限制图书
    mReaderType.IsRestrictPeriodical = cbIsRestrictPeriodical.Checked;
                                                               //是否限制期刊
}
```

5. “读者档案管理”界面

“读者档案管理”界面的设计如图 10-13 所示，窗体的属性设置如表 10-15 所示，窗体中的控件，按 Tab 顺序，描述如表 10-16 所示。

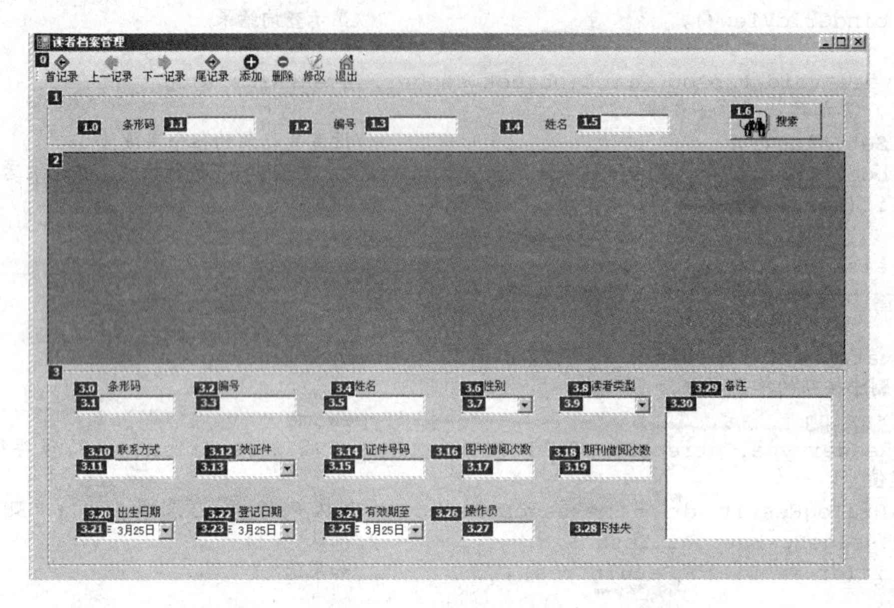

图 10-13 “读者档案管理”窗体的设计界面

表 10-15 “读者档案管理”窗体属性设置表

属 性 名	属 性 值	作 用
Name	ReaderInfo	窗体名称
Text	读者档案管理	设置窗体的标题文本

表 10-16 “读者档案管理”窗体中的控件

Tab	控件类型	属性名	属性值	Tab	控件类型	属性名	属性值
0	ToolStrip	Name	toolStrip1	3.11	TextBox	Name	txtPhone
1.1	TextBox	Name	txtSearchCode	3.13	ComboBox	Name	cmbCardName
1.3	TextBox	Name	txtSearchID	3.15	TextBox	Name	txtCardNumber
1.5	TextBox	Name	txtSearchName	3.17	TextBox	Name	txtBookBorrowNum
1.2	Button	Name	btnSearch	3.19	TextBox	Name	txtPeriodicalBorrowNum
		Text	搜索	3.21	DateTimePicker	Name	dtpBirthDate
2	DataGridView	Name	dgvReaderInfo	3.23	DateTimePicker	Name	dtpRegisterDate
3.1	TextBox	Name	txtCode	3.25	DateTimePicker	Name	dtpValidityDate
3.3	TextBox	Name	txtID	3.27	TextBox	Name	txtOperator
3.5	TextBox	Name	txtName	3.28	CheckBox	Name	cbIsLoss
3.7	ComboBox	Name	cmbSex			Text	是否挂失
3.9	ComboBox	Name	cmbType	3.30	TextBox	Name	txtRemarks

在 ReaderInfo 窗体的代码中加入如下内容：

```
BLL.ReaderInfo bReaderInfo = new BLL.ReaderInfo();        //定义BLL层的对象
Model.ReaderInfo mReaderInfo = new Model.ReaderInfo(); //定义Model层的对象
string currSearchContent = "";                            //保存查询条件
public void bindGridView()
{   //显示查找结果
    dgvReaderInfo.DataSource = bReaderInfo.select(currSearchContent);
}
private void ReaderInfo_Load(object sender, EventArgs e)
{   //ReaderInfo窗体的加载事件
    bindGridView();                                       //初始时，显示所有记录
    cmbSex.Items.Add("男");                               //性别下拉框
    cmbSex.Items.Add("女");
    cmbCardName.Items.Add("学生证");                      //有效证件下拉框
    cmbCardName.Items.Add("身份证");
    //从数据表"ReaderType"中获取读者的所有ReaderType，绑定至下拉框cmbDZLX
    BLL.ReaderType bReaderType = new BLL.ReaderType();
    cmbType.DataSource= bReaderType.select("");
    cmbType.DisplayMember = "TypeName";
    cmbType.ValueMember = "TypeName";
}
private void btnSearch_Click(object sender, EventArgs e)
{  //搜索按钮的单击事件
    currSearchContent = @"ReaderBarCode like '%" + txtSearchCode.Text +
"%'"+" and ReaderID like '%" + txtSearchID.Text + "%'" + " and ReaderName
like '%" + txtSearchName.Text + "%'";
    bindGridView();                                       //显示查找结果
}
private void tsbAdd_Click(object sender, EventArgs e)
{  //添加按钮的单击事件
    SetValue();                                           //设置新记录的各个字段值
    bool result = bReaderInfo.insert(mReaderInfo);        //执行插入
    if(result)
        MessageBox.Show("添加成功！");
    else
        MessageBox.Show("添加失败！");
}
private void tsbDelete_Click(object sender, EventArgs e)
{   //删除按钮的单击事件
    string                        oldReaderID                        =
dgvReaderInfo.CurrentRow.Cells["ReaderID"].Value.ToString();
                                                          //保存待删记录的主键
    DialogResult dr = MessageBox.Show("确认删除该记录吗？", "删除确认",
MessageBoxButtons.YesNo);                                 //确认
    if(dr == DialogResult.Yes)                            //如果选"是"
    {
        bReaderInfo.delete(oldReaderID);                  //执行删除，
        MessageBox.Show("删除成功！");
    }
}
private void tsbUpdate_Click(object sender, EventArgs e)
```

```
{ //修改按钮的单击事件
   SetValue();                                    //设置待改记录的各个字段值
   string oldReaderID = dgvReaderInfo.CurrentRow.Cells["ReaderID"].Value.
ToString();                                       //保存待改记录的主键
   bool result = bReaderInfo.update(mReaderInfo, oldReaderID);//执行修改
   if(result)
       MessageBox.Show("修改成功! ");
   else
       MessageBox.Show("修改失败!");
}
private void SetValue()
{  //设置记录的各个字段值，以便插入或者修改时使用
   //注意，限于篇幅这里仅列出部分字段的赋值语句，其他字段请读者自行完成
   mReaderInfo.ReaderBarCode = txtCode.Text;     //读者条形码
   mReaderInfo.Sex = cmbSex.Text;                 //性别
   mReaderInfo.BookBorrowNum = int.Parse(txtBookBorrowNum.Text);已借图书册数
   mReaderInfo.BirthDate = dtpBirthDate.Value; //出生日期
   mReaderInfo.IsLoss = cbIsLoss.Checked;        //是否挂失
}
```

6. “图书借阅”界面

“图书借阅”界面的设计如图 10-14 所示，窗体的属性设置如表 10-17 所示，窗体中的控件，按 Tab 顺序，描述如表 10-18 所示。

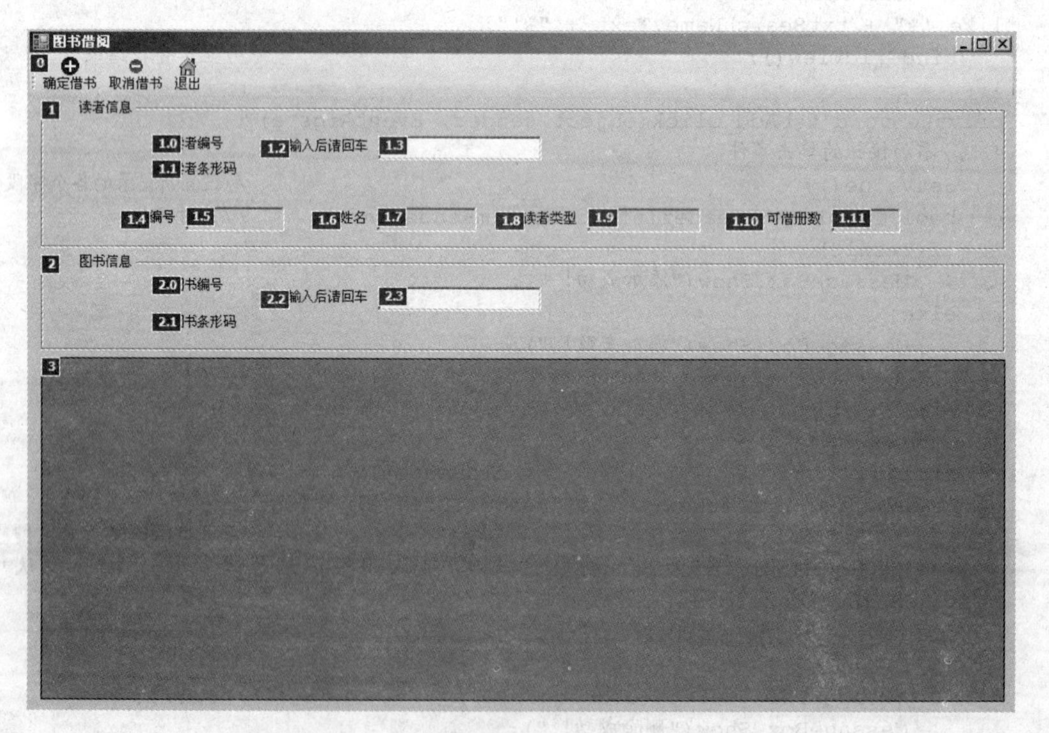

图 10-14 “图书借阅”窗体的设计界面

表 10-17 “图书借阅”窗体属性设置表

属性名	属性值	作用
Name	Borrow	窗体名称
Text	图书借阅	设置窗体的标题文本

表 10-18 “图书借阅”窗体中的控件

Tab	控件类型	属性名	属性值	Tab	控件类型	属性名	属性值
0	ToolStrip	Name	toolStrip1	1.9	TextBox	Name	txtReaderType
1.0	RadioButton	Name	rbReaderID			ReadOnly	True
		Text	读者编号	1.11	TextBox	Name	btnBookNum
1.1	RadioButton	Name	rbReaderBarCode			ReadOnly	True
		Text	读者条形码	2.0	RadioButton	Name	rbBookID
1.3	TextBox	Name	txtReader			Text	图书编号
1.5	TextBox	Name	txtReaderID	2.1	RadioButton	Name	rbBookBarCode
		ReadOnly	True			Text	图书条形码
1.7	TextBox	Name	txtReaderName	2.3	TextBox	Name	txtBook
		ReadOnly	True	3	dataGridView	Name	dgvBorrow

表 10-18 中的工具栏 toolStrip1 中包含三个工具按钮，在表 10-19 中列出个按钮的相关属性。

表 10-19 工具栏 toolStrip1 中的三个工具按钮的属性

序号	控件类型	属性名	属性值
1	Button	Name	tsbAdd
		Text	确定借书
2	Button	Name	tsbDelete
		Text	取消借书
3	Button	Name	tsbExit
		Text	退出

在 Borrow 窗体中添加如下代码：

```
BLL.Borrow bBorrow = new BLL.Borrow();            //定义BLL层的对象
Model.Borrow mBorrow = new Model.Borrow();        //定义Model层的对象
DataTable dtBorrow = new DataTable();
//读者信息的查找
private void txtReader_KeyPress(object sender, KeyPressEventArgs e)
{   //在txtReader文本框中输入读者编号或者条形码之后，自动获取该读者信息，并显示
    if(e.KeyChar == 13)                           //如果输入回车键
    {
        string searchContent = "";                //用于保存查找条件
        if(rbReaderID.Checked)                    //按读者编号查找
            searchContent = "ReaderID= '" + txtReader.Text + "'";
        if(rbReaderBarCode.Checked)               //按读者条形码查找
            searchContent = "ReaderBarCode = '" + txtReader.Text + "'";
```

```
        BLL.ReaderInfo bReaderInfo = new BLL.ReaderInfo();
                                                //定义BLL层ReaderInfo类对象
        DataTable dtReaderInfo = bReaderInfo.select(searchContent);
                                                //按条件查找读者信息
        if(dtReaderInfo.Rows.Count != 0)
        {   //将查找结果显式在各个控件中
            txtReaderID.DataBindings.Clear();
            txtReaderID.DataBindings.Add("Text", dtReaderInfo, "ReaderID");
                                                //读者编号
            txtReaderName.DataBindings.Clear();
            txtReaderName.DataBindings.Add("Text", dtReaderInfo, "ReaderName");
                                                //读者姓名
            txtReaderType.DataBindings.Clear();
            txtReaderType.DataBindings.Add("Text", dtReaderInfo, "ReaderType");
                                                //读者类型
            //在ReaderType表中，查找该类型读者的可借图书册数
            BLL.ReaderType bReaderType = new BLL.ReaderType();
            DataTable  dtReaderType  =  bReaderType.select("TypeName='"  +
txtReaderType.Text + "'");
            txtBookNum.DataBindings.Clear();
            txtBookNum.DataBindings.Add("Text", dtReaderType, "BookNum");
                                                //可借图书册数
            //在Borrow表中，查找该读者已借书的信息
            BLL.Borrow bBorrow = new BLL.Borrow();//定义BLL层的Borrow类对象
            dtBorrow=bBorrow.select("ReaderID='" + txtReader.Text + "'");
                                        //按ReaderID条件在Borrow中进行查找
            dgvBorrow.DataSource = dtBorrow;  //将结果显示在DataGridView中
        }
        else
            MessageBox.Show("无此读者！请重输入！","错误");
    }
}
//图书信息的查找
private void txtBook_KeyPress(object sender, KeyPressEventArgs e)
{   //在txtBook文本框中输入图书编号或者条形码之后，自动获取该图书信息，并显示
    if(e.KeyChar == 13)                         //如果输入回车键
    {
        string searchContent = "";              //用于保存查找条件
        if(rbBookID.Checked)                    //按图书编号查找
            searchContent = "BookID= '" + txtBook.Text + "'";
        if(rbBookBarCode.Checked)               //按图书条形码查找
            searchContent = "BookBarCode = '" + txtBook.Text + "'";
        BLL.BookInfo bBookInfo = new BLL.BookInfo();
                                                //定义BLL层BookInfo类对象
        DataTable dtBookInfo = bBookInfo.select(searchContent);
                                                //按条件查找图书信息
        if(dtBookInfo.Rows.Count != 0)
        {
            DataRow dr = dtBorrow.NewRow();
                                //向DataTable中添加新的一行，显示新借记录的内容
            dr["ReaderID"] = txtReaderID.Text;              //读者编号
            dr["BookID"] = dtBookInfo.Rows[0]["BookID"];    //图书编号
            dr["BorrowDate"] =DateTime.Now.Date;            //借阅日期
```

```
            //根据该图书的类型，在"BookType"表中查找到可借天数，从而计算应还时间
            BLL.BookType bBookType = new BLL.BookType();
            DataTable dtBookType = bBookType.select("TypeName='"+dtBookInfo.
Rows[0]["BookType"]+"'");
            dr["MustReturnDate"] = DateTime.Now.AddDays(int.Parse(dtBookType.
Rows[0]["BorrowDays"].ToString())).Date;
            dr["RenewNum"] = 0;
            dr["Operator"] = "CZY001";
            dr["State"] = "新借";                          //设置借阅状态为 "新借"
            dtBorrow.Rows.Add(dr);                         //添加新借记录
            dgvBorrow.DataSource = dtBorrow; //重新绑定DataGridview的数据源
        }
        else
            MessageBox.Show("无此图书！请重输入！", "错误");
    }
}
private void tsbAdd_Click(object sender, EventArgs e)
{   //将DataGridView中所有新添的行保存至数据库
    int n = dgvBorrow.Rows.Count - 2;
    string strState = "";
    for(int i = 0; i <= n; i++)
    {
        strState = dgvBorrow.Rows[i].Cells["State"].Value.ToString();
                                            //存储图书的"State"，以判断图书是否新借
        if(strState == "新借")
        {
            SetValue(i);                    //设置新的借阅信息
            bool result = bBorrow.insert(mBorrow);
                                            //将新借图书记录添加到"Borrow"表中
            if(result)
            {   //将新借图书记录添加到"Borrow"表中，同时修改该Borrow的"State"为"未还"
                string  BookID  =  dgvBorrow.Rows[i].Cells["BookID"].Value.
ToString();
                //用于存储当前图书的"图书编号"，以修改该图书的信息
                UpdateBookInfo(BookID); //并且该书的"现存量"减一，"借出次数"加一
                dgvBorrow.Rows[i].Cells["State"].Value = "未还";
                                            //修改界面上的"State"
                dgvBorrow.Rows[i].Cells["State"].Style.ForeColor = Color.Green;
                                            //增强显示
                dgvBorrow.Rows[i].Cells["State"].Style.BackColor = Color.Yellow;
                MessageBox.Show("借阅成功！");
            }
        else
            MessageBox.Show("借阅失败！");
    }
}
private void SetValue(int i)
{  //设置新的借阅信息
    mBorrow.ReaderID = dgvBorrow.Rows[i].Cells["ReaderID"].Value.ToString();
                                                                    //读者编号
    mBorrow.BookID = dgvBorrow.Rows[i].Cells["BookID"].Value.ToString();
                                                                    //图书编号
    mBorrow.RenewNum = 0;                                           //续借次数
```

```
    mBorrow.State= "未还";                                    //借阅状态
    mBorrow.BorrowDate =DateTime.Parse(dgvBorrow.Rows[i].Cells["BorrowDate"].
Value.ToString());
                                                              //借阅日期
    mBorrow.MustReturnDate = DateTime.Parse(dgvBorrow.Rows[i].Cells["Must
ReturnDate"].Value.ToString());                               //还期
    mBorrow.Operator = dgvBorrow.Rows[i].Cells["Operator"].Value.ToString();
                                                              //操作员
}
private void UpdateBookInfo(string BookID)
{   //修改图书的相关信息，即借出次数加一，且现存量减一
    BLL.BookInfo bBookInfo = new BLL.BookInfo();
    Model.BookInfo mBookInfo = new Model.BookInfo();
    DataTable dtBookInfo = bBookInfo.select("BookID='" + BookID + "'");
    mBookInfo.BookID = dtBookInfo.Rows[0]["BookID"].ToString();
    mBookInfo.Price = float.Parse(dtBookInfo.Rows[0]["Price"].ToString());
    mBookInfo.BorrowedNum = int.Parse(dtBookInfo.Rows[0]["BorrowedNum"].
ToString()) + 1;                                              //借出次数加一
    mBookInfo.InStockNum  =  int.Parse(dtBookInfo.Rows[0]["InStockNum"].
ToString()) - 1;                                              //现存量减一
    …   //其余字段的设置请自行完成
    bool result = bBookInfo.update(mBookInfo, BookID);        //执行修改
}
private void tsbDelete_Click(object sender, EventArgs e)
{  // "取消借书"按钮的单击，删除用户所选行
    if(dgvBorrow.CurrentRow.Cells["State"].Value.ToString() == "新借")
                                                          //只有新借记录可以取消
        dgvBorrow.Rows.Remove(dgvBorrow.CurrentRow);      //删除选定行
    else
        MessageBox.Show("只能删除新借的图书，不能删除已借图书！");
}
```

7. “图书归还”界面

“图书归还”界面的设计如图 10-15 所示，窗体的属性设置如表 10-20 所示，窗体中的控件，按 Tab 顺序，描述如表 10-21 所示。

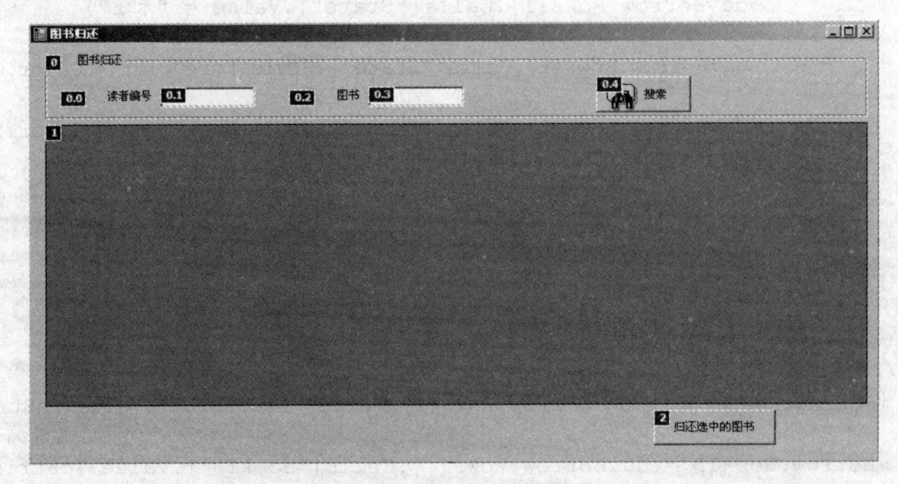

图 10-15 “图书归还”窗体的设计界面

表 10-20 “图书归还”窗体属性设置表

属性名	属性值	作用
Name	Return	窗体名称
Text	图书归还	设置窗体的标题文本

表 10-21 “图书归还”窗体中的控件

Tab	控件类型	属性名	属性值
0.1	TextBox	Name	txtSearchReaderID
0.3	TextBox	Name	txtSearchBookID
0.4	Button	Name	btnSearch
		Text	搜索
1	DataGridView	Name	dgvReturn
2	Button	Name	btnReturn
		Text	归还选中的图书

```
BLL.Return bReturn = new BLL.Return();
Model.Return mReturn = new Model.Return();
string currSearchContent = "";
BLL.Borrow bBorrow = new BLL.Borrow();
Model.Borrow mBorrow = new Model.Borrow();
public void bindGridView()
{
    dgvReturn.DataSource = bBorrow.select(currSearchContent);
                                                    //按条件查找借阅信息
}
private void btnSearch_Click(object sender, EventArgs e)
{   //搜索按钮的单击事件
    //设定查询条件 该用户所借指定图书 并且 State 为“未还”
    currSearchContent = @"ReaderID like '%" + txtSearchReaderID.Text + "%'" +
" and BookID like '%" + txtSearchBookID.Text + "%'" + " and State='未还'";
    bindGridView();
}
private void Return_Load(object sender, EventArgs e)
{   //窗体的加载事件
    //在 dataGridview 的第一列 添加 复选框
    dgvReturn.Columns.Insert(0, new DataGridViewCheckBoxColumn());
    dgvReturn.Columns[0].Resizable = DataGridViewTriState.False;
    dgvReturn.Columns[0].Frozen = true;
    dgvReturn.Columns[0].DividerWidth = 1;
    dgvReturn.Columns[0].Width = 30;
}
private void btnReturn_Click(object sender, EventArgs e)
{  //“归还选中图书”按钮的单击事件
   int n=dgvReturn.RowCount-2;
    for(int i = 0; i <= n; i++)                   //对每一条借阅记录进行循环
    {
```

```
        if(Convert.ToBoolean(dgvReturn.Rows[i].Cells[0].Value) == true)
                                        //如果为选中状态，则归还
        {
            AddToReturn(i);             //（1）向"Return"表中添加一条记录
            UpdateBorrow(i);            //（2）修改"Borrow"表中的State为"已还"
            UpdateBookInfo(i);          //（3）修改"BookInfo"表中的现存量加一
        }
    }
    MessageBox.Show("归还成功！");
}
private void AddToReturn(int i)
{   //（1）向"Return"表中添加一条记录
    SetReturnValue(i);                  //设置还回图书记录
     bool result = bReturn.insert(mReturn);//将归还图书记录添加到"Return"表中
}
private void SetReturnValue(int i)
{   //设置还回图书记录
    mReturn.ReaderID                                                    =
dgvReturn.Rows[i].Cells["ReaderID"].Value.ToString(); //读者编号
    mReturn.BookID = dgvReturn.Rows[i].Cells["BookID"].Value.ToString();//
图书编号
    mReturn.Operator = "CZY001";          //操作员
    mReturn.ReturnDate= DateTime.Now.Date;                   //归还日期
}
private void UpdateBorrow(int i)
{   //（2）修改"Borrow"表中的State为"已还"
    int
tempBorrowID=int.Parse(dgvReturn.Rows[i].Cells["BorrowID"].Value.ToStrin
g());
    mBorrow.Operator                                                    =
dgvReturn.Rows[i].Cells["Operator"].Value.ToString();
mBorrow.State ="已还";
    …   //其余字段的设置请自行完成
    dgvReturn.Rows[i].Cells["State"].Value = "已还";   //修改界面上的"State"
    dgvReturn.Rows[i].Cells["State"].Style.ForeColor = Color.Green;
                                          //设置颜色变化，突出显示
    dgvReturn.Rows[i].Cells["State"].Style.BackColor=Color.Yellow;
    bool result = bBorrow.update(mBorrow, tempBorrowID);
                                          //修改Borrow表中的信息
}
private void UpdateBookInfo(int i)
{   //(3)修改"BookInfo"表中的现存量加一
    string tempBookID = dgvReturn.Rows[i].Cells["BookID"].Value.ToString();
    BLL.BookInfo bBookInfo = new BLL.BookInfo();
    Model.BookInfo mBookInfo = new Model.BookInfo();
    DataTable dtBookInfo = bBookInfo.select("BookID='" + tempBookID + "'");
    mBookInfo.BookID = dtBookInfo.Rows[0]["BookID"].ToString();
     mBookInfo.InStockNum  =  int.Parse(dtBookInfo.Rows[0]["InStockNum"].
ToString()) + 1;
                                          //现存量加一
```

```
    …    //其余字段的设置请自行完成
    bool result = bBookInfo.update(mBookInfo, tempBookID); //修改图书信息
}
```

至此，本章采用工厂模式的三层架构模型，设计完成“图书管理系统”。本章首先进行系统的需求分析、数据库设计、系统设计，然后分别介绍实体类库、数据访问层接口类库、数据访问层、工厂类库、业务逻辑层、表示层的代码实现。通过该系统的设计实现，熟练掌握数据库程序的设计开发，能够实现数据库的访问和操作；深入理解工厂模式三层架构的开发过程。

上机实验

采用工厂模式的三层架构模型，自行设计完成超市的“销售管理系统”，深入体会三层架构的灵活性和可扩展性。

参 考 文 献

[1] 沃森，内格尔. C#入门经典[M]. 5 版. 齐立波，译. 北京：清华大学出版社，2010.

[2] 宋先斌. C#应用开发[M]. 北京：清华大学出版社，2010.

[3] 郑耀东. C#从入门到实践[M]. 北京：清华大学出版社，2009.

[4] 徐少波. C#程序设计实例教程[M]. 北京：人民邮电出版社，2014.

[5] 刘莉. C#程序设计教程[M]. 北京：清华大学出版社，2014.